电工电子技术

（第2版）

主　编　邱世卉

副主编　刘娟秀　曹冬梅　彭志红　李　丹

参　编　范　钧　邓　慧　柏淑红　万再莲

　　　　张雪娜

主　审　侯世英

重庆大学出版社

内容提要

本书主要介绍电工电子技术的基本理论、基本知识和基本技能。全书共13章,分为两大部分。其中第1章至6章为电工技术部分,其内容包括电路的基本概念和基本定律、电路的基本分析方法、正弦交流电路、磁路与变压器、三相异步电动机及继电接触器控制系统、供配电及安全用电;第7章至13章为电子技术部分,其内容包括半导体二极管及其应用电路、半导体三极管及其放大电路、集成运算放大器及其应用、门电路与组合逻辑电路、触发器和时序逻辑电路、脉冲信号的产生及整形、数模转换与模数转换。本书主要章节后有综合应用举例,有利于学生将碎片知识进行有机综合,培养学生分析工程案例的能力。

本书可作为高等教育应用型本科院校非电类专业的教材,也可供工程技术人员参考。

图书在版编目(CIP)数据

电工电子技术 / 邱世卉主编. -- 2版. -- 重庆:
重庆大学出版社,2022.7
机械设计制造及其自动化专业应用型本科系列教材
ISBN 978-7-5689-2522-8

Ⅰ.①电…　Ⅱ.①邱…　Ⅲ.①电工技术—高等学校—
教材②电子技术—高等学校—教材　Ⅳ.①TM②TN

中国版本图书馆 CIP 数据核字(2022)第 126873 号

电工电子技术
(第2版)

主　编　邱世卉
副主编　刘娟秀　曹冬梅　彭志红　李　丹
责任编辑:范　琪　　版式设计:范　琪
责任校对:邹　忌　　责任印制:张　策

*

重庆大学出版社出版发行
出版人:饶帮华
社址:重庆市沙坪坝区大学城西路21号
邮编:401331
电话:(023) 88617190　88617185(中小学)
传真:(023) 88617186　88617166
网址:http://www.cqup.com.cn
邮箱:fxk@cqup.com.cn(营销中心)
全国新华书店经销
重庆市国丰印务有限责任公司印刷

*

开本:787mm×1092mm　1/16　印张:18　字数:464千
2021年1月第1版　2022年7月第2版　2022年7月第2次印刷
印数:2 501—4 500
ISBN 978-7-5689-2522-8　定价:49.80 元

前言
（第2版）

本书是基于高等教育应用型本科非电专业"电工电子技术"课程建设编写的教材。

本书第 1 版于 2021 年 1 月出版,在使用的过程中,编者发现了一些疏漏和不妥之处,因此对第 1 版进行修订。这一版在基本内容、体系框架和章节安排方面与第 1 版一致,只是将第 1 版中的疏漏和不妥之处做了修正,主要修订内容有以下几个方面:

1.修订了第 1 版中的个别错误和遗漏;

2.修订了书中部分例题及练习题。

本书由邱世卉任主编,刘娟秀、曹冬梅、彭志红、李丹任副主编,范钧、邓慧、柏淑红、万再莲、张雪娜任参编。

书中不足之处,敬请广大读者批评指正。

编 者

2022 年 6 月

前言
（第 1 版）

本书是基于高等教育应用型本科非电专业"电工电子技术"课程建设编写的教材。

本书在编写过程中以服务应用型本科教育为指导思想，力求突出特色和编写质量，注重强化以下基本内容：

①体系完整、内容精选、突出应用。为高等院校应用型本科非电专业的学生架构电工电子技术知识体系。

②语言精练、简明扼要、通俗易懂。尽量减少理论论证和公式推导，力争以较少的篇幅使学生获得电工电子技术必备的基本理论、基本知识和基本技能。

③在电子技术讲解过程中，淡化电路的内部结构，强调电路的外部特性、功能及应用。

④强化工程概念，列举工程实例，增强实用性。内容丰富，注重工程能力的培养。

本书第 1、2 章由李丹编写，第 3 章由曹冬梅编写，第 4 章由柏淑红编写，第 5、12 章由刘娟秀（还参加了统稿工作）编写，第 6 章由范钧编写，第 7、8、9 章由彭志红编写，第 10、11 章由邱世卉编写，第 13 章由邓慧编写，习题由万再莲、张雪娜编写，杨梅、包中婷、吴睿多次参加了讨论。邱世卉负责全书的组织、统稿、定稿工作。侯世英在百忙中审阅了书稿，在编写过程中罗乐进行了全程指导，他们严把学术关，提出了很多宝贵的修改意见，提高了教材的科学化、专业化水平，对于他们的帮助在此表示感谢。

本书可作为高等教育应用型本科机械电子工程、机械工程、机械设计制造及其自动化、汽车服务工程、材料成型及控制工程等非电专业的教材，也可供工程技术人员参考。

由于编者水平所限，书中难免存在疏漏和不足之处，敬请广大读者批评指正。

编　者

2020 年 9 月

目录

第 **1** 章
电路的基本概念和基本定律

提要:本章介绍电路的基本概念和基本定律,主要内容包括电路及电路模型、电路的主要物理量、基本电路元件、基尔霍夫定律以及电源的3种工作状态。本章讲述的基本概念和基本定律具有普遍的适用意义,既适用于直流电路,又适用于交流电路。

1.1   电路及电路模型

1.1.1   电路的组成和作用

(1)电路的组成

随着科学技术的发展,电的应用越来越广泛,要用电,就离不开电路。所谓的电路,就是为了用电需要而将电气设备和器件按一定的方式连接起来形成的电流的通路。电路的具体形式是多种多样的,但不管多么复杂,电路都是由电源、负载和中间环节3个基本部分组成的。下面以如图1.1.1(a)所示的手电筒电路为例,介绍电路的3个基本组成部分。

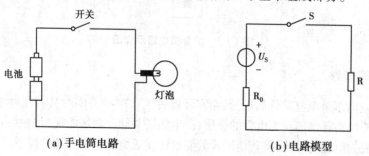

(a)手电筒电路   (b)电路模型

图 1.1.1   手电筒电路及其电路模型

1)电源

电源是电路的能源。其作用是将其他形式的能转换为电能。例如,手电筒中电池的作用是将化学能转换为电能。

1

2）负载

负载是用电设备。其作用是将电能转换为其他形式的能。例如，手电筒中灯泡的作用是将电能转换为热能和光能。

3）中间环节

中间环节由连接电源和负载的导线、开关及保护电器等组成，起传输、分配电能或保护的作用。

（2）电路的作用

实际电路借助电压、电流完成传输电能和信号、处理信号等功能。其具体作用主要体现在以下两个方面：

1）实现电能的传输和转换

典型电路为如图 1.1.2 所示的电力系统。发电机将热能、水能、核能等其他形式的能量转换为电能，升压后传输到用电处，再降压后送给用电设备使用，用电设备将电能转换为热能、机械能等其他形式的能。

图 1.1.2 电力系统示意图

2）实现电信号的传递和处理

典型电路为如图 1.1.3 所示的扩音机电路。话筒将声音信号转换成相应的电信号（电压和电流），然后由放大器将电信号放大后送到扬声器，驱动扬声器发出声音。话筒是输出电信号的设备，称为信号源，相当于电源；扬声器接收和转换信号（将电信号转换为声音信号），相当于负载；放大器处理（放大）和传递信号，是中间环节。

图 1.1.3 扩音机电路示意图

1.1.2 电路模型

实际电路是由多个电气器件组成的，而实际器件工作时常常同时具有几种电磁性质。人们把电流通过时器件消耗电能视为电阻的性质；产生磁场并储存磁场能视为电感的性质；产生电场并储存电场能视为电容的性质；将其他形式的能量转变成电能视为电源的性质。为了描述电路，有必要把每一种电磁性质表示出来。具有某种特定电磁性质并具有精确数学定义的基本结构，称为理想电路元件，简称电路元件。理想电路元件主要有电阻元件、电感元件、电容元件及电源元件（理想电压源和理想电流源）等。其符号如图 1.1.4 所示。为了对实际电路进行分析和计算，需要将实际器件理想化，即在一定条件下突出其主要电磁性质，忽略其次要电磁性质，将其理想化为一个或几个理想电路元件的组合。例如，可将手电筒电路中的电池视为理想电压源与电阻元件的串联，电灯泡视为电阻元件（其电感的作用微小，是次要因素，可以忽略）。

实际电路中的器件都可用能反映其主要电磁特性的理想电路元件来代替。由理想电路元件组成的电路,称为实际电路的电路模型,电路模型简称电路,通常电路又称网络。用规定的图形符号来表示理想电路元件,并用实线表示连接导线而形成的图形,称为电路原理图,简称电路图。电路图是电路模型的图形表示,如图 1.1.1(b)所示为手电筒电路的电路模型。今后分析、计算所使用的都是电路模型。对电路模型进行分析、计算所得的结果,基本能反映实际电路的工作情况。

在电路分析中,常将电源输出的电压和电流,称为激励,它推动电路工作;激励在电路各部分产生的电压和电流,称为响应。分析电路,实质上就是分析激励和响应的关系。

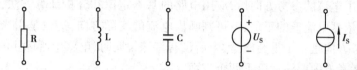

(a)电阻元件　(b)电感元件　(c)电容元件　(d)理想电压源　(e)理想电流源

图 1.1.4　理想电路元件的符号

1.2　电路的主要物理量

为了分析、计算电路,必须用一些物理量来描述电路的状态。电路的主要物理量有电流、电压、电位、电动势及电功率等。

1.2.1　电流

(1)电流的概念

在电场力的作用下,电荷的定向运动形成电流。电流的大小用单位时间内通过导体横截面的电荷来表示,电流的 SI(国际标准单位制)单位是安[培],简称安(A)。较小的电流可用毫安(mA)和微安(μA)为单位。它们之间的换算关系为

$$1\ A = 10^3\ mA,\quad 1\ mA = 10^3\ \mu A$$

若电流的大小和方向是随时间变化的,称为交变电流(AC),用符号 i 表示。假设在 dt 时间内通过导体横截面的电荷为 dq,则

$$i = \frac{dq}{dt} \tag{1.2.1}$$

若电流是恒定的,称为直流电流(DC),用符号 I 表示。假设在 t 时间内通过导体横截面的电荷为 q,则

$$I = \frac{q}{t} \tag{1.2.2}$$

(2)电流的参考方向

习惯上,规定电流的实际方向为正电荷运动的方向。在简单电路中,电流的实际方向很容易确定,但在复杂电路中,往往难以判定某段电路中电流的实际方向,因此,有必要引入参考方向的概念。所谓的参考方向,就是在电流流过某段电路时两个可能的方向中任意假定一个作

为电流的方向,这个假定的方向称为电流的参考方向。电流参考方向的表示有箭头表示法和双下标表示法两种。如图 1.2.1(a)所示为箭头表示法,如图 1.2.1(b)所示为双下标表示法,电流的参考方向都由 A 指向 B。

(a)箭头表示法   (b)双下标表示法

图 1.2.1　电流的参考方向

这样,假定了电流的参考方向后,应用电路的基本定律和分析计算方法,列写方程并计算出电流值,然后依据电流值的正负,就可判断出电流的实际方向,这也是引入参考方向概念的意义所在。参考方向是一个重要概念,今后没有特殊说明时,电路中所标注的电流方向都是参考方向。理解参考方向要注意以下两个方面:

①假定了参考方向后,电流值就有了正负之分。若参考方向和实际方向相同,则电流为正值;反之,则电流为负值。

②参考方向一经假定,在整个分析过程中必须以此为准,不能变动。

1.2.2　电压

(1)电压、电位和电动势的概念

1)电压的概念

为了描述电场力的做功本领,引入电压的概念。若电场力将正电荷 dq 从 A 点移动到 B 点所做的功为 dW,则 A、B 两点之间的电压为

$$u_{AB} = \frac{dW}{dq} \tag{1.2.3}$$

可知,两点之间的电压值实际上是电场力将单位正电荷从 A 点移动到 B 点所做的功。电压用符号 u 表示。

2)电位的概念

若取电路中某一点 O 为参考点,则电场力将单位正电荷从电路中 A 点移动到 O 点所做的功称为 A 点的电位。因此,A 点的电位就是 A 点与参考点之间的电压,A 点的电位用 v_A 表示,即 $v_A = u_{AO}$。参考点的电位值为零,并用符号"⊥"标记。在实际应用中,通常选大地作为参考点,有些设备的机壳是接地的,那么,凡是与机壳相连的各点都是零电位点。若机壳不接地,常选择若干导线的交汇点作为参考点。应当注意的是,在一个连通的电路中只有一个参考点,并且在研究同一问题时,参考点一经选定,就不能改变了。从参考点出发沿选定的路径"走"到待求点,电压升取正,电压降取负,累计其代数和就是待求点的电位值。例如,如图 1.2.2 所示电路,以 C 点为参考点,若选 CBA 路径,则 A 点的电位 $V_A = (-40 + 10)\text{ V} = -30\text{ V}$;若选择路径 CDA,则 A 点的电位值 $V_A = (30-60)\text{ V} = -30\text{ V}$。可知,选定了参考点之后,电路中的各点就有了确定的电位值,与所选的路径无关。

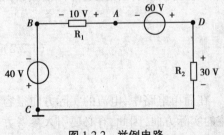

图 1.2.2　举例电路

有了电位的概念后,常采用电位标注法简化电路

图的绘制。其方法为:首先确定电路中的参考点,然后用电源端极性及电位数值代替电源。例如,如图1.2.3(a)所示的电路采用电位标注法简化后如图1.2.3(b)所示。

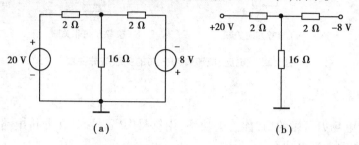

图1.2.3　举例电路

在理解电压与电位的概念时,应注意:参考点一经选定,电路中任意一点的电位值就唯一确定下来,这是电位的单值性。参考点发生变化,电路中各点的电位值也随之变化,这是电位的相对性。任意两点之间的电压等于两点的电位差,是不变的,与参考点的选择无关,因此,电压具有绝对性。

3)电动势的概念

为了描述电源力(非电场力)的做功本领,引入了电动势的概念。电动势就是电源力在电源内部将单位正电荷从低电位移动到高电位所做的功,用符号e表示。

电动势和电压都可用来描述电源两端的电位差,因此,常用一个与电源电动势大小相等、方向相反的电压来代替电动势对外电路的作用。

恒定的电压、电位、电动势分别称为直流电压、直流电位、直流电动势,分别用符号U、V、E表示。电压、电位、电动势的SI单位都是伏[特],简称伏(V),较大的单位是千伏(kV),较小的单位是毫伏(mV)和微伏(μV)。它们之间的换算关系为

$$1 \text{ kV} = 10^3 \text{ V}, \quad 1 \text{ V} = 10^3 \text{ mV}, \quad 1 \text{ mV} = 10^3 \text{ μV}$$

(2)电压的参考方向

在电场力的作用下,正电荷从高电位移动到低电位。因此,电压的实际方向规定为电位降的方向。

在复杂电路的分析和计算中,需要假定电压的参考方向。电压的参考方向有3种表示方法,分别为如图1.2.4所示的箭头表示法、极性表示法和双下标表示法。电压的参考方向都是由A指向B的。

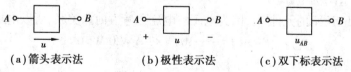

(a)箭头表示法　　　　(b)极性表示法　　　　(c)双下标表示法

图1.2.4　电压的参考方向

若参考方向和实际方向一致,则电压为正值;反之,则电压为负值。

需要说明的是,电压和电流的参考方向可分别独立假定,但是为了便于分析和计算,一般假定同一个元件的电压和电流的参考方向相同,称为关联参考方向,即元件的电流参考方向从其电压参考方向的正("+")极性端流入、从负("-")极性端流出。例如,图1.2.5(a)中电压、电流参考方向关联,图1.2.5(b)中电压、电流参考方向非关联。

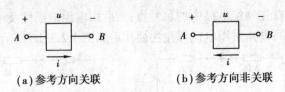

（a）参考方向关联　　　　　　（b）参考方向非关联

图 1.2.5　电压、电流参考方向的关联与非关联

1.2.3　电功率

单位时间内电场力所做的功,称为电功率,用符号"P"表示。在分析电路时,通常依据电压、电流的参考方向计算电功率。

电压、电流参考方向关联时,电功率 P 为

$$P = ui \qquad\qquad (1.2.4)$$

电压、电流参考方向非关联时,电功率 P 为

$$P = -ui \qquad\qquad (1.2.5)$$

无论用哪一个计算公式,若 $P>0$,表明该元件吸收功率,为负载;若 $P<0$,表明该元件发出功率,为电源。在直流电路中,电功率的计算公式为

$$P = UI \quad 或 \quad P = -UI$$

电功率的 SI 单位是瓦［特］,简称瓦（W）,也可用千瓦（kW）和毫瓦（mW）为单位。它们之间的换算关系为

$$1\ kW = 10^3\ W, \quad 1\ W = 10^3\ mW$$

【例 1.2.1】　如图 1.2.6 所示的两个元件 N_1、N_2,已知 $U = -10\ V, I = 2\ A$,元件 N_1、N_2 是电源还是负载?

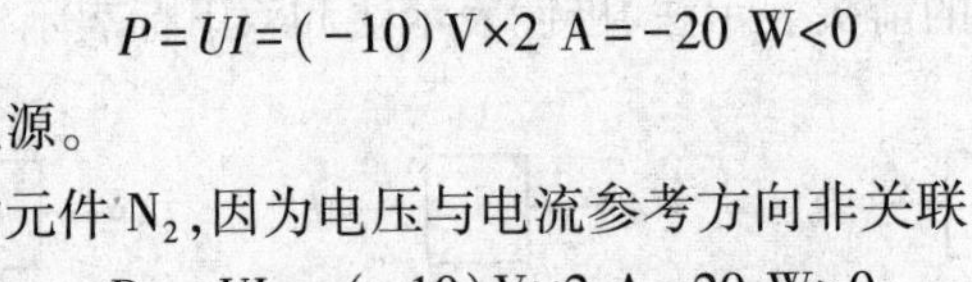

图 1.2.6　例 1.2.1 的图

解　如图 1.2.6（a）所示的元件 N_1,因为电压与电流参考方向关联,所以电功率 P 为

$$P = UI = (-10)\,V \times 2\ A = -20\ W < 0$$

即元件 N_1 发出功率,为电源。

如图 1.2.6（b）所示的元件 N_2,因为电压与电流参考方向非关联,所以电功率 P 为

$$P = -UI = -(-10)\,V \times 2\ A = 20\ W > 0$$

即元件 N_2 吸收功率,为负载。

有时,还要计算一段时间内电路所消耗的电能（电功）。从 t_1 到 t_2 时间内,电路消耗的电能 W 的计算公式为

$$W = \int_{t_1}^{t_2} P\,\mathrm{d}t \qquad\qquad (1.2.6)$$

在直流电路中,电能 W 的计算公式为

$$W = P(t_2 - t_1) \qquad\qquad (1.2.7)$$

电能的 SI 单位是焦［耳］（J）。在实际中,常用千瓦时（kW·h）为电能的单位。它表示

1 kW的用电设备在 1 h(3 600 s)内消耗的电能。例如,一只 60 W 的电灯,每天使用 3 h,一个月(30 天)的用电量为

$$W = \frac{60}{1000} \times 3 \times 30 \text{ kW} \cdot \text{h} = 5.4 \text{ kW} \cdot \text{h}$$

1.2.4　主要物理量的测量

(1)电流和电压的测量

1)使用电流表和电压表测量

电流表和电压表有直流表、交流表和交直流表 3 种。电流和电压可按以下步骤进行测量:

①选择仪表。若测量电流,选择电流表;若测量电压,选择电压表。若测直流量,选择直流表或交直流表;若测交流量,选择交流表或交直流表。

②选择量程。仪表量程应选择大于被测值,若被测值未知,首先选择最大量程,然后再依据测量情况,转换到适当的量程。为了减小测量误差,尽量使读数在刻度盘的 2/3 左右位置。

③调零。检查仪表指针是否指零,若不指零,需要调整使指针指零。

④将仪表接入电路。电流表应串入被测电路,电压表应并接在被测电路两端。测量直流电流或电压时,仪表的正极("+")应接电流的流入端或电压的高电位端,负极("−")应接电流的流出端或电压的低电位端,否则会反偏,指针式仪表会打坏表针。

⑤读取数据。

⑥测量完毕,将转换开关置于最高挡。

2)使用万用表测量

除了用电流表和电压表测量外,也可用万用表测量电流和电压。万用表有指针式和数字式两类。在结构上,指针式万用表由表盘、测量电路和转换开关 3 部分组成,可测量电流、电压、电阻及晶体三极管的"hFE"等。测量值从表盘刻度尺上读取,其中,"Ω"为电阻刻度值;"⌣"为交直流电流、电压刻度值;"10^{V}"为交流 10 V 刻度值;"hFE"为三极管电流放大系数刻度值。用万用表测量电流或电压时,与前面介绍的电流表和电压表的测量方法及步骤大体相同,只是在以下方面应当注意:

①测量前,应将转换开关置于正确位置上。

②在测量过程中,不能带电切换挡位。

③万用表的黑表笔与表内电池的正极相连,红表笔与表内电池的负极相连。因此,在测直流量时,应将表笔置于正确位置上。

④测量完毕,将转换开关置于交流电压最高挡。

(2)电功率的测量

在电工测量中,常用功率表测量电功率。功率表也称瓦特表,内部有电流线圈和电压线圈。电流线圈是两个固定线圈,电阻小,在电路中与负载串联,两个线圈之间可串并联连接,用于改变功率表的电流量程;电压线圈是可动线圈,电阻较大,与几个附加电阻(R_{ad})串联后,再与负载并联,由串联的附加电阻来改变电压量程。功率表指针的偏转角和负载的电压与电流的乘积成正比,因此能测量负载的功率。用功率表测量功率的步骤如下:

1)选择量程

功率表量程不是决定于负载的功率,而是决定于负载电流和电压的量程,只有这两个量程

都满足要求,功率表的量程才满足要求。功率表量程决定于电流量程与电压量程的乘积。

2)将仪表接入电路

功率表内的电流线圈和电压线圈各有一个端子标有"＊"等标记。接线时,将"＊I"端接到电源侧,另一"I"端接至负载侧;标有"＊U"端可与电流的"＊I"端接在一起,而将另一电压端接到负载的另一侧,如图 1.2.7(a)所示。

功率表的接线必须正确,否则不仅无法读数,而且可能损坏仪表。如果接线正确而指针反偏,说明负载含有电源,则应换接"＊I"与"I"端,如图 1.2.7(b)所示。

3)读取数据

功率表的每一格代表瓦特数,称为分格常数 C(瓦/格)。测量时,如果读的偏转格数为 N,则被测功率数值为 $P=CN$。

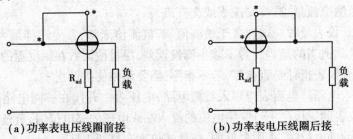

（a）功率表电压线圈前接　　　（b）功率表电压线圈后接

图 1.2.7　功率表的接线图

【思考与练习】

1.2.1　试说明电压、电位两者之间的异同。

1.2.2　在如图 1.2.8 所示的电路中,若已知 $I_1=5$ A,$I_2=-8$ A,试判断电流的实际方向。

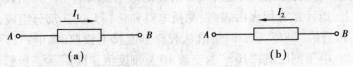

图 1.2.8　思考与练习 1.2.2 的图

1.2.3　在如图 1.2.9 所示的电路中,已知 $U_1=10$ V,$U_2=5$ V,$U_3=-20$ V。试计算:

(1)若参考点选 D 点,求 V_A、V_B、U;

(2)若参考点选 C 点,求 V_A、V_B、U。

1.2.4　在如图 1.2.10 所示的电路中,已知 $U=-5$ V,$I=2$ A,试问:

(1)A、B 两点哪一点电位高;

(2)说明该网络为电源还是负载。

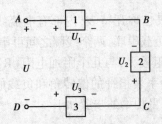

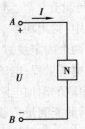

图 1.2.9　思考与练习 1.2.3 的图　　图 1.2.10　思考与练习 1.2.4 的图

1.3　基本电路元件

电路由元件连接而成。基本电路元件主要有电阻元件、电感元件、电容元件及电源元件。本节重点讨论基本电路元件的电压、电流关系(伏安关系)。电压、电流关系缩写为 VCR (voltage current relation)。

1.3.1　电阻元件

电阻元件是实际电阻器理想化的模型,理想电阻器具有消耗电能,并将其转化为热能的电磁性质,在电路中用电阻元件来表示这种电磁性质。电阻元件简称电阻,其电路模型如图 1.3. 1(a)所示。其中,R 称为电阻,体现了电阻元件对电流的阻碍作用,它既表示电阻元件,又表示该元件的参数。若电阻值为常数,称该电阻为线性非时变电阻,简称线性电阻,其伏安特性如图 1.3.1(b)所示,斜率为电阻的参数 R。

电阻的 SI 单位是欧[姆](Ω),在实际使用时,还会用到千欧(kΩ)和兆欧(MΩ)。它们之间的换算关系为

$$1\ \mathrm{M\Omega} = 10^3\ \mathrm{k\Omega}, \quad 1\ \mathrm{k\Omega} = 10^3\ \Omega$$

需要说明的是,电阻元件也可用另一个参数 G 来表示,G 称为电导,其单位是西[门子] (S)。它体现的是元件导通电流的能力。电阻与电导的关系为

$$G = \frac{1}{R} \tag{1.3.1}$$

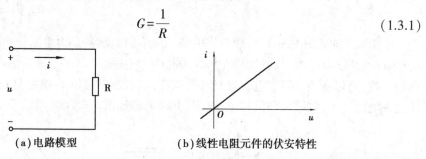

(a)电路模型　　　　　　(b)线性电阻元件的伏安特性

图 1.3.1　电阻元件

欧姆定律反映了线性电阻元件的电压、电流关系,是分析电路的基本定律之一。欧姆定律的内容:流过导体的电流与加在其两端的电压成正比,与这段导体的电阻成反比。假定了电压、电流的参考方向之后,欧姆定律的表达式如下:

若电压与电流参考方向关联,则

$$u = iR \tag{1.3.2}$$

若电压与电流参考方向非关联,则

$$u = -iR \tag{1.3.3}$$

线性元件的参数为常数,全部由线性元件组成的电路,称为线性电路。有些元件的伏安特性不是直线,而是曲线。如图 1.3.2 所示为半导体二极管的伏安特性,这种元件称为非线性元件。

【例 1.3.1】　在如图 1.3.3 所示的电路中,已知 $I = -5$ A,$R = 5$ Ω,求电压 U。

解　在图 1.3.3(a)所示的电路中,因为电压与电流参考方向关联,所以电压 U 为

$$U = IR = (-5) \times 5 \text{ V} = -25 \text{ V}$$

在如图 1.3.3(b)所示的电路中,因为电压与电流参考方向非关联,所以电压 U 为

$$U = -IR = -(-5) \times 5 \text{ V} = 25 \text{ V}$$

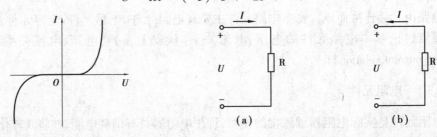

图 1.3.2　半导体二极管的伏安特性　　　　图 1.3.3　例 1.3.1 的图

电阻元件的电功率为

$$p = ui = Ri^2 = \frac{u^2}{R} \tag{1.3.4}$$

由于 P 总是大于零,因此,电阻元件是耗能元件,将电能转换为热能,热能的 SI 单位为焦[耳](J)。t 时间内转换的热能为

$$Q = i^2 Rt \tag{1.3.5}$$

式(1.3.5)为焦耳-楞次定律的公式,反映了电流的热效应。

1.3.2　电感元件

电感元件是实际电感器的理想化模型。简单的电感器是由电阻很小的金属导线绕制而成的,也称电感线圈。线圈通过电流时,在线圈中产生磁通,磁通与每一匝线圈交链,称为线圈的磁通链数,简称磁链。理想电感器只具有储存磁场能的性质,在电路分析中,用电感元件来表示这种电磁性质,电感元件简称电感。其电路模型如图 1.3.4(b)所示。

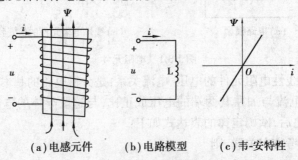

(a)电感元件　　　(b)电路模型　　　(c)韦-安特性

图 1.3.4　电感元件

如果电流 i 的参考方向与磁链 Ψ 的参考方向之间符合右手螺旋法则,称 i 与 Ψ 参考方向关联,如图 1.3.4(a)所示。此时,两者成正比关系,称为韦-安特性,如图 1.3.4(c)所示。两者之间满足关系式

$$\psi = Li \tag{1.3.6}$$

式中,比例系数 L 称为电感元件的电感量,简称电感。它既表示电感元件,又表示元件的参数。若 L 为常数,称该电感为线性非时变电感。本书只讨论线性非时变电感。

电感的 SI 单位是亨[利](H),在实际中常以毫亨(mH)、微亨(μH)为单位。它们之间的换算关系为

$$1\ \text{H} = 10^3\ \text{mH}, \quad 1\ \text{mH} = 10^3\ \text{μH}$$

当通过电感的电流变化时,电感两端会出现感应电压,这个感应电压等于磁链的变化率。在电感的电压与电流参考方向关联时,有

$$u = \frac{\mathrm{d}\varPsi}{\mathrm{d}t} = L\frac{\mathrm{d}i}{\mathrm{d}t} \tag{1.3.7}$$

式(1.3.7)为电感的电压、电流关系式。该式表明:

① 只有当电流变化时,电感两端才会有电压。

② 电流变化越快,电压越大。

③ 流过电感元件的电流不能跃变,即电感的电流是连续的。因为如果电流跃变,$\frac{\mathrm{d}i}{\mathrm{d}t}$ 为无穷大,u 也为无穷大,这是不可能的。

在电压和电流参考方向关联时,电感 t 时刻的功率为

$$p(t) = ui = Li\frac{\mathrm{d}i}{\mathrm{d}t} \tag{1.3.8}$$

t 时刻电感储存的磁场能为

$$w_{\text{L}}(t) = \int_0^t p(t)\,\mathrm{d}t = \int_0^u Li\,\mathrm{d}i = \frac{1}{2}Li^2(t) \tag{1.3.9}$$

可知,某一时刻电感的储能仅与该时刻电流值有关。

1.3.3　电容元件

两块金属极板之间用绝缘介质隔开,就构成了最简单的电容器,当两极板接通电源后,两个极板间就会建立电场,储存电场能。理想电容器只具有储存电场能的性质,在电路分析中用电容元件来表示这种电磁性质,电容元件简称电容。其电路模型如图 1.3.5(a)所示。

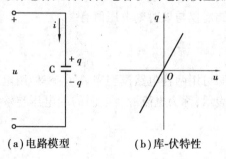

(a)电路模型　　　　(b)库-伏特性

图 1.3.5　电容元件的电路模型及其库-伏特性

电容元件所容纳的电荷量 q 和它的端电压 u 之间成正比关系,称为库-伏特性,如图 1.3.5(b)所示。其比值为

$$C = \frac{q}{u} \tag{1.3.10}$$

式中,比例系数 C 称为电容元件的电容量,简称电容。它既表示电容元件,又表示元件的参数。若 C 为常数,称该电容为线性非时变电容。本书只讨论线性非时变电容。

在国际单位制中,电容的单位为法[拉],简称法(F),由于法(F)的单位太大,工程上常用更小的微法(μF)和皮法(pF)为单位。它们之间的换算关系为

$$1\ \text{F} = 10^6\ \mu\text{F}, \quad 1\ \mu\text{F} = 10^6\ \text{pF}$$

电容元件电容量的大小取决于电容器的结构,平板电容器的电容量可计算为

$$C = \varepsilon \frac{S}{d} \tag{1.3.11}$$

式中,ε 为绝缘介质的介电常数,S 为两极板间的相对面积,d 为两极板间的距离。如图1.3.5(a)所示,电容的端电压 u 与流过的电流 i 参考方向相关联时,有

$$i = \frac{\mathrm{d}q}{\mathrm{d}t} = C \frac{\mathrm{d}u}{\mathrm{d}t} \tag{1.3.12}$$

式(1.3.12)为电容的伏安关系式。该式表明:

①某一时刻电容的电流取决于此时电压的变化率。只有当电压变化时,电容中才会有电流。电压变化越快,电流就越大。

②当电压升高时,$\frac{\mathrm{d}u}{\mathrm{d}t}>0$,$\frac{\mathrm{d}q}{\mathrm{d}t}>0$,$i>0$,极板上电荷增加,电容被充电;当电压降低时,$\frac{\mathrm{d}u}{\mathrm{d}t}<0$,$\frac{\mathrm{d}q}{\mathrm{d}t}<0$,$i<0$,极板上电荷减少,电容放电。

③由电容的伏安关系式可知,电容元件两端的电压不能跃变,即电容的电压是连续的,因如果电压跃变,$\frac{\mathrm{d}u}{\mathrm{d}t}$ 为无穷大,i 也为无穷大,这是不可能的。

在电压和电流的参考方向关联时,电容的功率为

$$p(t) = ui = Cu \frac{\mathrm{d}u}{\mathrm{d}t} \tag{1.3.13}$$

t 时刻电容储存的电场能为

$$w_c(t) = \int_0^t p(t)\,\mathrm{d}t = \int_0^u Cu\,\mathrm{d}u = \frac{1}{2}Cu^2(t) \tag{1.3.14}$$

可知,某一时刻电容的储能仅与该时刻电压值有关。

1.3.4 电源元件

实际电路中,使用的电源可用两种电路模型来表示:一种用电压的形式来表示,称为电压源;另一种用电流的形式来表示,称为电流源。电源的端电压与输出电流的关系,称为电源的外特性。

(1)电压源

1)理想电压源

两端的电压总保持为定值或一定的时间的函数,这种电源称为理想电压源。理想电压源只给外电路提供电压而内部没有电能的损耗。因此,理想电压源提供的电压不受流过它的电流的影响,输出的电流由理想电压源和外电路共同决定。其电路模型如图1.3.6(a)所示。

理想电压源有直流和交变两种。直流理想电压源给外电路提供的电压 U_S 是恒定的,又称恒压源。实际电子电路中的直流稳压电源,能给外电路提供近似恒定的电压,可视为恒压源。直流理想电压源的外特性如图1.3.6(b)所示。某些电源,其两端的电压(端电压)$u_S(t)$基

本不受负载电流的影响,总保持为确定的时间的函数,这些电源为交变理想电压源。

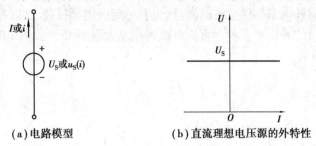

（a）电路模型　　　　　　　　（b）直流理想电压源的外特性

图 1.3.6　理想电压源

2）电压源模型

理想电压源是不存在的。实际电压源总有一定的内阻,其端电压略有下降。实际电压源的电路模型可用理想电压源和内阻的串联来表示。直流电压源模型及其外特性如图 1.3.7 所示。端电压 U 与输出电流 I 的关系为

$$U = U_S - IR_0 \tag{1.3.15}$$

可知,当外接负载不变时,内阻 R_0 越小,端电压降低得越少,外特性越好,实际电压源越接近理想电压源。R_0 为零时,电源的端电压 $U = U_S$,就是理想电压源。

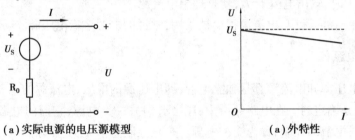

（a）实际电源的电压源模型　　　　　　　　（a）外特性

图 1.3.7　实际电源的电压源模型及其外特性

（2）电流源

1）理想电流源

输出电流总能保持定值或一定的时间的函数,这样的电源称为理想电流源。理想电流源提供的电流不受它两端电压的影响,两端的电压由理想电流源和外电路共同决定。其电路模型如图 1.3.8（a）所示。

理想电流源也有直流和交变两种。直流理想电流源能给外电路提供恒定的电流 I_S,又称恒流源。在实际中,光电池能向外电路提供近似恒定的电流,可视为恒流源。直流理想电流源的外特性如图 1.3.8（b）所示。

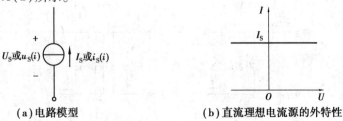

（a）电路模型　　　　　　　　（b）直流理想电流源的外特性

图 1.3.8　理想电流源

2）电流源模型

实际电流源在向外电路提供电流的同时，也有一定的内部损耗，实际电流源的电路模型可用理想电流源和内阻的并联来表示。直流电流源模型及其外特性如图 1.3.9 所示。输出电流 I 与端电压 U 的关系为

$$I=I_S-\frac{U}{R_0} \qquad\qquad (1.3.16)$$

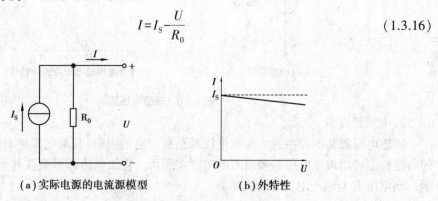

（a）实际电源的电流源模型　　　　　（b）外特性

图 1.3.9　实际电源的电流源模型及其外特性

可知，当外接负载不变时，内阻 R_0 越大，其上分得的电流越小，实际电流源越接近理想电流源。R_0 为无穷大时，输出电流 $I=I_S$，就是理想电流源。

应当说明的是，在实际中，电流源很少被采用，常说的电源多指电压源。

1.3.5　受控电源

前面讨论的电压源和电流源都是独立电源，即电压源的电压、电流源的电流不受控制而独立存在，电源参数是确定的。在电路分析中，还会遇到另一类电源，它们的电源参数受电路中其他部分的电压或电流的控制，称为受控电源。一旦控制量消失，受控源的电压或电流也就不存在了。

依据受控源是电压源还是电流源，以及控制量是电压还是电流，可将受控源分为 4 种类型：电压控制电压源（VCVS）、电压控制电流源（VCCS）、电流控制电压源（CCVS）及电流控制电流源（CCCS）。4 种理想受控源的电路模型如图 1.3.10 所示。

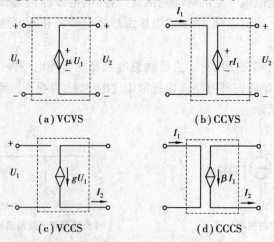

（a）VCVS　　　　　　　　（b）CCVS

（c）VCCS　　　　　　　　（d）CCCS

图 1.3.10　理想受控源的电路模型

为了与独立电源相区别,受控电源用菱形表示。电路模型中 μ、g、r、β 称为控制系数。它们反映了控制量对受控源的控制能力。若控制系数为常数,则为线性受控源。其中:

① $\mu = \dfrac{U_2}{U_1}$ 称为转移电压比或电压放大系数。

② $r = \dfrac{U_2}{I_1}$ 称为转移电阻,具有电阻的量纲。

③ $g = \dfrac{I_2}{U_1}$ 称为转移电导,具有电导的量纲。

④ $\beta = \dfrac{I_2}{I_1}$ 称为转移电流比或电流放大系数,无量纲。

【思考与练习】

1.3.1　当电路的电感中有电流时,电感两端就一定有电压吗? 若电感两端的电压为零,储能是否一定为零?

1.3.2　在实际电源的电压源模型中,内阻 R_0 为多少时可视为理想电压源?

1.3.3　求如图 1.3.11 所示电路中的电流 I。

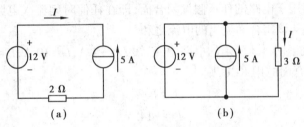

图 1.3.11　思考与练习 1.3.3 的图

1.4　基尔霍夫定律

分析和计算电路的基本定律,除了欧姆定律以外,还有基尔霍夫定律,包括基尔霍夫电流定律和基尔霍夫电压定律。为了说明基尔霍夫定律,首先介绍以下术语:

支路:电路中的每一分支,称为支路,同一条支路中的电流是相同的。

节点:3 条或 3 条以上支路的连接点,称为节点。

回路:电路中闭合的路径,称为回路。

网孔:内部不含有支路的回路,即没有被支路穿过的回路,称为网孔。

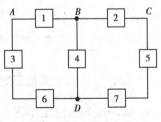

显然,如图 1.4.1 所示的电路,支路有 3 条,分别为 BCD、BAD、BD;节点有两个,分别为 B 点和 D 点;回路有 3 个,分别为 $BCDB$、$BADB$、$ABCDA$;网孔有两个,分别为 $ABDA$ 和 $BCDB$。

图 1.4.1　举例电路

1.4.1　基尔霍夫电流定律

基于电流的连续性,电路中任意一点都不会有电荷的堆积,由此得出基尔霍夫电流定律,其英文缩写为 KCL(Kichhoff's Current Law)。基尔霍夫电流定律适用于电路的节点,是对节点电流的约束。其内容可表述为:在任何时刻,流入电路中任意一个节点的电流之和应等于由该节点流出的电流之和。KCL 的表达式为

$$\sum i_{入} = \sum i_{出} \tag{1.4.1}$$

整理式(1.4.1),可得 KCL 的另一种形式为

$$\sum i = 0 \tag{1.4.2}$$

式(1.4.2)表示,在任意时刻,电路中任意一个节点电流的代数和等于零。若规定流入某节点的电流为正,则由该节点流出的电流就为负。当然,也可作相反的规定。

【例 1.4.1】 在如图 1.4.2 所示的电路中,已知 $I_1 = 3 \text{ A}, I_2 = -5 \text{ A}$,求 I_3。

解 (1)依据电流的参考方向,列写节点的电流方程为

$$I_1 + I_2 + I_3 = 0$$

(2)代入已知电流值,求解未知量,即

$$3 + (-5) + I_3 = 0$$
$$I_3 = 2 \text{ A}$$

KCL 也可推广应用于电路的任意假设闭合面,即在任何时刻流入电路中任意一个假设闭合面的电流之和等于从该闭合面流出的电流之和。

【例 1.4.2】 在如图 1.4.3 所示的电路中,已知 $I_1 = -4 \text{ A}, I_2 = 10 \text{ A}, I_4 = 2 \text{ A}$,求 I_3、I_5。

解 对 $ABCA$ 闭合面应用 KCL,则

$$I_1 = I_2 + I_3$$
$$I_3 = -14 \text{ A}$$

对节点 B 应用 KCL,则

$$I_2 + I_4 = I_5$$
$$I_5 = 12 \text{ A}$$

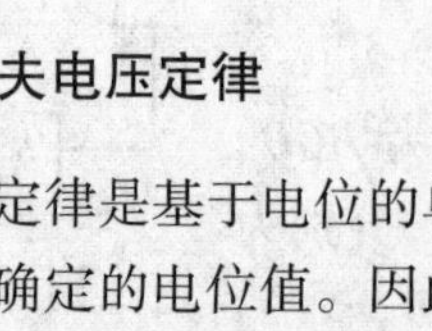

图 1.4.2　例 1.4.1 的图 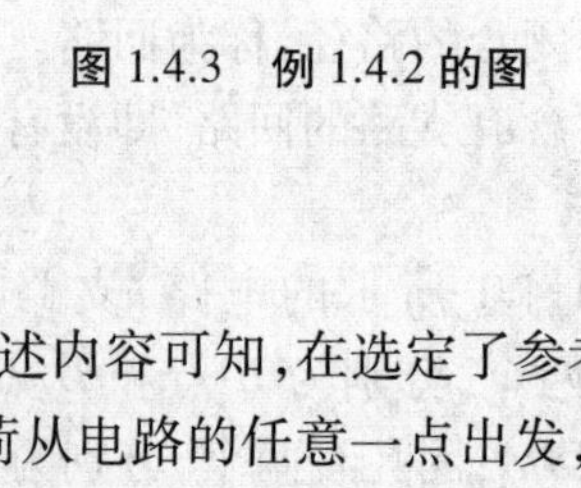　　　　图 1.4.3　例 1.4.2 的图

1.4.2　基尔霍夫电压定律

基尔霍夫电压定律是基于电位的单值性。由前述内容可知,在选定了参考点以后,电路中的每一点都有各自确定的电位值。因此,单位正电荷从电路的任意一点出发,沿任一闭合路径绕行一周,绕行过程中,电压升必然等于电压降,这样回到出发点,才能具有出发点的电位值。由此推导出基尔霍夫电压定律,其英文缩写为 KVL(Kichhoff's Voltage Law)。基尔霍夫电压定律适用于闭合回路,是对回路电压的约束。其内容可表述为:在任何时刻,沿任意一个方向,绕

行闭合回路一周,电压升之和等于电压降之和,即电压的代数和恒等于零,则

$$\sum u_升 = \sum u_降 \tag{1.4.3}$$

$$\sum u = 0 \tag{1.4.4}$$

KVL 的应用步骤如下:

①设定各元件电压的参考方向及回路的绕行方向。

② 从回路的任意一点出发,沿绕行方向循行一周,回到出发点,列写电压方程 $\sum u_升 = \sum u_降$。

应用 KVL 的关键是对选定的闭合回路列写出正确的电压方程。例如,对如图 1.4.4 所示的回路,选择顺时针绕行方向,则 KVL 方程为

$$U_1 = U_2 + U_3 + U_4$$

KVL 也可推广应用于回路的部分电路。以如图 1.4.5 所示的电路为例,A、B 两点之间为开路,则可假想 $ABCDA$ 为闭合回路,列写的 KVL 方程为

$$U_1 = U_{AB} + U_2 + U_3$$

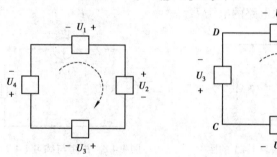

图 1.4.4 举例电路　　　图 1.4.5 举例电路

【例 1.4.3】 在如图 1.4.6(a)所示的电路中,已知 $U_{S1} = 20$ V,$U_{S2} = 80$ V,$R_1 = 10$ Ω,$R_2 = 10$ Ω,$R_3 = 15$ Ω,$R_4 = 15$ Ω,$R_5 = 10$ Ω。求:

(1)电路中的电流 I;

(2)A、B 两点间的开路电压 U_{AB}。

解 (1)求解电路中的电流 I

①假定电流、电压的参考方向及回路的绕行方向,如图 1.4.6(b)所示。

② 对回路列写电压方程 $\sum u_升 = \sum u_降$,则

$$U_{S1} = U_{R1} + U_{R2} + U_{S2}$$

即

$$U_{S1} = IR_1 + IR_2 + U_{S2}$$

代入已知量的值,求解未知量,即

$$I = -3 \text{ A}$$

I 为负值,说明电流的实际方向与假定的参考方向相反。

(2)求解开路电压 U_{AB}

对图 1.4.6(b)所示的电路,将 $ABCDA$ 假想为一个闭合回路,列写该回路的 KVL 方程,则

$$U_{S1} = U_{R1} + U_{AB}$$

即

$$U_{S1} = IR_1 + U_{AB}$$

$$U_{AB} = 50 \text{ V}$$

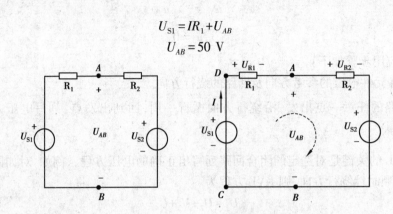

图 1.4.6　例 1.4.3 的图

【思考与练习】

1.4.1　求如图 1.4.7 所示电路中的电流 I。

1.4.2　求如图 1.4.8 所示电路的电压 U。

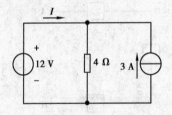
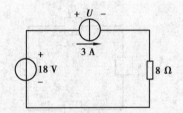

图 1.4.7　思考与练习 1.4.1 的图　　　　图 1.4.8　思考与练习 1.4.2 的图

1.5　电源的 3 种工作状态

在实际用电过程中,电源有 3 种基本状态,即有载、开路和短路状态。下面以如图1.5.1所示的直流电路为例介绍电源的 3 种基本状态。

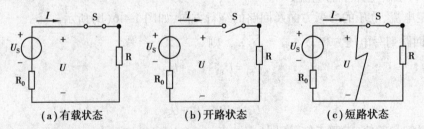

图 1.5.1　电源的 3 种工作状态

1.5.1　有载状态

在如图 1.5.1(a)所示的电路中,开关 S 闭合,电源与负载接通,电路中产生电流,并向负载

输出电流和功率,这种状态称为有载状态。电路有载工作时,有以下特征:

①电路中的电流为

$$I = \frac{U_S}{R_0 + R} \tag{1.5.1}$$

②电源的端电压为

$$U = U_S - IR_0 \tag{1.5.2}$$

③电源发出的功率为

$$P = UI = (U_S - IR_0)I = U_S I - I^2 R_0 \tag{1.5.3}$$

通常负载(如电灯、电动机等)以并联的方式连接在电路中。因此,电路中接入的负载越多,总电阻越小,电路中的电流就越大,电源输出的功率也就越大。因此,电源输出的电流和功率取决于负载的大小。需要说明的是,电工技术中所说的负载重是指电源输出的电流或功率大。

电气设备在工作时所能承受的电压、电流和电功率是有限的。因此,并联的负载不能无限地增多。当电压过高时,超过设备内部绝缘材料的绝缘强度而发生击穿的现象,称为电击穿;当电流过大时,流经导体产生的热量增多,使导体温度过高而烧坏电气设备的现象,称为热击穿。因此,为了使电气设备能够长期、安全可靠地运行,给它规定了一定的使用限额,这种限额称为额定值。额定值常标在设备的铭牌上或写在说明书中,额定电流、额定电压和额定功率分别用 I_N、U_N、P_N 表示。使用时,电气设备的实际值不一定等于它们的额定值。电气设备的实际值等于额定值的工作状态,称为满载;低于额定值的工作状态,称为轻载;高于额定值的工作状态,称为过载。设备在满载运行时利用得最充分、最经济合理;轻载运行时不但设备不能被充分利用,而且可能工作不正常;设备在过载情况下工作时,如果超过额定值不多,并且持续时间不长,不一定会造成明显的事故,但可能影响设备的寿命,因此,一般是不允许过载的。在实际中,为了确保设备的安全,通常要在电路中加入过载保护电器或电路。

1.5.2　开路状态

将图 1.5.1(b)中的开关 S 断开,电路未构成闭合回路,称为开路状态。电路开路时,有以下特征:

①电路中的电流为

$$I = 0 \tag{1.5.4}$$

②电源的端电压为

$$U = U_S - IR_0 = U_S \tag{1.5.5}$$

③电源发出的功率为

$$P = 0 \tag{1.5.6}$$

1.5.3　短路状态

在图 1.5.1(c)中,当电源的两个端钮被连接在一起时,电源被短路。电源短路时,电流由短路处经过,不再流过负载,电源的端电压为零。由于回路中仅有很小的电源内阻 R_0,因此,此时的电流非常大,称为短路电流,用 I_S 表示。

电源短路时有以下特征:

①电源输出的电流 I 及短路电流 I_S 为

$$I=0, \quad I_S=\frac{U_S}{R_0} \tag{1.5.7}$$

②电源的端电压为

$$U=0 \tag{1.5.8}$$

③电源发出的功率 P_E 及负载吸收的功率 P 为

$$P_E=I_S^2R_0, \quad P=0 \tag{1.5.9}$$

电源的短路是一种严重的事故。因此,通常在电路中接入熔断器等保护器件,以便在电源短路时,能迅速将电路断开,保护电源。为了工作需要而将局部电路短路不属于事故。通常将人为安排的短路,称为短接。

需要说明的是,在工程实际中,常常用"电源开路时电流为零、电源短路时端电压为零"的特征来排查电路故障。

【例 1.5.1】 在如图 1.5.2 所示的电路中,已知 $U_S=10$ V,$R_0=0.1$ Ω,$R_L=1$ kΩ。求开关 S 在不同位置时,电流表和电压表的读数各为多少?

解 该电路电流表测量的电流为负载中的电流,电压测量电压为电源的端电压。

①开关在位置 1 时,电源为有载工作。电流表和电压表的读数约为 10 mA、10 V。

②开关在位置 2 时,电源为开路状态。电流表和电压表的读数为 0 A、10 V。

③开关在位置 3 时,电源为短路状态。电流表和电压表的读数为 100 A、0 V。

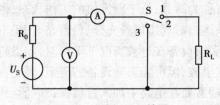

图 1.5.2 例 1.5.1 的图

【思考与练习】

1.5.1 电气设备工作中的实际值一定等于额定值吗?

1.5.2 额定值为 3 W、800 Ω 的电阻,使用时电流值和电压值不得超过多少?

1.5.3 将额定值为 40 W、220 V 的白炽灯和 220 V、100 W 的白炽灯串联后接到 220 V 的电源上,试比较两灯的亮度。

本章小结

1.依据电磁性质将实际电路理想化为电路模型,电路模型基本能反映实际电路的工作情况。

2.电路的主要物理量有电流、电压、电位、电动势及电功率等。在分析电路时,图中标注的都是参考方向。参考方向一经假定,在整个分析过程中不再改变。为了便于分析电路,常假定电压、电流的参考方向关联,即电流的参考方向由电压参考方向的"+"流入。

3.常用电路元件主要有电阻元件、电感元件、电容元件及电源元件等。前 3 种为无源元件,其中,电阻为耗能元件,电感元件和电容元件为储能元件。

4.欧姆定律和基尔霍夫定律为电路的基本定律。欧姆定律阐述了线性电阻元件电压与电流的约束关系。基尔霍夫定律包括电流定律(KCL)和电压定律(KVL),KCL 和 KVL 表明电路连接时支路电流、电压的约束,与元件性质无关。KCL 适用于电路的节点,是对节点电流的约束,也可推广应用于任意假定的闭合面;KVL 适用于闭合回路,是对回路电压的约束,也可推广应用于回路的部分电路。

5.电源的 3 种工作状态分别为有载、开路和短路。有载工作时,应尽量使设备在额定值的状态下运行。短路通常是一种严重的事故,短路电流很大,应尽力避免。在工程实际中,常常用"电源开路时电流为零、电源短路时端电压为零"的特征来排查电路故障。

习　题

1.求如图 1.1 所示电路中 3 Ω 电阻消耗的功率,并说明 4 A 电流源和 12 V 电压源是发出功率还是吸收功率。

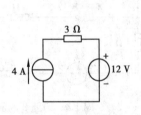

图 1.1　习题 1 的图

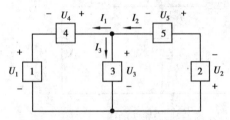

图 1.2　习题 2 的图

2.在如图 1.2 所示的电路中,5 个元件电流和电压的参考方向如图示,现测得 $I_1 = -1$ A,$I_2 = 1.5$ A,$U_1 = 35$ V,$U_2 = -22$ V,$U_3 = 15$ V。

(1)试在图中标出电流 I_1、I_2 的实际方向,电压 U_1、U_2、U_3 的实际极性;

(2)求 I_3、U_4、U_5,并判断元件 1、元件 5 哪个是电源,哪个是负载。

3.求如图 1.3 所示电路中 A 点的电位。

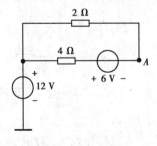

图 1.3　习题 3 的图

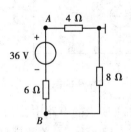

图 1.4　习题 4 的图

4.求如图 1.4 所示电路中 V_A、V_B 及 U_{AB}。

5.用图 1.5 电路可测量并绘制实际电源的外特性曲线。现测得某直流电压源的空载电压 $U_{OC} = 225$ V,负载时的电流和电压分别为 $I = 10$ A,$U = 220$ V。试绘制此电源的外特性曲线,并建立此电源的电压源模型。

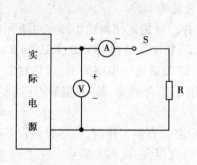

图 1.5　习题 5 的图

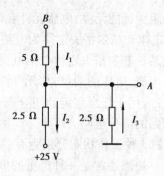

图 1.6　习题 6 的图

6.在如图 1.6 所示的电路中,已知 A 点电位为 $V_A = -10$ V,求电流 I_1、I_2、I_3、V_B。

7.在如图 1.7 所示的电路中,已知 $I_1 = 12$ mA,$I_2 = 4$ mA。试确定元件 N 中的电流 I_3 和它两端的电压 U_3,并说明它是电源还是负载。

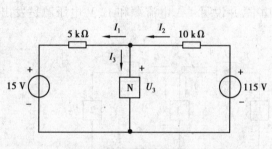

图 1.7　习题 7 的图

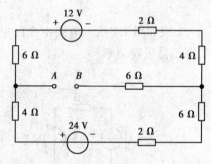

图 1.8　习题 8 的图

8.求如图 1.8 所示电路 A、B 两点之间的电压 U_{AB}。

9.求如图 1.9 所示电路中电流 I、电压 U,并判断网络 N 发出功率还是吸收功率?

10.求如图 1.10 所示电路中的电压 U_{AC} 和 U_{BD}。

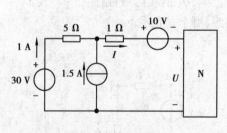

图 1.9　习题 9 的图

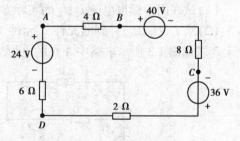

图 1.10　习题 10 的图

11.在如图 1.11 所示的电路中,求 I、R 及 A 点电位。

12.电路如图 1.12 所示,有关数据已标出,求 U_{R_4}、I_2、I_3、R_4 及 U_S 的值。

13.一直流发电机,其额定电压为 $U_N = 220$ V,额定功率为 $P_N = 1.1$ kW。

(1)试求该发电机的额定电流 I_N 和额定负载电阻 R_N。

(2)将 5 只 220 V、20 W 的灯泡并联作为负载,这些灯泡是否能正常工作?为什么?

14.一直流电源,其开路电压为 220 V,短路电流为 88 A。现将一个 220 V、40 W 的电烙铁接在该电源上,电烙铁能否正常工作?它实际吸收多少功率?

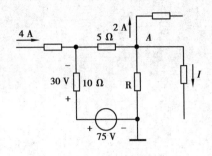

图 1.11　习题 11 的图

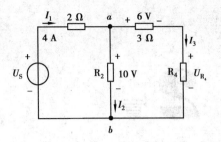

图 1.12　习题 12 的图

第 2 章
电路的基本分析方法

提要:本章介绍电路的基本分析方法,主要内容包括等效分析法、支路电流法、节点电压法、叠加定理及戴维宁定理。

2.1 等效分析法

电路也称网络,有两个端钮与外电路相连的网络称为二端网络。如果二端网络含有电源,称为有源二端网络;如果二端网络不包含电源,称为无源二端网络。两个二端网络等效的条件是它们端口的外特性完全相同,即如果把两个二端网络 N_1 和 N_2 接到任何相同的电源上,得到的端口电压和电流完全相同,则称二端网络 N_1 和 N_2 等效。但等效只是对于外电路而言的,二端网络内部并不等效。两个二端网络等效,就可进行等效变换,以便达到简化电路分析和计算的目的。本节介绍电阻串并联连接的等效变换、电阻星形连接与三角形连接的等效变换以及实际电源两种模型之间的等效变换。

2.1.1 电阻串并联连接的等效变换

对于电阻元件而言,主要有串联和并联两种连接方式。串联电阻具有分压作用,并联电阻具有分流作用。

(1)电阻串联电路的等效变换

1)电阻串联

两个或多个电阻依次首尾连接,通过的是同一电流,这种电阻的连接方式称为电阻串联。

2)等效变换

电阻串联电路可用一个等效电阻来代替,使电路得到简化,如图 2.1.1 所示。等效电阻的计算公式为

$$R = R_1 + R_2 + \cdots + R_n \tag{2.1.1}$$

3)串联电阻的分压作用

串联电阻具有分压作用,阻值较大的电阻分得的电压较高,阻值较小的电阻分得的电压较低。两个电阻串联的分压公式为

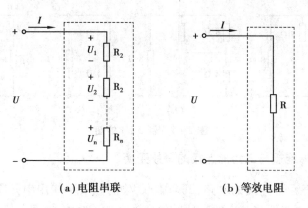

（a）电阻串联　　　　　　　　（b）等效电阻

图 2.1.1　电阻串联的等效变换

$$U_1 = IR_1 = \frac{R_1}{R_1 + R_2}U, \quad U_2 = IR_2 = \frac{R_2}{R_1 + R_2}U \tag{2.1.2}$$

（2）电阻并联电路的等效变换

1）电阻并联

两个或多个电阻首端和尾端分别接在一起,各电阻承受同一电压,这种电阻的连接方式称为电阻并联。

2）等效变换

电阻并联电路可用一个等效电阻来代替,使电路得到简化,如图 2.1.2 所示。等效电阻的计算公式为

$$\frac{1}{R} = \frac{1}{R_1} + \frac{1}{R_2} + \cdots + \frac{1}{R_n} \tag{2.1.3}$$

3）并联电阻的分流作用

并联电阻具有分流作用,阻值较大的电阻分得的电流较小,阻值较小的电阻分得的电流较大。两个电阻并联的分流公式为

$$I_1 = \frac{U}{R_1} = \frac{R}{R_1}I = \frac{R_2}{R_1 + R_2}I, \quad I_2 = \frac{U}{R_2} = \frac{R}{R_2}I = \frac{R_1}{R_1 + R_2}I \tag{2.1.4}$$

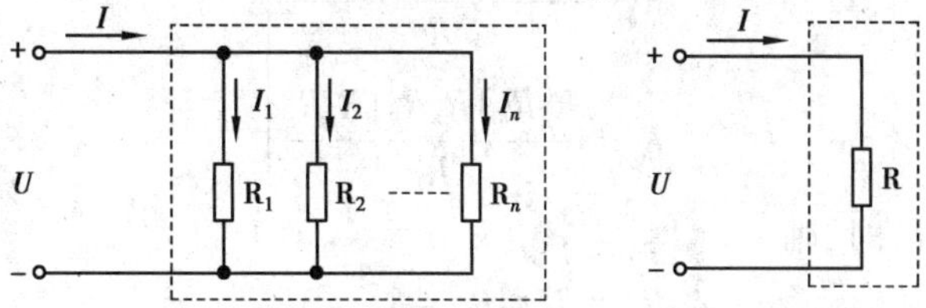

（a）电阻并联　　　　　　　　（b）等效电阻

图 2.1.2　电阻并联的等效变换

实际电路往往是既有串联又有并联的混联电路,但都可用串联和并联等效电阻的计算公式进行简化。

【例 2.1.1】　求如图 2.1.3(a)所示电路的等效电阻 R_{ab}。

解　依据图 2.1.3(a)依次等效变换为图 2.1.3(b)、(c)、(d),然后计算等效电阻 R_{ab},即

$$R_{ab} = 8 /\!/ 8 = 4 \ \Omega$$

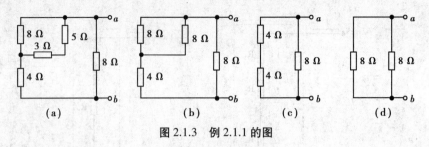

图 2.1.3　例 2.1.1 的图

2.1.2　电阻星形连接与三角形连接的等效变换

对星形连接和三角形连接的电路,既非串联又非并联,不能用串并联等效的方法进行计算。在计算时,可根据需要将其中的一种形式等效地变换为另一种形式后,再根据电路特点进行计算。

(1)等效的条件

若如图 2.1.4(a)所示的电阻星形连接的电路与如图 2.1.4(b)所示的电阻三角形连接的电路对应端流入或流出的电流(I_a、I_b、I_c)相等,对应端间的电压(U_{ab}、U_{bc}、U_{ca})也相等,则这两个电路对于外电路而言效果相同。此时,可将其中的一种形式等效地转换为另一种形式。

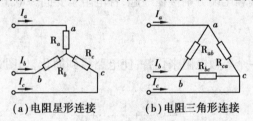

(a)电阻星形连接　　(b)电阻三角形连接

图 2.1.4　电阻星形连接和三角形连接

(2)等效变换公式

1)将 Y 连接等效变换为△连接

$$
\left.
\begin{aligned}
R_{ab} &= \frac{R_a R_b + R_b R_c + R_c R_a}{R_c} \\[2mm]
R_{bc} &= \frac{R_a R_b + R_b R_c + R_c R_a}{R_a} \\[2mm]
R_{ca} &= \frac{R_a R_b + R_b R_c + R_c R_a}{R_b}
\end{aligned}
\right\}
\tag{2.1.5}
$$

若 $R_a = R_b = R_c = R_Y$ 时,则

$$R_{ab} = R_{bc} = R_{ca} = R_\triangle = 3R_Y \tag{2.1.6}$$

2)将△连接等效变换为 Y 连接

$$
\left.
\begin{aligned}
R_a &= \frac{R_{ab} R_{ca}}{R_{ab} + R_{bc} + R_{ca}} \\[2mm]
R_b &= \frac{R_{bc} R_{ab}}{R_{ab} + R_{bc} + R_{ca}} \\[2mm]
R_c &= \frac{R_{ca} R_{bc}}{R_{ab} + R_{bc} + R_{ca}}
\end{aligned}
\right\}
\tag{2.1.7}
$$

若 $R_{ab} = R_{bc} = R_{ca} = R_\triangle$ 时，则

$$R_a = R_b = R_c = R_Y = \frac{R_\triangle}{3} \tag{2.1.8}$$

【例 2.1.2】　求如图 2.1.5(a)所示电路的电流 I。

解　首先将如图 2.1.5(a)所示的电路等效变换为如图 2.1.5(b)所示的电路，然后根据电阻三角形连接电路变换为电阻星形连接电路的计算公式，得

$$R_a = R_b = R_c = \frac{R_\triangle}{3} = 4\ \Omega$$

则

$$I = \frac{8}{(4+4) \mathbin{/\!/} (4+4) + 4} = 1\ \text{A}$$

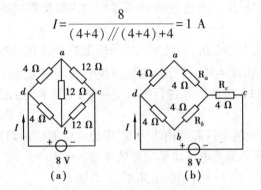

图 2.1.5　例 2.1.2 的图

2.1.3　实际电源两种模型之间的等效变换

电阻串并联连接的等效变换可将无源二端网络等效化简，而两种电源模型之间的等效变换可将有源二端网络等效化简，是分析、计算电路的方法之一。

(1)等效变换的条件

如图 2.1.6(a)所示的电压源模型的外特性为

$$U = U_S - IR_0$$

经整理可得

$$\frac{U}{R_0} = \frac{U_S}{R_0} - I$$

$$I = \frac{U_S}{R_0} - \frac{U}{R_0}$$

如图 2.1.6(b)所示的电流源模型的外特性为

$$I' = I_S - \frac{U'}{R_0'}$$

由于两个二端网络等效的条件是它们端口的外特性完全相同，即 $U = U'$，$I = I'$。因此，要使实际电源的电压源模型和电流源模型等效，相关参数必须满足条件

$$I_S = \frac{U_S}{R_0}, \quad R_0' = R_0 \tag{2.1.9}$$

电压源模型和电流源模型的等效关系是对于外电路而言的，对电源内部是不等效的。如

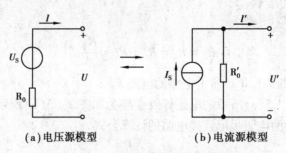

（a）电压源模型　　　　（b）电流源模型

图 2.1.6　两种电源模型的等效变换

两个对外电路等效的电压源模型和电流源模型均开路时,电压源模型的内阻上无功率损耗,电流源模型的内阻上有功率损耗。因此,两个电源模型的内部功率损耗是不一样的。

（2）等效变换的方法

两种电源模型等效变换的方法:如已知电压源模型的参数 U_S 和 R_0,则与之等效的电流源模型的参数为 $I_S=U_S/R_0$ 和 $R'_0=R_0$;若已知电流源模型的参数 I_S 和 R'_0,则与之等效的电压源模型的参数为 $U_S=I_SR'_0$ 和 $R_0=R'_0$。在进行等效变换时,电压 U_S 的正极性端和电流 I_S 的流出端是对应关系。

需要说明的是,由于理想电压源的内阻为零,理想电流源的内阻为无穷大,不满足 $R_0=R'_0$ 的条件,因此,理想电压源与理想电流源不能等效变换。

【例 2.1.3】　在如图 2.1.7（a）所示的电路中,求电流 I。

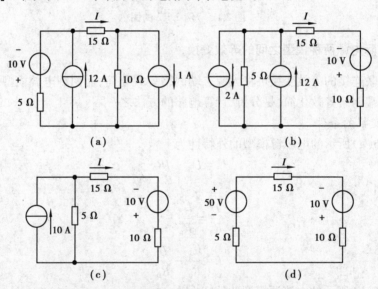

图 2.1.7　例 2.1.3 的图

解　用等效变换法求解该电路。首先将如图 2.1.7（a）所示的 10 V 电压源和 5 Ω 电阻组成的电压源模型变换为电流源模型,1 A 电流源和 10 Ω 电阻组成的电流源模型变换为电压源模型,得到如图 2.1.7（b）所示的电路。再将 2 A 和 12 A 电流源进行等效变换,得到如图 2.1.7（c）所示的电路。然后将 10 A 电流源和 5 Ω 电阻组成的电流源模型变换为电压源模型,得到如图 2.1.7（d）所示的电路,最后求解电流 I 的值为

$$I=\frac{50\ V+10\ V}{5\ \Omega+15\ \Omega+10\ \Omega}=2\ A$$

【思考与练习】

2.1.1　二端网络等效的条件是什么?

2.1.2　求如图 2.1.8 所示各电路中 A、B 两端的等效电阻。

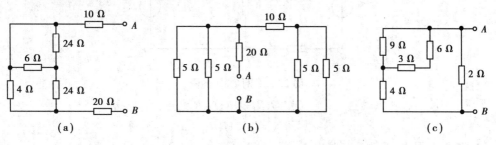

图 2.1.8　思考与练习 2.1.2 的图

2.1.3　将如图 2.1.9 所示的电路化简为电压源模型和电流源模型。

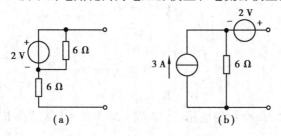

图 2.1.9　思考与练习 2.1.3 的图

2.2　支 路 电 流 法

所谓的支路电流法,就是以支路电流为变量,对电路的节点列写 KCL 方程,对回路列写 KVL 方程,求解各支路电流的方法。支路电流法的实质就是应用基尔霍夫定律求解电路。若电路有 m 条支路,要列出 m 个独立方程,这是应用支路电流法的关键。当要求解多条支路的电流时,应用支路电流法比较方便。应用支路电流法,可按以下步骤求解电路:

①确定支路数 m,设定各支路的电流。

②确定节点数 n,列写 $n-1$ 个独立的 KCL 方程。

③选定回路,列写 $m-(n-1)$ 个独立的 KVL 方程。

④联立方程式,求解各支路电流。

【例 2.2.1】　如图 2.2.1 所示的电路,已知 $U_{S1}=20$ V,$U_{S2}=11$ V,$R_1=5$ Ω,$R_2=3$ Ω,$R_3=5$ Ω,$R_4=1$ Ω,求支路电流 I_1、I_2、I_3。

解　(1)确定支路数 m。本例电路中共有 $m=3$ 条支路,支路电流分别为 I_1、I_2、I_3。

(2)确定节点数 n。本例电路中共有 $n=2$ 个节点,只需列 $n-1=2-1=1$ 个 KCL 方程。对节点 A 列写 KCL 方程,即

$$I_1+I_2=I_3$$

(3)选定回路,列写 $m-(n-1)=3-(2-1)=2$ 个独立的 KVL 方程。对网孔 $ABCDA$ 和 $AFEDA$ 列写 KVL 方程,即

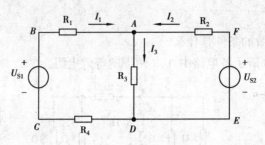

图 2.2.1 例 2.2.1 的图

$$U_{S1} = I_1 R_1 + I_3 R_3 + I_1 R_4$$

$$U_{S2} = I_2 R_2 + I_3 R_3$$

(4)联立方程式,求解各支路电流,即

$$20 = 5I_1 + 5I_3 + I_1$$

$$11 = 3I_2 + 5I_3$$

解方程组,得

$$\begin{cases} I_1 = 1.67 \text{ A} \\ I_2 = 0.33 \text{ A} \\ I_3 = 2 \text{ A} \end{cases}$$

【例 2.2.2】 如图 2.2.2 所示的电路,已知 $U_S = 20$ V, $I_S = 1$ A, $R_1 = R_2 = 4$ Ω, $R_3 = 8$ Ω,求电流 I_1、I_2、I_3。

解 该电路有 3 条支路,3 条支路的电流为 I_1、I_2、I_3,但电流源支路电流 $I_2 = I_S = 1$ A,因此,变量只有 I_1 和 I_3 2 个,列写 2 个独立方程即可。由于该电路有 2 个节点,可列出 1 个 KCL 方程。另外,可对含有电压源的网孔列写 1 个 KVL 方程。这样,就可满足 2 个变量需要 2 个独立方程求解的要求,即

$$U_S = I_1 R_1 + I_3 R_3$$

求解联立方程组,得

$$I_1 = 1 \text{ A}, \quad I_2 = 1 \text{ A}, \quad I_3 = 2 \text{ A}$$

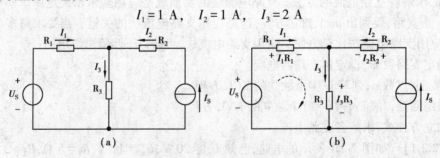

图 2.2.2 例 2.2.2 的图

【思考与练习】

2.2.1 什么情况下应用支路电流法比较方便?

2.2.2 若电路有 n 个节点,m 条支路,应用支路电流法时应列写几个 KCL 方程? 几个 KVL 方程?

2.3　节点电压法

若选定电路的任意一个节点为参考节点,则其余节点称为独立节点,独立节点与参考节点之间的电压称为节点电压,节点电压的参考方向假定为由独立节点指向参考节点。只有两个节点的电路在电力系统中有较多的应用。本节介绍两个节点电路的节点电压和各支路电流的求解方法。

如图 2.3.1 所示的两个节点的电路,选定 O 点为参考节点,则 A 点为独立节点,节点电压 U_{AO} 的参考方向由 A 点指向 O 点。

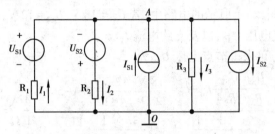

图 2.3.1　两个节点的电路

由于

$$U_{AO}+I_1R_1 = U_{S1}$$
$$U_{AO}+U_{S2} = I_2R_2$$
$$U_{AO} = I_3R_3$$

则

$$\left. \begin{array}{l} I_1 = \dfrac{U_{S1}-U_{AO}}{R_1} \\[3mm] I_2 = \dfrac{U_{S2}+U_{AO}}{R_2} \\[3mm] I_3 = \dfrac{U_{AO}}{R_3} \end{array} \right\} \tag{2.3.1}$$

对 A 点列写 KCL 方程,即

$$I_1+I_{S1} = I_2+I_3+I_{S2}$$

将各支路电流代入,得

$$\frac{U_{S1}-U_{AO}}{R_1}+I_{S1} = \frac{U_{S2}+U_{AO}}{R_2}+\frac{U_{AO}}{R_3}+I_{S2}$$

即节点电压为

$$U_{AO} = \frac{\dfrac{U_{S1}}{R_1}-\dfrac{U_{S2}}{R_2}+I_{S1}-I_{S2}}{\dfrac{1}{R_1}+\dfrac{1}{R_2}+\dfrac{1}{R_3}} = \frac{\sum I}{\sum G} \tag{2.3.2}$$

式(2.3.2)中,分子为含源支路等效电流的代数和,分母为各支路的电导之和。应当注意的是,当理想电压源端电压参考方向与节点电压参考方向一致时,电压源支路的等效电流取正,反之取负;电流源的电流流入独立节点时取正,反之取负。求出节点电压后,依据式(2.3.1)就可求解各支路的电流。

实质上,节点电压法就是应用基尔霍夫电流定律列出的以节点电压为变量的方程式,并求解节点电压和各支路电流的方法。两个节点的电路应用节点电压法求解电路的步骤如下:

①假定参考节点,另一节点与参考节点之间的电压就是节点电压。其参考方向假定为由独立节点指向参考节点。

②依据式(2.3.2),计算节点电压。

③计算各支路电流。

【例2.3.1】 在如图2.3.1所示的电路中,若 $U_{S1} = 18$ V, $U_{S2} = 12$ V, $I_{S1} = 3$ A, $I_{S2} = 5$ A, $R_1 = 2$ Ω, $R_2 = R_3 = 4$ Ω,求节点电压 U_{AO},以及支路电流 I_1、I_2、I_3。

解 依据式(2.3.2)可求得节点电压 U_{AO} 为

$$U_{AO} = \frac{\dfrac{U_{S1}}{R_1} - \dfrac{U_{S2}}{R_2} + I_{S1} - I_{S2}}{\dfrac{1}{R_1} + \dfrac{1}{R_2} + \dfrac{1}{R_3}} = \frac{\dfrac{18\ \text{V}}{2\ \Omega} - \dfrac{12\ \text{V}}{4\ \Omega} + 3\ \text{A} - 5\ \text{A}}{\dfrac{1}{2\ \Omega} + \dfrac{1}{4\ \Omega} + \dfrac{1}{4\ \Omega}} = \frac{4\ \text{A}}{1\ \Omega} = 4\ \text{V}$$

依据式(2.3.1),求解支路电流 I_1、I_2、I_3 为

$$I_1 = \frac{U_{S1} - U_{AO}}{R_1} = \frac{18\ \text{V} - 4\ \text{V}}{2\ \Omega} = 7\ \text{A}$$

$$I_2 = \frac{U_{S2} + U_{AO}}{R_2} = \frac{12\ \text{V} + 4\ \text{V}}{4\ \Omega} = 4\ \text{A}$$

$$I_3 = \frac{U_{AO}}{R_3} = \frac{4\ \text{V}}{4\ \Omega} = 1\ \text{A}$$

【思考与练习】

2.3.1 什么是独立节点?什么是节点电压?

2.3.2 应用节点电压公式求解节点电压时应注意什么?

2.4 叠加定理

叠加定理是线性电路的重要性质,是线性电路普遍适用的规律。应用叠加定理可简化电路的分析和计算。其内容为:在多电源作用的线性电路中,任意一个支路的电压或电流等于各个电源分别单独作用在该支路产生的电压或电流的代数和。

考虑某一电源单独作用时,要假定其他电源不作用于该电路,对不作用的电源进行处理时,只处理理想电源,其内阻保留。不作用的理想电压源提供的电压为零,应视为短路,用短路线代替;不作用的理想电流源提供的电流为零,应视为开路,用开路代替。这样,多电源作用的复杂电路就转换为简单电路,使复杂问题变得简单。但叠加定理仅适用于计算线性电路中的电压和电流,不能用于计算功率,因为功率等于电压和电流的乘积,与激励不是线性关系。应

用叠加定理时,可按以下步骤求解电路:

①画分电路图,并依据分电路图的特点标注待求量的参考方向。

②计算各分量。

③将各分量叠加,对分量求代数和。求代数和时,要考虑分量的正负。当分量的参考方向与总量的参考方向一致时,取正值;相反时,取负值。

【例 2.4.1】 电路如图 2.4.1(a)所示,用叠加定理计算 3 Ω 电阻上的电压 U。

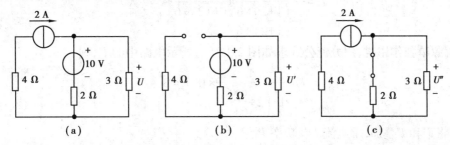

图 2.4.1 例 2.4.1 的图

解 (1)画分电路图。电压源单独作用时,成为单回路电路。电流从 10 V 电压源正极流出,经过 3 Ω 电阻时从上向下流。因此,其电压 U′的参考方向设定为与电流的参考方向关联,为上正下负,如图 2.4.1(b)所示;电流源单独作用时,2 A 的电流被 2 Ω 和 3 Ω 电阻分流,U″的参考方向设定为上正下负,如图 2.4.1(c)所示。

(2)计算各分量。

电压源单独作用时,应用分压公式计算 U′为

$$U' = \frac{10}{3+2} \times 3 \text{ V} = 6 \text{ V}$$

电流源单独作用时,应用分流公式计算 3 Ω 电阻上的电流,再用欧姆定律计算其上的电压 U″为

$$U'' = \frac{2}{2+3} \times 2 \times 3 \text{ V} = 2.4 \text{ V}$$

(3)将 U′和 U″叠加,求电压 U。

因 U′和 U″的参考方向与 U 的参考方向相同,故都取正值,则电压 U 为

$$U = U' + U'' = (6+2.4) \text{ V} = 8.4 \text{ V}$$

【例 2.4.2】 电路如图 2.4.2(a)所示,求电流 I 及 2 Ω 电阻上的功率 P。

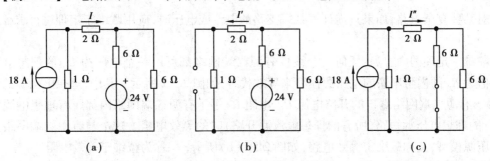

图 2.4.2 例 2.4.2 的图

解 (1)画分电路图,并依据分电路图的特点标注待求量 I' 和 I'' 的参考方向,如图 2.4.2 (b)和图 2.4.2(c)所示。

(2)计算各分量。

电压源单独作用时,首先求如图 2.4.2(b)所示电压源支路的电流,然后用分流公式求 I',则

$$I' = \frac{24}{6+\dfrac{(1+2)\times 6}{(1+2)+6}} \times \frac{6}{(1+2)+6} \text{ A} = 2 \text{ A}$$

电流源单独作用时,用分流公式求如图 2.4.2(c)所示电路中的 I'',则

$$I'' = \frac{1}{1+\left(2+\dfrac{6\times 6}{6+6}\right)} \times 18 \text{ A} = 3 \text{ A}$$

(3)将 I' 和 I'' 叠加,求电流 I 及功率 P。

I' 的参考方向与 I 的参考方向相反,取负值;I'' 的参考方向与 I 的参考方向相同,取正值。因此,电流 I 为

$$I = -I' + I'' = (-2+3) \text{ A} = 1 \text{ A}$$

功率 P 为

$$P = I^2 \times R = 1^2 \times 2 \text{ W} = 2 \text{ W}$$

若用叠加定理求功率,则

$$P' = I'^2 \times R = \left[(-2)^2 \times 2\right] \text{ W} = 8 \text{ W}$$
$$P'' = I''^2 \times R = 3^2 \times 2 \text{ W} = 18 \text{ W}$$
$$P = P' + P'' = 26 \text{ W} \neq 2 \text{ W}$$

可知,不能用叠加定理计算功率,应在求出电压或电流后,在原电路中求解功率。

【思考与练习】

2.4.1 叠加定理的适用范围是什么?

2.4.2 应用叠加定理时,不作用的电压源应怎样处理? 不作用的电流源应怎样处理?

2.5 戴维宁定理

对某些复杂电路,如果只需计算某一支路的电流或电压时,应用戴维宁定理进行求解比较简便。

戴维宁定理的内容为:任何一个线性有源二端网络都可用一个电压为 U_S 的理想电压源与阻值为 R_0 的内阻串联的电压源模型来等效代替,如图 2.5.1 所示。其中,理想电压源的电压 U_S 等于有源二端网络端口的开路电压 U_0,电阻 R_0 等于有源二端网络内部所有理想电源置零(所有的理想电压源短路,所有的理想电流源开路)时的等效电阻。这个与有源二端网络等效的电压源模型,又称戴维宁等效电路,如图 2.5.1(b)所示,R_0 称为戴维宁等效电阻。

线性有源二端网络变换为与之等效的电压源模型后,一个复杂的电路就变换为简单电路。应用戴维宁定理,可按以下步骤求解电路:

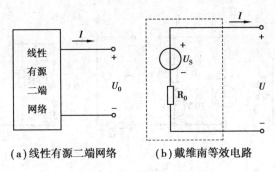

(a)线性有源二端网络　　　(b)戴维南等效电路

图 2.5.1　戴维宁定理

①将待求支路移走,求出余下的有源二端网络的开路电压 U_0,得到戴维宁等效电路的 U_S。

②将有源二端网络内的理想电源置零(理想电压源短路处理,理想电流源开路处理),求出网络两端的等效电阻,得到戴维宁等效电路的 R_0。

③画出有源二端网络的戴维宁等效电路,将移走的待求支路接在戴维宁等效电路的两端,然后求解待求量。

【例 2.5.1】　求如图 2.5.2(a)所示电路的戴维宁等效电路。

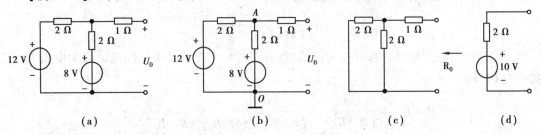

(a)　　　　　(b)　　　　　(c)　　　　　(d)

图 2.5.2　例 2.5.1 的图

解　(1)开路电压 U_0 即为 U_{AO},如图 2.5.2(b)所示。该电路可视为两个节点的电路,因此,依据节点电压法求开路电压 U_0 为

$$U_0 = \frac{\dfrac{12}{2}+\dfrac{8}{2}}{\dfrac{1}{2}+\dfrac{1}{2}} \text{ V} = \frac{10}{1} \text{ V} = 10 \text{ V}$$

即

$$U_S = U_0 = 10 \text{ V}$$

(2)将有源二端网络内的理想电源置零,如图 2.5.2(c)所示,求戴维宁等效电路的电阻 R_0。

$$R_0 = \frac{2 \times 2}{2+2} \ \Omega + 1 \ \Omega = 2 \ \Omega$$

(3)画出有源二端网络的戴维宁等效电路,如图 2.5.2(d)所示。

【例 2.5.2】　应用戴维宁定理求解如图 2.5.3(a)所示电路中的电流 I。

解　(1)将待求支路 40 Ω 电阻移走,则 10 Ω 的电压为 20 V,电路如图 2.5.3(b)所示,余下的有源二端网络的开路电压为 U_0。列 KVL 方程,求开路电压 U_0 为

$$U_0 + 5 = 30 + 10 + 20, \quad U_0 = 55 \text{ V}$$

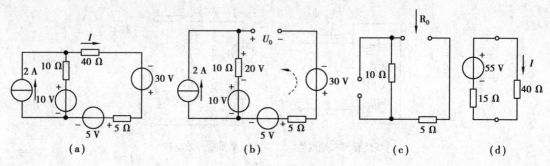

图 2.5.3 例 2.5.2 的图

即

$$U_S = U_0 = 55 \text{ V}$$

（2）将有源二端网络内的理想电源置零（见图 2.5.3（c）），求戴维宁等效电路的电阻 R_0 为

$$R_0 = 10 \ \Omega + 5 \ \Omega = 15 \ \Omega$$

（3）画出有源二端网络的戴维宁等效电路，如图 2.5.3（d）所示。将移走的待求支路接在戴维宁等效电路的两端，求待求支路的电流 I 为

$$I = \frac{55 \text{ V}}{15 \ \Omega + 40 \ \Omega} = 1 \text{ A}$$

下面讨论有源二端网络的负载为何值时，可获得最大传输功率。假定负载为电阻 R_L，其功率为 P_L，则

$$P_L = I^2 R_L = \frac{U_S^2 R_L}{(R_0 + R_L)^2} = \frac{U_S^2 R_L}{(R_0 - R_L)^2 + 4R_0 R_L} = \frac{U_S^2}{\dfrac{(R_0 - R_L)^2}{R_L} + 4R_0}$$

要使 P_L 最大，R_L 应等于 R_0。可知，负载获得最大功率的条件为

$$R_L = R_0 \tag{2.5.1}$$

负载 R_L 获得的最大功率为

$$P_{L \max} = \frac{U_S^2}{4R_0} \tag{2.5.2}$$

【例 2.5.3】 在如图 2.5.4（a）所示的电路中，已知 $R_1 = 6 \ \Omega$，$R_2 = 2 \ \Omega$，$R_3 = 4 \ \Omega$，$I_S = 2 \text{ A}$，$U_S = 9 \text{ V}$。

（1）求图中网络 N 的戴维宁等效电路；

（2）R_L 为何值时获得最大功率，并求最大功率 $P_{L \max}$。

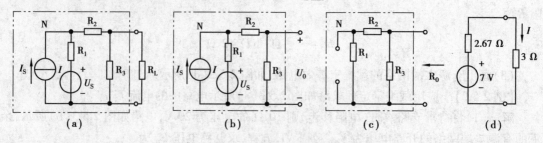

图 2.5.4 例 2.5.3 的图

解　(1)将 R_L 移走,余下的有源二端网络如图 2.5.4(b)所示,用叠加定理求开路电压 U_0。
电压源单独作用时

$$U_0' = 9 \times \frac{4}{6+2+4} \text{ V} = 3 \text{ V}$$

电流源单独作用时

$$U_0'' = \frac{6}{6+(2+4)} \times 2 \times 4 \text{ V} = 4 \text{ V}$$

则

$$U_0 = U_0' + U_0'' = 3 \text{ V} + 4 \text{ V} = 7 \text{ V}$$

将有源二端网络的理想电源置零(见图 2.5.4(c)),求戴维宁等效电阻 R_0 为

$$R_0 = \frac{(6+2) \times 4}{6+2+4} \text{ }\Omega \approx 2.67 \text{ }\Omega$$

画出戴维宁等效电路,如图 2.5.4(d)所示。其中

$$U_S = U_0 = 7 \text{ V}, \quad R_0 = 2.67 \text{ }\Omega$$

(2)当 $R_L = R_0 = 2.67 \text{ }\Omega$ 时,负载上获得的功率最大。其最大功率为

$$P_{L\,\max} = \frac{U_S^2}{4R_0} = \frac{7^2}{4 \times 2.67} \text{ W} \approx 4.59 \text{ W}$$

【思考与练习】

2.5.1　负载获得最大功率的条件是什么?负载获得最大功率时电源的效率为多少?

2.5.2　如图 2.5.5 所示的电路,求 A、B 两点之间的电压 U_{AB}。

2.5.3　如图 2.5.6 所示的电路中,R_L 为何值时可获得最大功率?

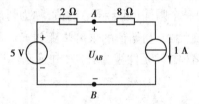
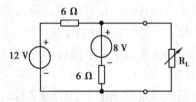

图 2.5.5　思考与练习题 2.5.2 的图　　　　图 2.5.6　思考与练习题 2.5.3 的图

2.6　暂态电路的分析

过渡过程普遍存在于自然界的各种运动和变化过程中。例如,电动机在不用时是静止的,其转速为零,是一种稳定状态。启动时,将电动机接通电源,它的转速从零逐渐上升到某一稳定值,即达到另一种稳定状态。这个启动过程不是瞬间完成,而是一个需要经历一定的时间才能完成的过程,这个过程称为过渡过程。因过渡过程较为短暂,故称暂态过程。暂态过程也存在于电路中,在一定的条件下,电路从一种稳定状态转换到另一种稳定状态,是不能跃变的,是一个需要时间的过程,这个过程就是电路的暂态过程。

暂态过程的产生需要外部条件和内部条件。外部条件是电路被换路。所谓的换路,是指电路的接通、断开、改接、元件参数改变等引起电路工作状态变化的过程,并认为换路是瞬间完

成的。内部条件是当发生换路时电路从一种稳定状态转换到另一种稳定状态时导致能量的存储和释放。一般能量的存储和释放是不能跃变的,需要一定的时间。如果电路中含有储能元件电容 C 或电感 L,当电路发生换路时,会伴随着电容中电场能量的变化和电感中磁场能量的变化,故电容的电压 u_C 和电感中的电流 i_L 不能发生跃变,只能逐渐变化,即出现暂态过程。

虽然暂态过程极为短暂,但是分析和研究暂态过程却有重要的实际意义:一方面可充分利用电路的一些暂态特性,如在电子技术中利用 RC 电路的充放电来产生脉冲信号;另一方面又可采取保护措施,以防止暂态过程产生的过电压和过电流造成的破坏性后果。

如果电路的暂态过程可用一阶微分方程来描述,则称为一阶暂态电路。本节讨论由直流电源驱动的一阶线性 RC 暂态电路和 RL 暂态电路的分析方法。

2.6.1　换路定则和初始值的确定

(1)换路定则

前已述及,在换路瞬间电容两端的电压和流过电感的电流是连续变化的。因此,电路在换路瞬间,电容的电压 u_C、电感的电流 i_L 不能跃变,这就是换路定则。

通常将换路瞬间用 $t=0$ 表示,并用 $t=0_-$ 表示换路前最后的一个瞬间,用 $t=0_+$ 表示换路后最初的一个瞬间,则换路定律也可描述为

$$\left. \begin{array}{l} u_C(0_+) = u_C(0_-) \\ i_L(0_+) = i_L(0_-) \end{array} \right\} \tag{2.6.1}$$

需要说明的是,除电容的电压 u_C 和电感的电流 i_L 以外,电路中其他各处的电压、电流在换路前后是可能发生跃变的。

(2)初始值的确定

电路中各元件的电压和电流在换路后的最初一个瞬间(即 $t=0_+$)的值,称为暂态过程的初始值。若用 f 代表电流或电压,则其初始值记为 $f(0_+)$。初始值的求解步骤如下:

①画出换路前最后一瞬间($t=0_-$)的等效电路(电容元件视为开路,电感元件视为短路),求出 $u_C(0_-)$ 和 $i_L(0_-)$。

②依据换路定则确定 $u_C(0_+)$ 及 $i_L(0_+)$。

③画出换路后最初的一瞬间($t=0_+$)的等效电路(电容元件用等值电压源代替,电感元件用等值电流源代替),依据电路结构,求出其余的初始值。

【例 2.6.1】　如图 2.6.1(a)所示的电路,在 $t=0$ 时换路(开关 S 打开),设换路前电路已处于稳态,求初始值 $u_C(0_+)$、$i(0_+)$。

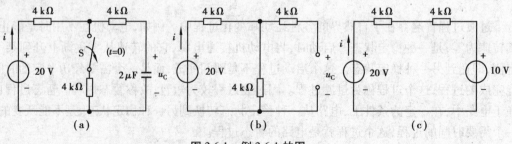

图 2.6.1　例 2.6.1 的图

解　(1)画出电路在 $t=0_-$ 时刻的等效电路,如图 2.6.1(b)所示,因换路之前电路已处于稳

态,此时电容的电流为零,电容可视为开路。依据 $t=0_-$ 时刻等效电路可求得电容两端的电压 $u_C(0_-)$,即

$$u_C(0_-) = 10 \text{ V}$$

(2)由换路定律得

$$u_C(0_+) = u_C(0_-) = 10 \text{ V}$$

(3)画出 $t=0_+$ 时的等效电路,如图 2.6.1(c)所示。依据 $t=0_+$ 时刻的等效电路,列 KVL 方程,求得 $i(0_+)$,即

$$8i(0_+) + 10 \text{ V} = 20 \text{ V}$$
$$i(0_+) = 1.25 \text{ A}$$

2.6.2 RC 电路的暂态分析

对一阶暂态电路进行分析常采用经典法,即依据电路的基本定律列出描述暂态电路的微分方程,求解暂态电路中电压、电流响应的方法。下面用经典法分析 RC 暂态电路。

(1)RC 电路的零输入响应

在一阶电路中,若没有外施激励,称为零输入。在零输入条件下仅由储能元件的初始储能引起的响应,称为零输入响应。

RC 电路的零输入响应,实质上是电容器在放电过程中所产生的电流、电压响应。如图 2.6.2(a)所示的一阶 RC 电路,当开关 S 置于"1"端时电路已处于稳态,即电容的电压为 $u_C(0_-) = U_0$;在 $t=0$ 时将开关 S 置于"2"端从而引起换路(见图 2.6.2(b)),由换路定则可得 $u_C(0_+) = u_C(0_-) = U_0$。

换路后,在 $t=0_+$ 时 RC 电路脱离电源,已充了电的电容器通过电阻 R 放电,电路中形成放电电流 i。随着放电时间的增加,电容器中的储能逐渐被电阻消耗,电容器两端的电压 u_C 逐渐降低,最后趋于零。可知,换路后电路中的响应仅是由电容的初始储能引起的,即为零输入响应。

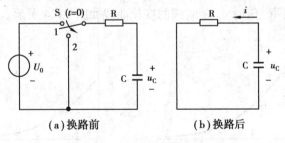

(a)换路前　　　　　　　**(b)换路后**

图 2.6.2　RC 电路的零输入响应

列出换路后电路(见图 2.6.2(b))的 KVL 方程,即

$$u_C - u_R = 0$$

式中,$u_R = Ri$,$i = -C\dfrac{du_C}{dt}$(负号表示 i 与 u_C 的参考方向非关联),代入上式可得

$$RC\frac{du_C}{dt} + u_C = 0$$

解此微分方程并将初始值 $u_C(0_+) = u_C(0_-) = U_0$ 代入,得电容的电压、电流响应为

$$u_C = U_0 e^{-\frac{t}{RC}} \qquad (t>0) \tag{2.6.2}$$

$$i_C = \frac{u_C}{R} = \frac{U_0}{R} e^{-\frac{t}{RC}} \qquad (t>0) \tag{2.6.3}$$

电容电压 u_C、电流 i_C 的变化曲线如图 2.6.3 所示。可知,电容电压 u_C 和电容电流 i_C 以相同的指数规律变化,其变化的快慢取决于电路参数 R 和 C 的乘积。

若令 $\tau = RC$,则 τ 具有时间的量纲 $\left\{ [RC] = \Omega(\text{欧}) \cdot F(\text{法}) = \Omega(\text{欧}) \cdot \frac{C(\text{库})}{V(\text{伏})} = \Omega(\text{欧}) \cdot \frac{A \cdot s(\text{安} \cdot \text{秒})}{V(\text{伏})} = s(\text{秒}) \right\}$,故将 $\tau = RC$ 称为电路的时间常数。

于是,式(2.6.2)和式(2.6.3)可写为

$$u_C = U_0 e^{-\frac{t}{\tau}} \qquad (t>0) \tag{2.6.4}$$

$$i = \frac{u_C}{R} = \frac{U_0}{R} e^{-\frac{t}{\tau}} \qquad (t>0) \tag{2.6.5}$$

还可将式(2.6.4)写成常用的表达式,即

$$u_C = u_C(0_+) e^{-\frac{t}{\tau}} \qquad (t>0) \tag{2.6.6}$$

根据式(2.6.4)计算出电容放电电压 u_C 随时间变化的典型数值,并列于表 2.6.1 中。

表 2.6.1　电容放电电压 u_C 随时间变化的典型数值

时间/t	0	τ	2τ	3τ	4τ	5τ	…	∞
电容电压/u_C	U_0	$0.368U_0$	$0.135U_0$	$0.05U_0$	$0.018U_0$	$0.007U_0$	…	0

由表 2.6.1 可知,当 $t=0$ 时,$u_C = U_0$;当 $t = \tau$ 时,$u_C = 0.368U_0$。电容放电时时间常数 τ 的物理意义为:换路后电容电压 u_C 衰减到其初始值 U_0 的 36.8% 所需要的时间。由此可得以下结论:

①时间常数 τ 是用来表征暂态过程快慢的物理量。τ 越大,暂态过程越慢;反之,τ 越小,暂态过程越快。不同 τ 值时 u_C 随时间的变化曲线如图 2.6.4 所示。

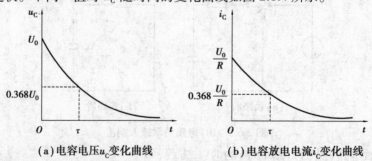

(a)电容电压u_C变化曲线　　　(b)电容放电电流i_C变化曲线

图 2.6.3　RC 电路的零输入响应曲线

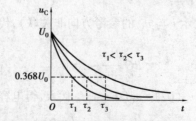

图 2.6.4　不同 τ 值对应的 u_C 曲线

②理论上,只有经过 $t = \infty$ 的时间,电容电压 u_C 才能从初始值衰减到零,电路才能完成暂态过程,进入稳定状态。但由于在 $t = 3\tau$ 时,$u_C = 0.05U_0$;在 $t = 5\tau$ 时,$u_C = 0.007U_0$。因此,在实际中一般认为只要经过 $t = (3 \sim 5)\tau$ 的时间,暂态过程就基本结束。

③时间常数 τ $(\tau = RC)$ 仅由换路后的电路参数决定。它反映了该电路的固有特性,与外施激励及换路前的情况无关。其中,R 为换路后从电容 C 两端看到的戴维宁等效电阻值。

（2）RC 电路的零状态响应

在一阶电路中,如果储能元件的初始储能为零,称为零状态。在零状态条件下,电路换路后仅仅由外施激励引起的响应,称为零状态响应。

RC 电路的零状态响应,实质上是储能为零的电容在充电过程中所产生的电流、电压响应。如图 2.6.5 所示,RC 电路在直流电源作用下对电容充电。换路前（$t < 0$ 时）开关 S 处于断开位置,电容 C 未被充电,$u_C(0_-) = 0$,即为零状态。在 $t = 0$ 时开关 S 闭合,电路发生换路,RC 电路与直流电源接通,电源对电容进行充电。由于换路瞬间电容电压是不能跃变的,即 $u_C(0_+) = u_C(0_-) = 0$ V。因此,电容电压从零开始逐

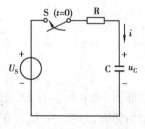

图 2.6.5 RC 电路的零状态响应

渐增加,同时产生充电电流。当电容电压上升到电源电压（即 $u_C = U_S$）时,电容充电完毕,暂态过程结束。此后,电路中的电流与电压不再变化,电路进入稳态,此时对应的电压、电流为稳态值,记为 $u_C(\infty)$ 和 $i_C(\infty)$。用经典法对一阶 RC 暂态电路的零状态响应作定量分析,可得

$$u_C = U_S(1 - e^{-\frac{t}{\tau}}) \qquad (t > 0) \qquad (2.6.7)$$

$$i = \frac{u_R}{R} = \frac{U_S}{R}e^{-\frac{t}{\tau}} \qquad (t > 0) \qquad (2.6.8)$$

还可将式（2.6.7）写成常用的表达式为

$$u_C = u_C(\infty)(1 - e^{-\frac{t}{\tau}}) \qquad (t > 0) \qquad (2.6.9)$$

u_C 和 i 随时间变化的曲线如图 2.6.6 所示。如图 2.6.7 所示为不同时间常数电容电压的波形曲线。依据式（2.6.7）计算出 u_C 随时间变化的过程,并列于表 2.6.2 中。

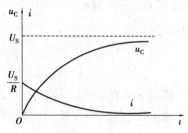
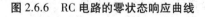

图 2.6.6 RC 电路的零状态响应曲线

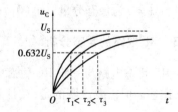

图 2.6.7 不同 τ 值对应的 u_C 曲线

表 2.6.2 电容充电时电压 u_C 随时间变化过程

时间/t	0	τ	2τ	3τ	4τ	5τ	…	∞
电容电压/u_C	0	$0.632U_S$	$0.855U_S$	$0.950U_S$	$0.982U_S$	$0.993U_S$	…	U_S

可知,电容充电时 τ 的物理意义是 u_C 由初始值上升到稳态值的 63.2% 所需的时间。

在实际应用中,认为经过 $t=(3\sim5)\tau$ 的时间,电路就达到稳定状态,电容的充电过程基本结束。

(3) RC 电路的全响应

如果电路中储能元件的初始储能不为零,同时又有外施激励的作用,那么,由储能元件的初始储能和外施激励共同作用引起的响应,称为全响应。

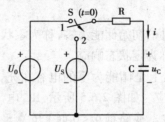

图 2.6.8 RC 电路的全响应

如图 2.6.8 所示为 RC 电路的全响应。设电路换路前($t<0$ 时)开关 S 处于位置"1",电容有初始储能, $u_C(0_-)=U_0$ 。在 $t=0$ 时,电路发生换路,开关 S 拨到位置"2",接入直流电源 U_S 。此时, $u_C(0_+)=u_C(0_-)=U_0$ 。

换路后,若电容电压的初始值小于电源电压($U_0<U_S$),是电容充电的过程;若电容电压的初始值大于电源电压($U_0>U_S$),是电容放电的过程;若电容电压的初始值等于电源电压($U_0=U_S$),储能元件没有能量的变换,RC 电路无暂态过程,在换路瞬间立即进入稳态。用经典法对一阶 RC 暂态电路的全响应作定量分析,可得

$$u_C=U_0\mathrm{e}^{-\frac{t}{RC}}+U_S(1-\mathrm{e}^{-\frac{t}{RC}}) \tag{2.6.10}$$
$$=u'_C+u''_C$$

可知,RC 电路的响应 u_C 可分为两部分: $u'_C=U_0\mathrm{e}^{-\frac{t}{RC}}$ 是由电容的初始储能产生的,为零输入响应; $u''_C=U_S(1-\mathrm{e}^{-\frac{t}{RC}})$ 是由外施激励产生的,为零状态响应。即一阶暂态电路的响应可看成零输入响应和零状态响应的叠加。式(2.6.10)也可整理为

$$u_C=U_S+(U_0-U_S)\mathrm{e}^{-\frac{t}{\tau}}=u_C(\infty)+[u_C(0_+)-u_C(\infty)]\mathrm{e}^{-\frac{t}{\tau}} \tag{2.6.11}$$

式中, $u_C(\infty)$ 为稳态分量, $[u_C(0_+)-u_C(\infty)]\mathrm{e}^{-\frac{t}{\tau}}$ 为暂态分量。

2.6.3 RL 电路的暂态分析

一阶 RL 暂态电路与一阶 RC 暂态电路的分析方法相同。因此,介绍一阶 RL 暂态电路时本节不作详述。但需要说明的是,在计算 RL 暂态电路的电压、电流响应时,其时间常数的计算公式为 $\tau=\dfrac{L}{R}$ 。其中,R 为换路后从电感 L 两端看到的戴维宁等效电阻。

(1) RL 电路的零输入响应

如图 2.6.9 所示换路后 RL 短接、电感通过电阻放电的引起的响应就是 RL 电路的零输入响应。其中,电感的电流和电压响应分别为

$$i_L=i_L(0_+)\mathrm{e}^{-\frac{t}{\tau}} \qquad (t>0) \tag{2.6.12}$$

$$u_L=-u_R=-Ri_L(0_+)\mathrm{e}^{-\frac{t}{\tau}} \qquad (t>0) \tag{2.6.13}$$

电感的零输入响应曲线如图 2.6.10 所示。零输入响应从初始值开始按指数规律逐渐衰减,直至电感释放出全部初始储能,放电电流趋于零为止。

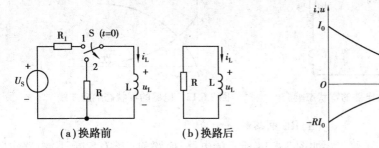

图 2.6.9　RL 电路的零输入响应　　　　图 2.6.10　电感的零输入响应曲线

RL 串联电路是线圈的电路模型。若将线圈从直流电源断开(换路),线圈的电流变化率$\dfrac{\mathrm{d}i}{\mathrm{d}t}$很大,会在线圈两端产生过电压 $u=L\dfrac{\mathrm{d}i}{\mathrm{d}t}$,过电压可能将开关两触点间的空气击穿而产生电弧,会损坏设备、伤害人身。因此,将线圈从电源断开时,必须接一个低值电阻以延续电流的流动。

在实际应用中,线圈两端通常并联一个二极管来保护线圈,如图 2.6.11(a)所示。正常工作时,开关 S 闭合,二极管反接,电流不经过二极管,等效电路如图 2.6.11(b)所示。S 断开时,线圈中产生的自感电动势维持 i_L 按原方向经等效二极管继续流动逐渐衰减为零。因此,此二极管称为续流二极管,起保护作用。其等效电路如图 2.6.11(c)所示。

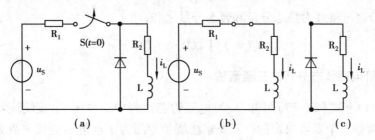

图 2.6.11　线圈保护电路

(2)RL 电路的零状态响应

如图 2.6.12 所示换路后,从 $t=0_+$ 时电感开始储能达到新的稳态时 $i_L(\infty)=\dfrac{U_S}{R}$ 引起的响应,即为 RL 电路的零状态响应。其中,电感的电流、电压响应为

$$i_L = i_L(\infty)(1-\mathrm{e}^{-\frac{t}{\tau}}) \qquad (t>0) \tag{2.6.14}$$

$$u_L = U_S - u_R = U_S \mathrm{e}^{-\frac{t}{\tau}} \qquad (t>0) \tag{2.6.15}$$

电感的零状态响应曲线如图 2.6.13 所示。可知,i_L 由初始值随时间按指数规律逐渐增加,u_L 则逐渐减少;当 $t\to\infty$ 时,电路达到稳态,电感两端的电压趋近于零,电感 L 相当于短路,其电流趋近于稳态值 $i_L(\infty)$。

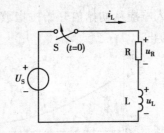

图 2.6.12　RL 电路的零状态响应

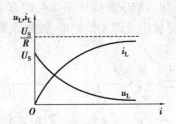

图 2.6.13　电感的零状态响应曲线

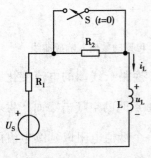

图 2.6.14　RL 电路的全响应

（3）RL 电路的全响应

如图 2.6.14 所示的电路，换路前（开关 S 断开）电路电阻为 R_1、R_2 和电感 L 串联后接在直流电源上，电感有初始储能，电感上电流的初始值为

$$i_L(0_+) = i_L(0_-) = I_0 = \frac{U_S}{R_1 + R_2}$$

在 $t = 0$ 时，电路发生换路，开关 S 闭合，电路为 R_1、L 串联后接在直流电源上。因此，电路中的电压、电流响应为外施激励和电感的初始储能共同作用产生的全响应。电感上电流的全响应为为零输入响应和零状态响应的叠加，即

$$i_L = \frac{U_S}{R_1} + \left(I_0 - \frac{U_S}{R_1} \right) e^{-\frac{t}{\tau}} \tag{2.6.16}$$

式（2.6.16）也可整理为稳态分量和暂态分量之和，即

$$i_L = i_L(\infty) + [i_L(0_+) - i_L(\infty)] e^{-\frac{t}{\tau}} \tag{2.6.17}$$

2.6.4　一阶电路暂态分析的三要素法

由式（2.6.11）和式（2.6.17）可知，一阶电路暂态过程中的电压、电流响应均是由初始值、稳态值和时间常数 3 个要素决定的。三要素法就是专门为了求解由直流电源激励、只含有一个储能元件的一阶电路响应而归纳总结出的一般表达式。用这个通用表达式可方便、快捷地求解出一阶暂态电路的响应。

若一阶暂态电路的响应用 $f(t)$ 表示，相应变量的初始值用 $f(0_+)$ 表示，相应变量的稳态值用 $f(\infty)$ 表示，时间常数用 τ 表示，则一阶电路暂态分析的三要素法一般公式为

$$f(t) = f(\infty) + [f(0_+) - f(\infty)] e^{-\frac{t}{\tau}} \tag{2.6.18}$$

【例 2.6.2】　电路如图 2.6.15 所示，在 $t = 0$ 时换路（开关 S 由位置"1"扳到位置"2"），已知 $U_0 = 5\ \text{V}$，$U_S = 10\ \text{V}$，$R = 20\ \Omega$，$C = 0.05\ \text{F}$，求 $t > 0$ 时的电容电压 u_C。

解　（1）求电容电压的初始值，即

$$u_C(0_-) = U_0 = 5\ \text{V}$$
$$u_C(0_+) = u_C(0_-) = 5\ \text{V}$$

（2）求换路后电容电压的稳态值，即

$$u_C(\infty) = U_S = 10\ \text{V}$$

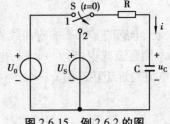

图 2.6.15　例 2.6.2 的图

（3）求时间常数τ，即

$$\tau = RC = 20 \times 0.05 \text{ s} = 1 \text{ s}$$

（4）代入三要素公式，得

$$u_C(t) = u_C(\infty) + [u_C(0_+) - u_C(\infty)] e^{-\frac{t}{\tau}} = 10 + (5-10) e^{-t} = (10-5e^{-t}) \text{ V} \qquad (t>0)$$

【思考与练习】

2.6.1 任何电路换路时都会产生暂态过程吗？

2.6.2 求 $u_C(0_-)$ 和 $i_L(0_-)$ 时，电路中的电容和电感应如何处理？

2.6.3 零输入响应的时间常数τ 的意义是什么？时间常数与暂态过程有什么关系？

本章小结

1.单电源多电阻组成的电路、多电源多电阻组成的单回路电路一般可先用电阻串并联等效分析法和电阻星形连接与三角形连接的等效分析法进行化简，再用欧姆定律进行求解。

2.多电源多电阻组成含有多个回路的电路，可用两种电源模型的等效变换法、支路电流法、节点电压法、叠加定理及戴维宁定理进行计算。通常求解多个支路电流时，用支路电流法；求解两个节点电路中的节点电压和各支路电流时，用节点电压法；求解某个支路的电流或电压时，可用叠加定理和戴维宁定理。

3.一阶暂态电路的响应一般先用三要素法求出电路的响应 u_C 或 i_L，再依据电路的结构，求出其余的响应。三要素公式为$f(t) = f(\infty) + [f(0_+) - f(\infty)] e^{-\frac{t}{\tau}}$。应用时同一电路中各响应的$\tau$ 值是相同的，只不过 RC 电路的时间常数$\tau = RC$；RL 电路的时间常数$\tau = \dfrac{L}{R}$。

习 题

1.用电压源与电流源等效变换的方法计算如图 2.1 所示电路中的电流 I。

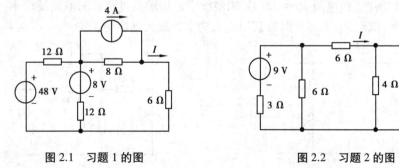

图 2.1 习题 1 的图   图 2.2 习题 2 的图

2.试用电压源与电流源等效变换的方法计算如图 2.2 所示电路中的电流 I。

3.在如图 2.3 所示的电路中，已知 $U_{S1} = 244$ V，$U_{S2} = 252$ V，$R_1 = 8$ Ω，$R_2 = 2$ Ω，$R_3 = 10$ Ω，试用支路电流法计算电流 I_1、I_2、I_3。

4.在如图 2.4 所示的电路中,用支路电流法计算支路电流 I_1、I_2。

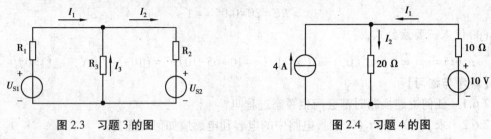

图 2.3　习题 3 的图　　　　　图 2.4　习题 4 的图

5.在如图 2.5 所示的电路中,试用节点电压法计算支路电流 I_1、I_2、I_3。

6.试用叠加定理求如图 2.6 所示电路中流过 2 Ω 电阻的电流 I。

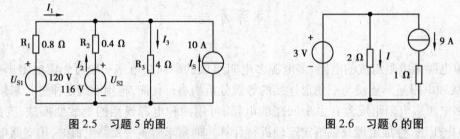

图 2.5　习题 5 的图　　　　　图 2.6　习题 6 的图

7.试用叠加定理求如图 2.7 所示电路中的电流 I。

8.用戴维宁定理求如图 2.8 所示电路中的电流 I。

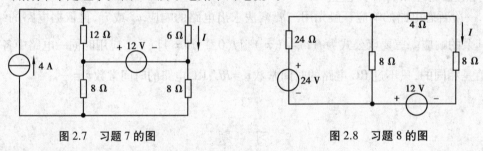

图 2.7　习题 7 的图　　　　　图 2.8　习题 8 的图

9.用戴维宁定理求如图 2.9 所示电路的电流 I。

10.电路如图 2.10 所示。

(1)若 A、B 两端接负载电阻 $R_L = 100$ Ω,用戴维宁定理求流过负载的电流及功率;

(2)若 R_L 可调,试问 R_L 为多少时可获得最大功率? 最大功率为多少?

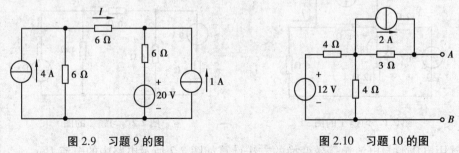

图 2.9　习题 9 的图　　　　　图 2.10　习题 10 的图

11.如图 2.11 所示的电路,换路前电路为稳态电路。在 $t = 0$ 时换路,已知 $U_S = 20$ V,$R_1 = 6$ Ω,$R_2 = 3$ Ω,$C = 0.1$ F。求 $t > 0$ 时的电容电压 u_C。

12.如图 2.12 所示的电路,换路前电路已达稳态。在 $t=0$ 时换路,求 $t>0$ 时电路的响应 u_C、i_C。

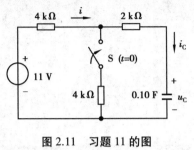 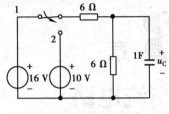

图 2.11　习题 11 的图　　　　　图 2.12　习题 12 的图

第 **3** 章
正弦交流电路

提要: 含有正弦电源,电路中的电压和电流均按正弦函数规律变化的电路,称为正弦交流电路。本章介绍正弦交流电路的基本知识和基本分析方法,主要内容包括正弦电压与电流、正弦量的相量表示法、电路基本定律的相量形式、简单正弦交流电路和复杂正弦交流电路的分析与计算、电路的谐振、交流电路的功率及功率因数的提高、三相交流电路。

3.1　正弦电压与电流

由于交流电易于产生、传输和使用,因此被广泛应用于生产和生活中,如电机拖动、电视机和电冰箱等均使用交流电。另外,某些行业需要的直流电,多数是由交流电变换得到的,因此,分析交流电路是电工技术领域中的重要部分。

大小和方向随时间按正弦规律变化的电压、电流、电动势,称为正弦交流电。正弦交流电是最常用的交流电,是目前供电和用电的主要方式,本书所说的交流电,没有特殊说明时均指正弦交流电。在电路分析中,正弦电压和电流可用正弦函数表示,也可用余弦函数表示,本书采用正弦函数来表示。

正弦电压、电流、电动势统称正弦量,正弦量的量值是时间 t 的正弦函数。以电压为例,如图 3.1.1 所示为正弦电压 u 的波形图。画波形图时,横坐标可用时间 t 表示,也可用电角度 ωt 表示。图中电压 u 的方向为参考方向,波形横轴之上的部分为正半周,正半周时电压的实际方向与参考方向相同;波形横轴之下的部分为负半周,负半周时电压的实际方向与参考方向相反。

正弦交流电压的正弦函数表达式为

$$u = U_{\mathrm{m}}\sin(\omega t + \psi) \tag{3.1.1}$$

式(3.1.1)反映了正弦交流电压在不同时刻有不同的量值,称为瞬时值解析式。由瞬时值解析式及波形图可知,正弦交流电压的特征表现在变化的快慢、初始值和大小 3 个方面,分别用角频率 ω、初相位 ψ 和最大值 U_{m} 来确定。正弦交流电流、电动势也是如此。将反映正弦量特征的角频率、初相位和最大值,称为正弦量的三要素。

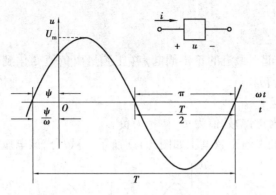

图 3.1.1 正弦电压 u 的波形图

3.1.1 正弦量变化的快慢

正弦量变化的快慢可用周期、频率或角频率来表征。在图 3.1.1 中,正弦量完成一个循环所需要的时间,称为周期,用符号 T 表示,单位为秒(s);每秒内循环的次数,称为频率,用符号 f 表示,单位是赫[兹](Hz)。周期和频率之间是倒数关系,即

$$T = \frac{1}{f} \tag{3.1.2}$$

正弦量在单位时间(1 s)内变化的电角度,称为角频率,用符号 ω 表示,单位为弧度/秒(rad/s)。周期、频率、角频率都是反映正弦量变化快慢的物理量,三者之间的关系为

$$\omega = \frac{2\pi}{T} = 2\pi f \tag{3.1.3}$$

我国及欧洲绝大多数国家的电力系统电网频率为 50 Hz,这种频率在工业上应用广泛,习惯上称为工频。美国电网频率为 60 Hz,日本同时存在 50 Hz 和 60 Hz 两种电力系统。另外,电视载波频率为 30~300 MHz,高速电动机的频率为 150~2 000 Hz,调频广播用的中波段频率为 525~1 605 kHz,飞机上经常采用 400 Hz 的供电系统。

3.1.2 正弦量的初始值

式(3.1.1)中的 $(\omega t + \psi)$,称为正弦量的相位角,简称相位,单位为弧度(rad)。它反映了正弦量变化的进程。$t = 0$ 的瞬间,称为正弦量的计时起点(坐标原点);$t = 0$ 时的相位角,称为正弦量的初相位,简称初相,记为 ψ。其定义域为 $-\pi \sim \pi$。$t = 0$ 时,正弦量的瞬时值称为正弦量初始值。不同初相正弦电压的波形图如图 3.1.2 所示。

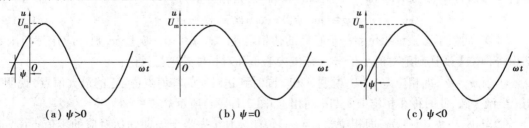

(a) $\psi > 0$ (b) $\psi = 0$ (c) $\psi < 0$

图 3.1.2 不同初相正弦电压的波形图

可知,选择的计时起点不同,正弦量的初相不同,初始值也不同。由波形图确定初相的方

法如下：

（1）初相大小的确定

计时起点与距计时起点最近的正半周起点（正弦量由负值变化到正值经过的零值点）之间的角度（或电角度）为初相。

（2）初相正负的确定

初始值为正，初相为正；初始值为负，初相为负。

【例3.1.1】 已知某工频正弦电压如图3.1.3所示。试写出该电压的瞬时值解析式。

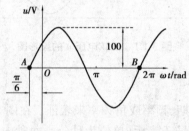

图3.1.3 例3.1.1波形图

解 由已知得

$$f = 50 \text{ Hz}$$

则

$$\omega = 2\pi f = 2\pi \times 50 \text{ rad/s} = 314 \text{ rad/s}$$

由波形图可知，A、B两点均为正半周起点，但A点是距计时起点最近的正半周起点，因此，初相的大小为$\frac{\pi}{6}$；由初始值为正，可确定初相为正值。因此

$$\psi = \frac{\pi}{6} \text{ rad}$$

另外，由波形图可知电压的最大值为

$$U_m = 100 \text{ V}$$

电压的瞬时值解析式为

$$u = U_m \sin(\omega t + \psi) = 100 \sin\left(314t + \frac{\pi}{6}\right) \text{ V}$$

两个正弦量相位的差值称为相位差，用符号φ表示，其定义域为$-\pi \sim \pi$。相位差φ用来比较两个同频率正弦量的变化步调（到达最大值或零值的先后）。假设有两个正弦量，其瞬时值解析式分别为$u = U_m \sin(\omega t + \psi_u)$，$i = I_m \sin(\omega t + \psi_i)$，则相位差为

$$\varphi = (\omega t + \psi_u) - (\omega t + \psi_i) = \psi_u - \psi_i \tag{3.1.4}$$

可知，同频率正弦量相位差等于它们的初相之差。若$\varphi = |\psi_u - \psi_i| > \pi$，则可应用三角函数知识将相位差变换到绝对值小于$\pi$的范围内。下面对相位差进行讨论：

①当$\psi_u = \psi_i$，即相位差$\varphi = 0$，说明u和i同时到达对应的零值点（或正的最大值点）说明u与i步调一致，此时称在相位上u与i同相，如图3.1.4（a）所示。

②当ψ_u与ψ_i相差$\pm\pi$，即相位差$\varphi = \pm\pi$，说明u比i先半个周期到达对应的零值点（或正的最大值点），此时称在相位上u与i反相，如图3.1.4（b）所示。

③当$\psi_u > \psi_i$，即相位差$\varphi > 0$，此时称在相位上u比i超前φ角，或者说i比u滞后φ角，如

图 3.1.4(c)所示。

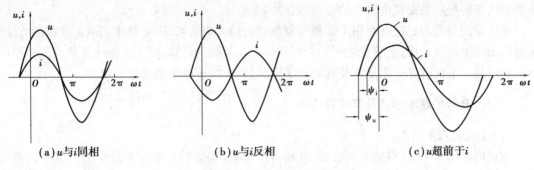

(a)u与i同相　　　　　　(b)u与i反相　　　　　　(c)u超前于i

图 3.1.4　正弦量的相位差

3.1.3　正弦量的大小

正弦量的瞬时值是周期性变化的,i、u 分别表示电流和电压的瞬时值。一个周期内,正半周时瞬时值大于零,负半周时瞬时值小于零。正弦量在变化过程中出现的最大瞬时值,称为最大值或幅值、峰值。I_m、U_m 分别表示电流和电压的最大值。在电工技术中,一般用有效值来表示交流电的量值。有效值是根据电流的热效应来规定的,电流和电压的有效值分别用 I 和 U 表示。

令直流电流 I 和交流电流 i 分别通过两个阻值相等的电阻 R。如果在相同的时间 T 内,两个电阻消耗的电能相等,那么,定义该直流电流的量值 I 为交流电流 i 的有效值,即

$$I^2RT = \int_0^T i^2 R\mathrm{d}t$$

假设 $i = I_m \sin \omega t$,则交流电流的有效值与最大值之间的关系为

$$I = \sqrt{\frac{1}{T}\int_0^T i^2\mathrm{d}t} = \sqrt{\frac{1}{T}\int_0^T (I_m \sin \omega t)^2 \mathrm{d}t} = \frac{I_m}{\sqrt{2}} \qquad (3.1.5)$$

同理,交流电压和电动势的有效值与其最大值之间的关系为

$$U = \frac{U_m}{\sqrt{2}}, \quad E = \frac{E_m}{\sqrt{2}}$$

正弦量的大小在工程中通常是指有效值,交流仪表(如交流电流表、电压表)测得的数值是有效值。一般电气设备的铭牌上标注的额定电流、额定电压也是有效值。

【思考与练习】

3.1.1　让 8 A 的直流电流和最大值为 10 A 的交流电流,分别通过阻值相等的电阻,在相同的时间内哪个电阻产生的热量多?

3.1.2　已知正弦电压 $u = 220\sqrt{2}\sin(314t+60°)$ V,电流 $i = 10\sqrt{2}\sin(314t-150°)$ A,则电压与电流之间的相位差 φ 为多少?

3.2　正弦量的相量表示法

由前面所学的知识可知,正弦量既可用波形图表示,也可用瞬时值解析式表示。但是,这

两种方法表示正弦量,对正弦交流电路的分析和计算都很不方便。因此,本节引入正弦量的相量表示法来解决正弦交流电路中的分析和计算问题。

正弦量的相量表示法是利用正弦量与复数之间的对应关系,用复数来表示正弦量的方法。用复数来表示正弦量后,正弦量之间的运算就转化为复数的运算,可大大简化正弦交流电路的分析和计算。下面首先介绍复数及其运算法则,然后介绍正弦量的相量表示法。

3.2.1　复数的基本形式及其运算法则

(1)复数的基本形式

在直角坐标系中,以横轴为实数轴,纵轴为虚数轴,构成的平面称为复平面。复平面内任意一个矢量(有向线段)都可用复数来表示。

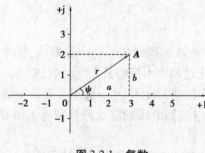

图 3.2.1　复数

复数有多种表达形式。常见的有 4 种表示式。如图 3.2.1 所示的矢量 A,它的 4 种复数表示式如下:

1)代数式

$$A = a + jb \tag{3.2.1}$$

式中,a 称为实部,b 称为虚部,j 为虚数单位。定义虚数单位为

$$j = \sqrt{-1} \tag{3.2.2}$$

即 $j^2 = -1$。某量乘以 j 意味着其沿逆时针方向旋转 90°,值不变;某量乘以 $-j$ 意味着其沿顺时针方向旋转 90°,值不变。故虚数单位 j 又称 90°旋转因子。

2)极坐标式

在图 3.2.1 中,复数 A 与实轴正方向的夹角为 ψ,则其极坐标式为

$$A = r \angle \psi \tag{3.2.3}$$

式中,r 称为模,$r = \sqrt{a^2 + b^2}$;ψ 称为辐角,$\psi = \arctan \dfrac{b}{a}$。复数 A 的实部 a、虚部 b 与模 r 构成一个直角三角形。

3)三角函数式

三角函数式为

$$A = r(\cos \psi + j \sin \psi) \tag{3.2.4}$$

4)指数式

将欧拉公式 $e^{j\psi} = \cos \psi + j \sin \psi$ 代入式(3.2.4)中,可将三角函数式转换为指数式,即

$$A = r(\cos \psi + j \sin \psi) = re^{j\psi} \tag{3.2.5}$$

以上 4 种表示式可相互转换。用复数进行运算时,代数式常用于复数的加减法运算,极坐标式常用于复数的乘除法运算。

(2)复数的运算法则

设两个复数:$A_1 = a_1 + jb_2 = r_1 \angle \psi_1$,$A_2 = a_2 + jb_2 = r_2 \angle \psi_2$,则运算法则如下:

①加减法运算:$A_1 \pm A_2 = (a_1 \pm a_2) + j(b_1 \pm b_2)$。

②乘法运算:$A_1 \times A_2 = r_1 \times r_2 \angle (\psi_1 + \psi_2)$。

③除法运算：$\dfrac{A_1}{A_2}=\dfrac{r_1}{r_2}\angle(\psi_1-\psi_2)$。

【例 3.2.1】　已知 $A_1=8-\mathrm{j}6,A_2=3+\mathrm{j}4$。试求：

(1) A_1+A_2；

(2) $A_1\times A_2$。

解　(1) $A_1+A_2=(8-\mathrm{j}6)+(3+\mathrm{j}4)=11-\mathrm{j}2$

乘法运算时，首先应将直角坐标式转换为极坐标式，然后再进行运算，即

$$A_1=\sqrt{8^2+6^2}\ \angle\arctan\dfrac{-6}{8}=10\angle-36.9°$$

$$A_2=\sqrt{3^2+4^2}\ \angle\arctan\dfrac{4}{3}=5\angle53.1°$$

(2) $A_1\times A_2=(10\angle-36.9°)\times(5\angle53.1°)=50\angle16.2°$

3.2.2　正弦量的相量表示法

下面通过一个例子来说明正弦量可用复平面内的旋转矢量（有向线段）表示，进而推出正弦量可用复数表示的结论。

如图 3.2.2(a) 所示，复平面内有一旋转矢量 A，其长度等于正弦量的最大值 U_m（以正弦电压为例），初始位置与横轴正方向的夹角等于正弦量的初相 ψ，并且矢量 A 以正弦量的角频率 ω 逆时针方向旋转。可知，旋转矢量 A 具有正弦量的 3 个特征，并且 A 在旋转过程中任意时刻在纵轴上的投影值等于该时刻正弦量的瞬时值。因此，正弦量可用复平面内的旋转矢量来表示。

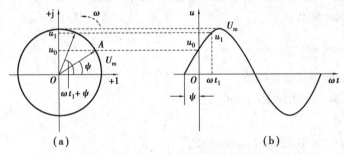

图 3.2.2　正弦量的相量表示

由于同一个正弦交流电路中所有的电压、电流均为同频率的正弦量，因此，这些正弦量之间进行分析和计算时，就可不考虑变化快慢的特征，对表示正弦量的矢量也可不考虑旋转的特征。这样，参与分析和运算的正弦量可用只体现其大小和起始位置两个要素（最大值、初相）的矢量来表示，即正弦量可用矢量来表示。由前面所学的知识可知，矢量可用复数来表示，因此，正弦量可用复数来表示。为了与普通复数相区别，将表示正弦量的复数，称为正弦量的相量。

正弦量的相量用大写字母上面加"·"表示，有最大值相量和有效值相量两种形式。其表示方法是用正弦量的最大值或有效值作为相量的模、用正弦量的初相作为相量的辐角，写成极坐标式。

正弦电流和正弦电压的有效值相量式为

$$\dot{I}=I\angle\psi_\mathrm{i},\qquad\dot{U}=U\angle\psi_\mathrm{u}\tag{3.2.6}$$

正弦电流和正弦电压的最大值相量式为

$$\dot{I}_{\mathrm{m}}=I_{\mathrm{m}}\angle\psi_{\mathrm{i}},\quad \dot{U}_{\mathrm{m}}=U_{\mathrm{m}}\angle\psi_{\mathrm{u}} \tag{3.2.7}$$

把相量在复平面上表示出来,相量之间的运算就可用作图的方法来实现。将反映正弦量初始位置的矢量图,称为相量图。同频率的相量可画在一个图上。

【例 3.2.2】 已知电压 $u=220\sqrt{2}\,\sin(\omega t+60°)$ V,$i=110\sqrt{2}\,\sin(\omega t-30°)$ A,写出电压及电流的相量,求相位差,并绘出相量图。

解 电压及电流的有效值相量分别为

$$\dot{U}=220\angle 60°\mathrm{V},\quad \dot{I}=110\angle -30°\mathrm{A}$$

相位差为

$$\varphi=\varphi_{\mathrm{u}}-\varphi_{\mathrm{i}}=60°-(-30°)=90°$$

相量图如图 3.2.3 所示。由相量图可知,相位差为 90°。

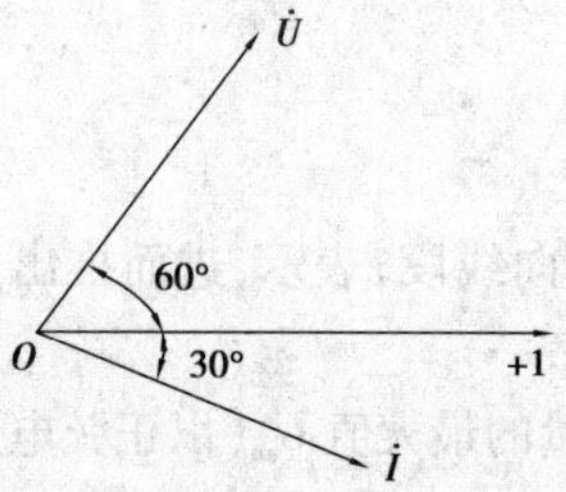

【思考与练习】

3.2.1 将下列复数的代数式转换为极坐标式、极坐标式转换为代数式。

(1)$A_1=3+\mathrm{j}4$;

(2)$A_2=8-\mathrm{j}6$;

(3)$A_1=50\angle 45°$;

(4)$A_2=8\angle -60°$。

图 3.2.3 例 3.2.2 的相量图

3.2.2 试写出下列正弦量的有效值相量,并作出相量图。

(1)$u=5\,\sin(\omega t-30°)$ V;

(2)$u=10\sqrt{2}\,\sin\left(\omega t+\dfrac{\pi}{3}\right)$ V。

3.2.3 说明下列各式错在哪里。

(1)$i=10\,\sin(\omega t-30°)A=10\angle -30°A$;

(2)$I=5\angle 45°A$;

(3)$U=20\angle 60°V=20\sqrt{2}\,\sin(\omega t+60°)V$。

3.3 电路基本定律的相量形式

在第 1 章中讨论的欧姆定律和基尔霍夫定律不仅适用于直流电路,也适用于交流电路。但是,在交流电路中正弦量之间通过三角函数运算较麻烦。因此,对正弦交流电路的分析和计算,一般采用欧姆定律和基尔霍夫定律的相量形式。

3.3.1 电阻、电感、电容元件 VCR 的相量形式

(1)电阻元件

1)电阻元件 VCR 的相量形式

如图 3.3.1(a)所示,电阻 R 上的电压与电流采用关联参考方向。设通过电阻的电流为 $i=$

$\sqrt{2}I\sin(\omega t+\psi_i)$，其相量为 $\dot{I}=I\angle\psi_i$，依据欧姆定律，电阻 R 两端的电压为

$$u=Ri=\sqrt{2}RI\sin(\omega t+\psi_i) \tag{3.3.1}$$

可知，电阻上的电压与电流频率相同、相位相同，电压与电流有效值之间的关系为

$$U=RI \tag{3.3.2}$$

由于 $\dot{I}=I\angle\psi_i$，$u=Ri=\sqrt{2}RI\sin(\omega t+\psi_i)$，则电压与电流的相量关系为

$$\dot{U}=U\angle\psi_u=RI\angle\psi_i=R\dot{I}$$

即

$$\dot{U}=R\dot{I} \tag{3.3.3}$$

式(3.3.3)为电阻元件 VCR 的相量形式，也称欧姆定律的相量形式，反映了线性电阻元件的电压相量与电流相量之间的约束关系。电阻元件端口电压相量与电流相量的比值，称为阻抗，用 Z 表示，单位是欧[姆](Ω)，即电阻元件的阻抗 $Z=R$。阻抗 Z 是一个复数，不是正弦量，故其上不加点。

由于电阻的电压和电流相位相同，因此为了简化，假设 $\psi_u=\psi_i=0$，则电压与电流的波形图和相量图如图 3.3.1(b)和图 3.3.1(c)所示。

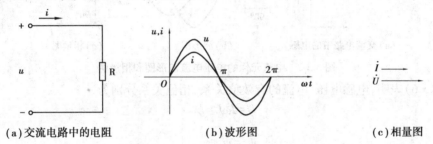

(a)交流电路中的电阻　　　　　(b)波形图　　　　　(c)相量图

图 3.3.1　电阻元件的电压、电流的波形图和相量图

2)电阻元件的功率

电阻在任意瞬间的功率，称为瞬时功率。其值为瞬时电压与瞬时电流的乘积，用符号 p 表示。设 $u=\sqrt{2}U\sin\omega t$，$i=\sqrt{2}I\sin\omega t$，则瞬时功率为

$$\begin{aligned}p&=u\times i=\sqrt{2}U\sin\omega t\times\sqrt{2}I\sin\omega t\\&=2UI\sin^2\omega t=UI(1-\cos 2\omega t)\end{aligned} \tag{3.3.4}$$

可知，正弦交流电路中电阻的瞬时功率也随时间变化。瞬时功率大于或等于零，说明电阻总是从电源吸收电能，并将其转化为热能而消耗掉，这种能量的转化是不可逆的，故电阻元件称为耗能元件。

由于瞬时功率随时间而变化，因此在电工技术中，通常采用瞬时功率的平均值来衡量功率的大小。一个周期内电路所消耗功率的平均值，称为平均功率，用符号 P 表示，即

$$P=\frac{1}{T}\int_0^T p\,\mathrm{d}t=\frac{1}{T}\int_0^T(UI-UI\cos 2\omega t)\,\mathrm{d}t=UI \tag{3.3.5}$$

平均功率又称有功功率，单位为瓦[特](W)。通常所说的功率，一般都是指平均功率，习惯上把"平均""有功"省略，简称功率。例如，25 W 的白炽灯、50 W 的电烙铁、1 500 W 的电阻炉等，都是指它们的平均功率。

（2）电感元件

1）电感元件 VCR 的相量形式

如图 3.3.2（a）所示，电感 L 的电压与电流采用关联参考方向。设通过电感的电流 $i=\sqrt{2}I\sin(\omega t+\psi_i)$，其相量为 $\dot{I}=I\angle\psi_i$。由电感的伏安关系得出电感两端的电压为

$$u=L\frac{\mathrm{d}i}{\mathrm{d}t}$$

$$=\frac{\mathrm{d}[\sqrt{2}I\sin(\omega t+\psi_i)]}{\mathrm{d}t}$$

$$=\sqrt{2}I\omega L\cos(\omega t+\psi_i)$$

$$=\sqrt{2}I\omega L\sin\left(\omega t+\psi_i+\frac{\pi}{2}\right) \qquad (3.3.6)$$

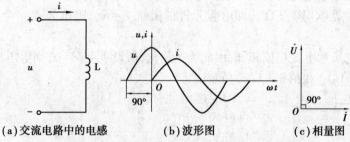

(a)交流电路中的电感　　(b)波形图　　(c)相量图

图 3.3.2　电感元件的电压电流波形图和相量图

式（3.3.6）表明，电感电压、电流的有效值关系、相位关系分别为

$$\left.\begin{array}{r}U=I\omega L=IX_L\\[2mm]\psi_u=\psi_i+\dfrac{\pi}{2}\end{array}\right\} \qquad (3.3.7)$$

式中，$X_L=\omega L$ 称为感抗，单位为欧［姆］（Ω），反映了电感对电流的阻碍作用。对一定的电感量 L，频率越高，感抗越大，电感对电流的阻碍作用越大；频率越低，感抗越小，电感对电流的阻碍作用越小；当电源频率 $\omega=0$ 时（相当于直流电），$X_L=\omega L=0$，电感对直流电没有阻碍作用，相当于短路。因此，电感具有通低频、阻高频的特点。

因 $\dot{I}=I\angle\psi_i,u=\sqrt{2}I\omega L\sin\left(\omega t+\psi_i+\dfrac{\pi}{2}\right)$，故电感元件电压、电流的相量关系为

$$\dot{U}=I\omega L\angle\left(\psi_i+\frac{\pi}{2}\right)=\mathrm{j}\omega LI\angle\psi_i=\mathrm{j}X_L\dot{I}$$

即

$$\dot{U}=\mathrm{j}X_L\dot{I} \qquad (3.3.8)$$

式（3.3.8）为电感元件 VCR 的相量形式，也称欧姆定律的相量形式。电感元件的阻抗 $Z=\mathrm{j}X_L$。可知，电感的电压超前于电流 90°。假设 $\psi_i=0$，则电压与电流的波形图和相量图如图 3.3.2（b）和图 3.3.2（c）所示。

2）电感元件的功率

设电感上的电流和电压分别为 $i=\sqrt{2}I\sin\omega t,u=\sqrt{2}U\sin\left(\omega t+\dfrac{\pi}{2}\right)$，则电感的瞬时功率为

$$p = ui = \sqrt{2}\,U\left(\sin \omega t + \frac{\pi}{2}\right) \times \sqrt{2}\,I \sin \omega t = UI \sin 2\omega t \qquad (3.3.9)$$

由式(3.3.9)可知,电感的瞬时功率是幅值为 UI、角频率为 2ω 的正弦量。其平均功率为

$$P = \frac{1}{T}\int_0^T p\,\mathrm{d}t = \frac{1}{T}\int_0^T (UI \sin 2\omega t)\,\mathrm{d}t = 0$$

可知,电感元件不消耗能量(平均功率为零),只与电源之间进行能量交换,是储能元件。电感元件与电源之间能量交换的规模(瞬时功率的最大值)用无功功率 Q 表征,其单位为乏(var),即

$$Q = UI = I^2 X_L = \frac{U^2}{X_L} \qquad (3.3.10)$$

【例3.3.1】 某电感元件两端的电压为 $u = 220\sqrt{2}\,\sin(314t + 120°)\,\mathrm{V}$,其参数 L 为 1H,求电感元件的电流 i 及无功功率 Q_L。

解 由题意得:$\dot{U} = 220\angle 120°\,\mathrm{V}, \omega = 314\,\mathrm{rad/s}$,于是

$$X_L = \omega L = 314 \times 1\ \Omega = 314\ \Omega$$

$$\dot{I} = \frac{\dot{U}}{\mathrm{j}X_L} = \frac{220\angle 120°}{314\angle 90°}\ \mathrm{A} = 0.7\angle 30°\mathrm{A}$$

因此,电感元件上的电流为

$$i = 0.7\sqrt{2}\,\sin(314t + 30°)\,\mathrm{A}$$

电感元件的无功功率为

$$Q_L = UI = 220 \times 0.7 = 154\ \mathrm{var}$$

(3)电容元件

1)电容元件 VCR 的相量形式

如图 3.3.3(a)所示,电容 C 两端的电压与电流采用关联参考方向。设电容两端的电压 $u = \sqrt{2}\,U \sin(\omega t + \psi_\mathrm{u})$,其相量为 $\dot{U} = U\angle\psi_\mathrm{u}$。由电容的伏安关系,得出电容的电流为

$$i = C\frac{\mathrm{d}u}{\mathrm{d}t}$$

$$= C\frac{\mathrm{d}[\sqrt{2}\,U(\sin \omega t + \psi_\mathrm{u})]}{\mathrm{d}t}$$

$$= \sqrt{2}\,U\omega C \cos(\omega t + \psi_\mathrm{u})$$

$$= \sqrt{2}\,U\omega C \sin\left(\omega t + \psi_\mathrm{u} + \frac{\pi}{2}\right) \qquad (3.3.11)$$

式(3.3.11)表明,电容电压、电流的有效值关系、相位关系分别为

$$\left.\begin{array}{l} I = \omega C U = \dfrac{U}{X_\mathrm{C}} \\[2mm] \psi_\mathrm{i} = \psi_\mathrm{u} + \dfrac{\pi}{2} \end{array}\right\} \qquad (3.3.12)$$

式中,$X_\mathrm{C} = \dfrac{1}{\omega C}$,称为容抗,反映了电容对电流的阻碍作用,单位为欧[姆](Ω)。对一定的电容

量 C,频率越高时,容抗越小,电容对电流的阻碍作用越小;频率越低,容抗越大,电容对电流的阻碍作用越大;在直流电路中,容抗视为 ∞,电容相当于开路。因此,电容具有通交流、隔直流,以及通高频、阻低频的特点。

因 $\dot{U} = U \angle \psi_u, i = \sqrt{2}\, U\omega C\, \sin\left(\omega t + \psi_u + \dfrac{\pi}{2}\right)$,故电容元件电压、电流相量之间的关系为

$$\dot{I} = U\omega C \angle \left(\psi_u + \frac{\pi}{2}\right) = j\frac{1}{X_C} U \angle \psi_u = j\frac{1}{X_C}\dot{U}$$

即

$$\dot{U} = -jX_C\dot{I} \qquad\qquad (3.3.13)$$

式(3.3.13)为电容元件 VCR 的相量形式,也称欧姆定律的相量形式。电容元件的阻抗 $Z = -jX_C$。可知,电容的电压滞后于电流 90°。假设 $\psi_u = 0$,则电压与电流的波形图和相量图如图 3.3.3(b)和图 3.3.3(c)所示。

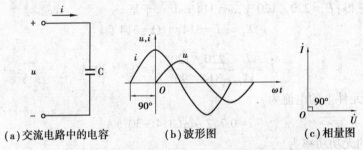

(a)交流电路中的电容　　(b)波形图　　(c)相量图

图 3.3.3　电容元件及其电压、电流的波形图、相量图

2)电容元件的功率

设电容元件上的电流和电压分别为 $u = \sqrt{2}\, U\, \sin\,\omega t, i = \sqrt{2}\, I\, \sin\left(\omega t + \dfrac{\pi}{2}\right)$,电容的瞬时功率为

$$p = u \times i = \sqrt{2}\, U\, \sin\,\omega t \sqrt{2}\, I\, \sin\left(\omega t + \frac{\pi}{2}\right) \qquad (3.3.14)$$
$$= 2UI\, \sin\,\omega t\, \cos\,\omega t = UI\, \sin\, 2\omega t$$

从式(3.3.14)可知,电容的瞬时功率是幅值为 UI、角频率为 2ω 的正弦量。其平均功率为零。可知,电容元件不消化能量,只与电源进行能量交换,是储能元件。电容与电源之间能量交换的规模同样用无功功率 Q 表征,即

$$Q = UI = I^2 X_C = \frac{U^2}{X_C} \qquad\qquad (3.3.15)$$

3.3.2　基尔霍夫定律的相量形式

(1)KCL 的相量形式

在正弦交流电路中,KCL 的内容为:任意时刻,流入电路中任意一个节点的电流之和应等于由该节点流出的电流之和(电流的代数和等于零),即

$$\sum i_入 = \sum i_出 \qquad (\sum i = 0)$$

如果这些电流是同频率的正弦量,则 KCL 可用相量形式表示为

$$\sum \dot{I}_入 = \sum \dot{I}_出 \qquad (\sum \dot{I} = 0) \qquad\qquad (3.3.16)$$

式(3.3.16)为 KCL 的相量形式。

(2)KVL 的相量形式

在正弦交流电路中,KVL 的内容为:在任何时刻,沿任意一个方向绕行闭合回路一周,电压升之和等于电压降之和(电压的代数和等于零),即

$$\sum u_升 = \sum u_降 \qquad (\sum u = 0)$$

如果这些电压是同频率的正弦量,则 KVL 可用相量形式表示为

$$\sum \dot{U}_升 = \sum \dot{U}_降 \qquad (\sum \dot{U} = 0) \qquad\qquad (3.3.17)$$

式(3.3.17)为 KVL 的相量形式。

【例 3.3.2】　在如图 3.3.4 所示的电路中,已知 $i_1 = 4\sqrt{2}\,\sin(\omega t - 60°)$ A,$i_2 = 3\sqrt{2}\,\sin(\omega t + 30°)$ A。求电流 i。

解　首先用有效值相量表示正弦量 i_1、i_2,并将结果转化为代数式,即

$$\dot{I}_1 = 4\angle -60° = 4(\cos 60° - j\sin 60°) = 2 - j3.5 \text{ A}$$

$$\dot{I}_2 = 3\angle 30° = 3(\cos 30° + j\sin 30°) = 2.6 + j1.5 \text{ A}$$

然后依据相量形式的 KCL 进行运算,并将运算结果转化为极坐标式,即

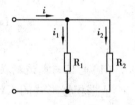

$$\dot{I} = \dot{I}_1 + \dot{I}_2 = (2.6+2) + j(-3.5+1.5)$$
$$= 4.6 - j2 = 5\angle -23° \text{ A}$$

电流 i 的瞬时值解析式为

$$i = 5\sqrt{2}\,\sin(\omega t - 23°) \text{ A}$$

图 3.3.4　例 3.3.2 电路图

【思考与练习】

3.3.1　在直流电路中,电感和电容应视为什么?

3.3.2　若电源电压大小不变,当频率降低时,则电感的电流大小发生怎样的变化?

3.3.3　正弦交流电路中关于电阻、电感及电容元件,下列各式是否正确?

(1)$u = X_L i$;

(2)$\dfrac{u}{i} = X_C$;

(3)$\dfrac{U}{I} = j\omega L$;

(4)$\dfrac{\dot{U}}{\dot{I}} = j\omega C$;

(5)$\dot{I} = -j\dfrac{1}{X_L}\dot{U}$。

3.4 简单正弦交流电路的分析与计算

3.4.1 RLC 串联的交流电路

交流电路有 RL 串联、RC 串联、RLC 串联等多种连接方式。常见的一种为 RLC 串联电路,即电阻、电感、电容 3 个元件串联的交流电路。下面以该电路为例来介绍交流电路的分析方法,依据 RLC 串联电路得到的结论适用于 RL 串联电路和 RC 串联电路。

如图 3.4.1(a)所示为 R、L、C 串联的电路。如果将电路中所有的电压和电流用对应的相量表示,R、L、C 用对应的阻抗表示,得到其相量模型如图 3.4.1(b)所示。

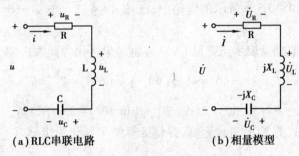

(a)RLC串联电路　　　　　(b)相量模型

图 3.4.1　RLC 串联电路及其相量模型

(1)电压与电流的关系

依据相量形式的 KVL,如图 3.4.1(b)所示的相量模型中各电压相量之间的关系为

$$\dot{U} = \dot{U}_R + \dot{U}_L + \dot{U}_C$$

以电流相量作为参考相量,若 $U_L > U_C$,各电压的相量图如图 3.4.2 所示。由相量图可知,$\dot{U}_R$、$\dot{U}_X$、$\dot{U}$ 组成一个直角三角形,称为电压三角形。其中,φ 为电压 u 与电流 i 之间的相位差。

由电压三角形,可得

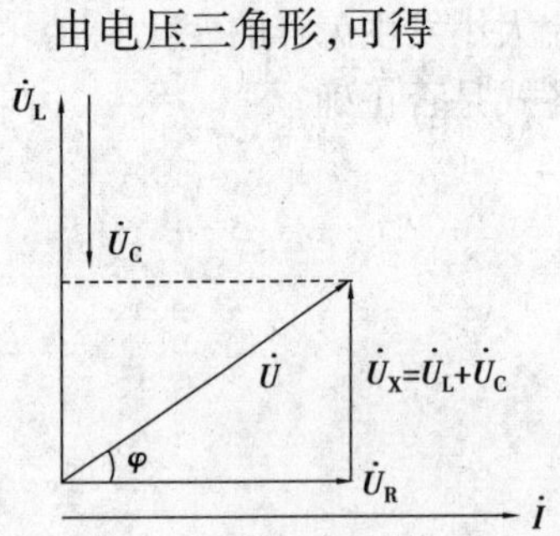

$$U = \sqrt{U_R^2 + (U_L - U_C)^2} \tag{3.4.1}$$

$$\varphi = \arctan \frac{U_L - U_C}{U_R} \tag{3.4.2}$$

因 $\dot{U}_R = R\dot{I}$,$\dot{U}_L = jX_L\dot{I}$,$\dot{U}_C = -jX_C\dot{I}$,故

$$\dot{U} = \dot{U}_R + \dot{U}_L + \dot{U}_C = \dot{U}_R + \dot{U}_X = [R + j(X_L - X_C)]\dot{I} = Z\dot{I} \tag{3.4.3}$$

图 3.4.2　RLC 串联电路电压相量图　式(3.4.3)中 Z 为二端网络的阻抗,则

$$Z = \frac{\dot{U}}{\dot{I}} = R + j(X_L - X_C) = R + jX \tag{3.4.4}$$

式中,R 为实部,为电阻;X 为虚部,称为电抗。阻抗也可写成极坐标式,即

$$Z = \frac{\dot{U}}{\dot{I}} = \frac{U\angle\varphi_u}{I\angle\varphi_i}$$

$$= |Z|\angle\varphi = \frac{U}{I}\angle(\psi_u - \psi_i) \qquad (3.4.5)$$

$$= \frac{U_m}{I_m}\angle(\psi_u - \psi_i)$$

式中,$|Z|$ 称为阻抗模,φ 称为阻抗角。阻抗模体现了网络对电流的阻碍作用的大小,其值等于网络端口电压与电流有效值之比或最大值之比,即

$$|Z| = \frac{U}{I} = \frac{U_m}{I_m} \qquad (3.4.6)$$

阻抗角等于网络端口电压与电流的相位差,反映了端口电压与电流的相位关系,即

$$\varphi = \psi_u - \psi_i \qquad (3.4.7)$$

在 RLC 串联电路中,电流处处相等,将如图 3.4.2 所示的电压三角形每条边的边长 U、U_R、U_X 同时缩小 I 倍,得到由 $|Z|$、R、X 组成的直角三角形,称为阻抗三角形,如图 3.4.3 所示。其中

$$\left.\begin{array}{l} |Z| = \sqrt{R^2 + X^2} \\[2mm] \varphi = \arctan\dfrac{X}{R} = \arctan\dfrac{X_L - X_C}{R} \end{array}\right\} \qquad (3.4.8)$$

显然,阻抗三角形与电压三角形相似,阻抗角 φ 即为端口电压 u 与电流 i 的相位差。

需要说明的是,上述结论是以 $U_L > U_C$ 为例得出的,但适用于 $U_L = U_C$ 以及 $U_L < U_C$ 的情况。

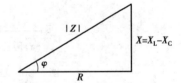

图 3.4.3　RLC 串联电路的阻抗三角形

（2）电路的性质

通过前面的分析可知,端口电压与电流的相位差 φ 决定了电路的性质。由式(3.4.8)可知,不同情况下的电路性质如下:

①当 $X_L > X_C$（即 $U_L > U_C$）,$\varphi > 0$,电压超前电流 φ 角,电路呈电感性,如图 3.4.4（a）所示。

②当 $X_L = X_C$（即 $U_L = U_C$）,$\varphi = 0$,电压与电流同相,电路呈电阻性,如图 3.4.4（b）所示。

③当 $X_L < X_C$（即 $U_L < U_C$）,$\varphi < 0$,电压滞后电流 φ 角,电路呈电容性,如图 3.4.4（c）所示。

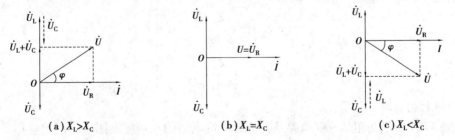

图 3.4.4　RLC 串联电路的相量图

【例 3.4.1】　在如图 3.4.5 所示的 RL 串联的交流电路中,已知 $u = 200\sqrt{2}\sin 314t$ V,电阻 $R = 30\ \Omega$,电感 127 mH,求电路中的电流 I、i。

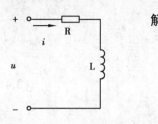

图 3.4.5 例 3.4.1 电路图

解

$$X_L = \omega L = 314 \times 127 \times 10^{-3} = 40 \ \Omega$$

$$Z = R + jX_L = 30 + j40 \ \Omega$$

$$|Z| = 50 \ \Omega$$

$$I = \frac{U}{|Z|} = \frac{200}{50} \ A = 4 \ A$$

$$\varphi = \arctan \frac{X_L}{R} = \arctan \frac{40}{30} = \angle 53°$$

$$\varphi_i = \varphi_u - \varphi = 0° - 53° = -53°$$

$$i = 4\sqrt{2} \ \sin(314t - 53°) \ A$$

3.4.2 阻抗的串联与并联

（1）阻抗的串联

如图 3.4.6 所示为阻抗串联电路及其等效阻抗电路的相量模型图。依据相量形式的基尔霍夫定律和欧姆定律,则端口电压相量为

$$\dot{U} = \dot{U}_1 + \dot{U}_2 = Z_1 \dot{I} + Z_2 \dot{I} = (Z_1 + Z_2) \dot{I} = Z\dot{I}$$

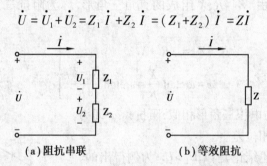

（a）阻抗串联　　　　（b）等效阻抗

图 3.4.6 阻抗串联及其等效阻抗电路的相量模型图

串联电路的等效阻抗 Z 为

$$Z = Z_1 + Z_2 \tag{3.4.9}$$

电路的电流相量为

$$\dot{I} = \frac{\dot{U}}{Z_1 + Z_2} \tag{3.4.10}$$

分压公式为

$$\left.\begin{array}{l} \dot{U}_1 = Z_1 \dot{I} = \dfrac{Z_1}{Z_1 + Z_2} \dot{U} \\[3mm] \dot{U}_2 = Z_2 \dot{I} = \dfrac{Z_2}{Z_1 + Z_2} \dot{U} \end{array}\right\} \tag{3.4.11}$$

（2）阻抗的并联

如图 3.4.7 所示为阻抗并联电路及其等效阻抗电路的相量模型图。应用相量形式的基尔霍夫定律和欧姆定律,则端口电流相量为

$$\dot{I} = \dot{I}_1 + \dot{I}_2 = \frac{\dot{U}}{Z_1} + \frac{\dot{U}}{Z_2} = \frac{\dot{U}}{Z}$$

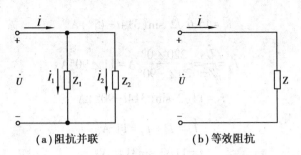

（a）阻抗并联　　　　　　（b）等效阻抗

图 3.4.7　阻抗并联及其等效阻抗电路的相量模型图

并联电路的等效阻抗 Z 为

$$\frac{1}{Z} = \frac{1}{Z_1} + \frac{1}{Z_2} \quad \text{或} \quad Z = \frac{Z_1 Z_2}{Z_1 + Z_2} \tag{3.4.12}$$

电路的电压相量为

$$\dot{U} = Z\dot{I} = \frac{Z_1 Z_2}{Z_1 + Z_2}\dot{I} \tag{3.4.13}$$

分流公式为

$$\left.\begin{array}{l} \dot{I}_1 = \dfrac{\dot{U}}{Z_1} = \dfrac{Z_2}{Z_1 + Z_2}\dot{I} \\[3mm] \dot{I}_2 = \dfrac{\dot{U}}{Z_2} = \dfrac{Z_1}{Z_1 + Z_2}\dot{I} \end{array}\right\} \tag{3.4.14}$$

由多个阻抗组合而成的阻抗混联电路,都可转化为阻抗的串联、并联电路后再进行分析和计算。

（3）正弦稳态电路的相量分析法

分析正弦稳态交流电路时,多采用相量分析法。相量分析法不仅适用于 RLC 串联的交流电路,也适用于其他的正弦交流电路。相量分析法的步骤如下:

①将电路模型转换为相量模型,即将电路模型中的电压和电流用对应的相量表示,R、L、C 用对应的阻抗 R、jX_L、$-jX_C$ 表示。

②在相量模型中,各电压、电流相量遵循电路的基本定律的相量形式,对相量模型进行分析可利用直流电路的分析方法。

③建立相量形式的电路方程。

④将计算所得的电压、电流相量转换为瞬时值表达式。

【例 3.4.2】　在如图 3.4.8 所示的电路中,已知 $\dot{U} = 220\angle0°$ V,$R = 10\ \Omega$,$X_L = 10\ \Omega$,$X_C = 20\ \Omega$,求 $\dot{I}$、$\dot{I}_1$、$\dot{I}_2$。

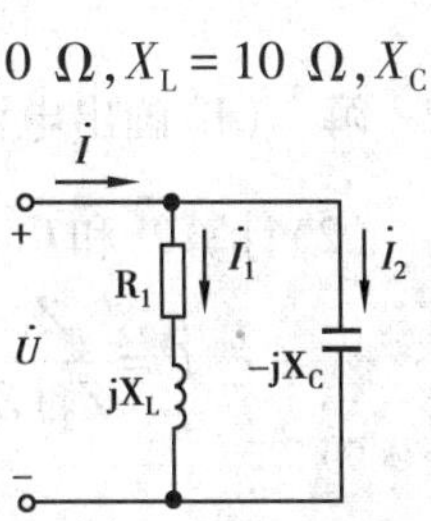

解

$$Z_1 = R_1 + jX_L = (10 + j10)\ \Omega$$
$$= 14.1\angle45°\ \Omega$$
$$Z_2 = -jX_C = -j20\ \Omega$$

$$\dot{I}_1 = \frac{\dot{U}}{Z_1} = \frac{220\angle0°}{14.1\angle45°}\ \text{A} = 15.6\angle-45°\text{A}$$

图 3.4.8　例 3.4.2 的图

$$i_1 = 15.6\sqrt{2}\ \sin(314t - 45°)\ \text{A}$$

$$\dot{I}_2 = \frac{\dot{U}}{Z_2} = \frac{220\angle 0°}{20\angle -90°}\text{A} = 11\angle 90°\text{A}$$

$$i_2 = 11\sqrt{2}\ \sin(314t - 90°)\ \text{A}$$

$$\dot{I} = \dot{I}_1 + \dot{I}_2 = 11\ \text{A}$$

$$i = 11\sqrt{2}\ \sin 314t\ \text{A}$$

【思考与练习】

3.4.1 RLC 串联的正弦交流电路中,下列各式哪些是正确的?哪些是错误的?

（1）$U = U_R + U_L + U_C$；

（2）$\dot{U} = \dot{U}_R + \dot{U}_L + \dot{U}_C$；

（3）$Z = R + X_L + X_C$。

3.4.2 若线圈（R、L 串联）与端电压为 3 V 的直流电源接通时,电流为 0.1 A;与正弦电压 $u(t) = 3\sqrt{2}\sin(200t)\,\text{V}$ 接通时,电流为 60 mA,则线圈的 R 和 L 分别为多少?

3.5 复杂正弦交流电路的分析与计算

对复杂正弦交流电路,只要将电路中的电压和电流用相量表示,R、L、C 3 个元件用对应的阻抗 R、jX_L、$-jX_C$ 表示,就可用第 2 章所学的支路电流法、节点电压法、叠加定理及戴维宁定理等常用复杂直流电路的分析方法进行分析与计算。

【例 3.5.1】 在如图 3.5.1(a)所示的电路中,已知 $\dot{I}_S = 8\angle 0°\text{A}$,$\dot{U}_S = 200\angle 0°\text{V}$,电源频率 $f = 50\ \text{Hz}$,$Z_1 = Z_3 = 50\angle 30°\Omega$,$Z_2 = 50\angle -30°\Omega$,用叠加定理求电流 i。

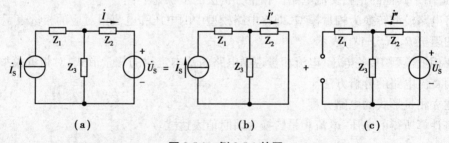

图 3.5.1 例 3.5.1 的图

解 （1）画出电流源和电压源单独作用的相量模型图,如图 3.5.1(b)、(c)所示。

（2）计算 $\dot{I}'$ 和 $\dot{I}''$

$$\dot{I}' = \frac{Z_3}{Z_2 + Z_3} \times \dot{I}_S = \frac{50\angle 30°}{50\angle -30° + 50\angle 30°} \times 8\angle 0°\ \text{A} = \frac{400\angle 30°}{50\sqrt{3}} = 4.62\angle 30°\ \text{A}$$

$$\dot{I}'' = \frac{\dot{U}_S}{Z_2 + Z_3} = \frac{200\angle 45°}{50\angle -30° + 50\angle 30°}\ \text{A} = \frac{200\angle 45°}{50\sqrt{3}}\ \text{A} = 2.31\angle -135°\ \text{A}$$

（3）将分量叠加，计算 $\dot{I}$

$$\dot{I} = \dot{I}' + (-\dot{I}'') = 4.62\angle 30°\,\text{A} - 2.31\angle -135°\,\text{A} = 2.46\angle 16°\ \text{A}$$

$$i = 2.46\sqrt{2}\ \sin(314t + 16°)\ \text{A}$$

【例 3.5.2】 试用戴维宁定理，求如图 3.5.1（a）所示电路中的电流 i。

解 （1）将 Z_2 断开得到一个有源二端网络，如图 3.5.2（a）所示。

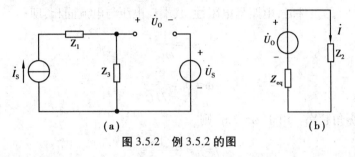

图 3.5.2 例 3.5.2 的图

（2）求开路电压 $\dot{U}_0$，即

$$\dot{U}_0 = \dot{I}_S \times Z_3 - \dot{U}_S = 8\angle 0° \times 50\angle 30°\,\text{A} - 200\angle 45°\,\text{A} = 400\angle 30°\,\text{A} - 200\angle 45°\ \text{A}$$

$$= 205\,\text{A} + j58.6\,\text{A} = 213.21\angle 16°\ \text{A}$$

（3）求等效阻抗

$$Z_{eq} = Z_3 = 50\angle 30°\ \Omega$$

（4）画出戴维宁等效电路如图 3.5.3（b）所示，求 $\dot{I}$

$$\dot{I} = \frac{\dot{U}_{OS}}{Z_2 + Z_{eq}}$$

$$= \frac{213.21\angle 16°}{50\angle -30° + 50\angle 30°}\ \text{A}$$

$$= \frac{213.21\angle 16°}{50\sqrt{3}}\ \text{A}$$

$$= 2.46\angle 16°\ \text{A}$$

$$\dot{I} = \frac{\dot{U}_0}{Z_2 + Z_{eq}} = \frac{213.21\angle 16°}{50\angle -30° + 50\angle 30°}\ \text{A} = \frac{213.21\angle 16°}{50\sqrt{3}}\ \text{A} = 2.46\angle 16°\ \text{A}$$

$$i = 2.46\sqrt{2}\ \sin(314t + 16°)\ \text{A}$$

3.6 电路的谐振

在含有电抗的正弦交流电路中，端口电压与电流同相位的现象，称为谐振。谐振电路会产生过电压或过电流。在实际应用中，为了既能利用电路的谐振又能避免它所产生的危害，有必要充分认识谐振现象，并研究谐振条件、谐振频率和谐振电路的特征。谐振可分为串联谐振和

并联谐振。这里以串联谐振电路为例介绍谐振电路的分析方法。

（1）谐振的条件

由前面的讨论可知，对 R、L、C 串联交流电路，其阻抗为

$$Z = R + j(X_L - X_C) = R + jX$$

$$= |Z| \angle \varphi = |Z| \angle \arctan \frac{X_L - X_C}{R}$$

当满足 $X_L = X_C$ 的条件时，电路呈电阻性，其端口电压与电流同相，即

$$\omega L = \frac{1}{\omega C}$$

$$\omega = \omega_0 = \frac{1}{\sqrt{LC}} \tag{3.6.1}$$

式中，ω_0 称为谐振角频率。由于 $\omega = 2\pi f$，则

$$f = f_0 = \frac{1}{2\pi\sqrt{LC}} \tag{3.6.2}$$

式中，f_0 称为谐振频率，反映了串联电路的一种固有性质，故称固有频率，对每一个 RLC 串联电路，总有一个对应的谐振频率 f_0。

当电路参数 L 和 C 一定时，可改变电源的频率使电路谐振；当电源的频率 f_0 一定时，可改变电容 C 或电感 L，使电路谐振。在实际中，通常通过调节电容 C 使电路谐振。

（2）谐振电路的特征

串联谐振电路的基本特征如下：

①电路的阻抗 $|Z|$ 最小，则

$$|Z| = \sqrt{R^2 + (X_L - X_C)^2} = R$$

阻抗 $|Z|$ 随频率变化的曲线如图 3.6.1（a）所示。

一般将串联电路谐振时的感抗或容抗，称为特性阻抗，用 ρ 来表示，即

$$\rho = \omega_0 L = \frac{1}{\omega_0 C} = \frac{1}{\sqrt{LC}} L = \sqrt{\frac{L}{C}} \tag{3.6.3}$$

②在电源电压值不变的情况下，电路中的电流在谐振时达到最大值，即

$$I = I_0 = \frac{U}{R} \tag{3.6.4}$$

阻抗模 $|Z|$、电流 I 随频率变化的曲线如图 3.6.1 所示。

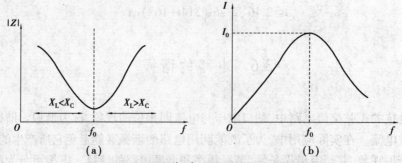

图 3.6.1　阻抗模 $|Z|$、电流 I 随频率变化的曲线

③谐振时,电感和电容上的电压大小相等,相位相反,相互抵消。电源电压 $\dot{U}=\dot{U}_R$ 相量图如图 3.6.2 所示。

谐振时,U_L 或 U_C 与电源电压 U 之间的比值,称为品质因数,用 Q 表示,即

$$Q=\frac{U_L}{U}=\frac{U_C}{U}=\frac{\omega_0 L}{R}$$

$$=\frac{1}{\omega_0 CR}=\frac{\rho}{R}=\frac{1}{R}\sqrt{\frac{L}{C}} \qquad (3.6.5)$$

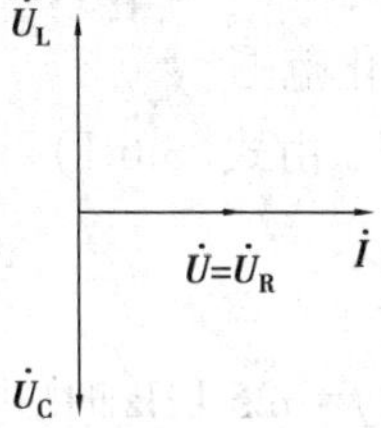

图 3.6.2 串联谐振时的相量图

串联谐振电路中,$X_L=X_C$ 并远大于 R,电感和电容上的电压值相等,为端口电压的 Q 倍,故串联谐振又称电压谐振。电路的 Q 值一般为 $50\sim200$。因此,即使端口电压不高,谐振时电感和电容上的电压仍有可能很高。对于电力系统来说,由于端口电压本身较高,如果电路在接近于谐振的情况下工作,在电感和电容两端将出现过电压,从而击穿电气设备的绝缘层。因此,在电力系统中应避免谐振的发生。在电子电路中,可利用谐振获得较高的电压,达到选出所需信号的目的。

(3)谐振电路的选择性与通频带

当含有多种频率成分的信号电流通过谐振电路时,可从多种频率信号中选择出谐振频率的信号,这种能力称为选择性。

品质因数 Q 值的大小可反映电路选择性的好坏。Q 与谐振曲线的关系如图 3.6.3 所示。可知,曲线越尖锐,说明电路的选择性越好。

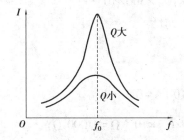

图 3.6.3 不同 Q 值的谐振曲线的关系

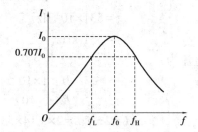

图 3.6.4 通频带宽度

工程上规定:对应于 $0.707I_0$ 的两个频率之间的宽度,称为通频带,如图 3.6.4 所示。通频带规定了谐振电路允许通过信号的频率范围。依据通频带宽度,也可说明电路选择性的好坏。通频带越窄,曲线越尖锐,电路的选择性则越好。

通常通频带宽度可用公式求得,即

$$\Delta f=\frac{f_0}{Q}$$

下限频率和上限频率为

$$f_L=f_0-\frac{\Delta f}{2}$$

$$f_H=f_0+\frac{\Delta f}{2}$$

应当说明的是,品质因数 Q 越高,电路的择性越好,但通频带越窄。因此,工程中对品质

因数 Q 和通频带 Δf 要综合考虑。

【例3.6.1】 某收音机的输入回路(调谐回路)可简化为一个由 R、L、C 组成的串联电路。已知电感 $L = 250\ \mu H, R = 20\ \Omega$,今欲收到频率范围为 $525 \sim 1\ 610$ kHz 的中波段信号,试求电容 C 的变化范围。

解 由式(3.6.1)可知

$$C = \frac{1}{\omega^2 L} = \frac{1}{(2\pi f)^2 L}$$

当 $f = 525$ kHz 时,电路谐振,则

$$C_1 = \frac{1}{(2\pi \times 525 \times 10^3)^2 \times 250 \times 10^{-6}}\ pF = 368\ pF$$

当 $f = 1\ 610$ kHz 时,电路谐振,则

$$C_2 = \frac{1}{(2\pi \times 1\ 610 \times 10^3)^2 \times 250 \times 10^{-6}}\ pF = 39.1\ pF$$

因此,电容 C 的变化范围为 $39.1 \sim 368$ pF。

【例3.6.2】 一个 $C = 300$ pF 的电容和一个线圈组成串联谐振电路,线圈的电感 $L = 0.3$ mH,电阻 $R = 10\ \Omega$。若电路输入端的信号电压 $U = 1$ mV,求谐振频率 f_0、谐振电流 I_0、品质因数 Q 及电容电压 U_C。

解 谐振频率为

$$f_0 = \frac{1}{2\pi\sqrt{LC}} = \frac{1}{2 \times 3.14 \times \sqrt{0.3 \times 10^{-3} \times 300 \times 10^{-12}}}\ Hz$$
$$= 531 \times 10^3\ Hz$$
$$= 531\ kHz$$

谐振电流为

$$I_0 = \frac{U}{R} = \frac{1 \times 10^{-3}}{10} = 0.1 \times 10^{-3}\ A = 0.1\ mA$$

$$\omega_0 L = 2\pi f_0 L = 2 \times 3.14 \times 531 \times 10^3 \times 0.3 \times 10^{-3}\ \Omega = 1\ 000\ \Omega$$

品质因数和电容电压为

$$Q = \frac{\omega_0 L}{R} = \frac{1\ 000}{10} = 100$$

$$U_C = QU = 100 \times 1\ mV = 100\ mV$$

在工程中,也常用到电感线圈(R、L 的串联)与电容组成的并联电路。并联谐振时,电路阻抗模最大,总电流最小,电感和电容上会产生大电流,为总电流的几十倍至几百倍,故并联谐振又称电流谐振。当电源为某一频率时,电路的阻抗模最大,电流通过时在电路两端产生的电压也最大。当电源为其他频率时,电路不发生谐振,阻抗模较小,电路两端的电压也较小,这样就起到了选频的作用。

【思考与练习】

3.6.1 为什么将串联谐振又称电压谐振?

3.6.2 RLC 串联电路中,若 $R = 10$ kΩ,$L = 0.1$ mH,$C = 0.4$ pF,$U_S = 0.1$ V,则此电路的特性阻抗 ρ 及品质因数 Q 分别为多少?谐振时 U_C 为多少?

3.7　正弦交流电路的功率及功率因数的提高

在工程分析中,通常需要讨论多参数正弦交流电路电路消耗的功率、存储的功率及设备的容量等问题。为此,本节介绍多参数正弦交流电路功率的 3 种方式。

3.7.1　正弦交流电路的功率

（1）瞬时功率

在如图 3.7.1 所示的无源线性二端网络中,设端口电压和电流为 $u = \sqrt{2}\, U \sin(\omega t + \psi_u)$, $i = \sqrt{2}\, I \sin(\omega t + \psi_i)$,则瞬时功率为

$$p = u \times i = \sqrt{2}\, U \sin(\omega t + \psi_u) \times \sqrt{2}\, I \sin(\omega t + \psi_i)$$

整理上式,可得

$$p = UI[\cos(\psi_u - \psi_i) - \cos(2\omega t + \psi_u + \psi_i)] \tag{3.7.1}$$

式（3.7.1）表明,瞬时功率由两部分组成:一部分为与时间无关的常量,通常被认为是耗能元件上的瞬时功率;另一部分为正弦量,其频率 2 倍于电压或电流的频率,通常被认为是储能元件上的瞬时功率。在每一瞬间,电源提供的功率一部分被耗能元件消耗,一部分与储能元件进行能量交换。根据式（3.7.1）可画出电压 u、电流 i 及瞬时功率 p 的波形图,如图3.7.2(a)所示。

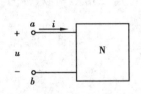

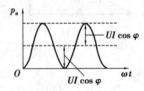

(a)电压u、电流i及瞬时功率p的波形图　(b)瞬时功率的有功分量

图 3.7.1　无源线性二端网络　　　图 3.7.2　无源二端网络的瞬时功率和平均功率

（2）有功功率和功率因数

在一个周期内,对瞬时功率求平均值便可得到网络的有功功率（平均功率）为

$$
\begin{aligned}
P &= \frac{1}{T}\int_0^T p\,\mathrm{d}t \\
&= \frac{1}{T}\int_0^T UI[\cos(\psi_u - \psi_i) - \cos(2\omega t + \psi_u + \psi_i)]\,\mathrm{d}t \\
&= UI\cos(\psi_u - \psi_i)
\end{aligned}
$$

上式可写为

$$P = UI\cos\varphi \tag{3.7.2}$$

式中,$\cos\varphi$ 称为功率因数,通常用 λ 表示,即 $\lambda = \cos\varphi$。当功率因数 $\cos\varphi = 1$ 时,$\varphi = 0°$,电路为纯电阻电路,网络的有功功率 $P = UI = I^2 R = \dfrac{U^2}{R}$;当功率因数 $\cos\varphi = 0$ 时,电路为纯电抗电路,

网络的有功功率 $P=0$。

（3）无功功率

如前所述，单一参数的正弦交流电路中，$Q_L=U_LI$，$Q_C=U_CI$。对于 RLC 串联的正弦交流电路而言，无功功率 Q 应等于电路所有电感和电容无功功率之和。由于 $\dot{U}_L$ 和 $\dot{U}_C$ 相位相反，Q_L 和 Q_C 的作用也是相反的。若取 Q_L 为正值，则 Q_C 为负值，即

$$Q=Q_L-Q_C=U_LI-U_CI=U_XI$$

在如图 3.4.2 所示的电压三角形中，$U_X=U\sin\varphi$，则

$$Q=UI\sin\varphi \tag{3.7.3}$$

需要说明的是，"无功"的意义是"交换"而不是"消耗"，"无功"不等于"无用"。很多应用电磁感应原理工作的设备就是依靠与外电路之间进行能量交换来工作的。

（4）视在功率

视在功率通常是指电源的容量。在电工技术中，将电源电压与电流的有效值乘积，称为视在功率，用符号 S 表示，即

$$S=UI \tag{3.7.4}$$

视在功率的单位为伏安（V·A），反映了电源设备可能提供的最大功率。

将前面介绍的电压三角形各边对应的电压的有效值都乘以电流的有效值，也可得到有功功率 P、无功功率 Q 和视在功率 S，即

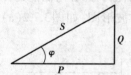

$$P=IU_R=IU\cos\varphi$$
$$Q=IU_X=IU\sin\varphi$$
$$S=IU$$

图 3.7.3　功率三角形

P、Q、S 构成一个新的直角三角形，与电压三角形相似，称为功率三角形，如图 3.7.3 所示。由功率三角形可得

$$S=\sqrt{P^2+Q^2} \tag{3.7.5}$$

3.7.2　功率因数的提高

（1）提高功率因数的意义

在正弦交流电路中，电阻性负载的端口电压与电流的相位差为零，功率因数等于 1。而在实际生产和生活中，大多数是电感性负载。工作时，端口电压与电流有一定的相位差，功率因数小于 1，电路中发生能量互换，出现无功功率。功率因数低一方面使电源设备的容量得不到充分利用，造成电力能源的浪费；另一方面还会增加输电线路上的功率损耗。因此，电力系统必须提高功率因数。供用电规则规定，功率因数不能低于 0.9。

（2）提高功率因数的方法

要提高功率因数，就要在保证设备工作状态不变的情况下，减少电源输出的无功功率。所谓的工作状态不变，是指电感性负载的电压、电流、有功功率及无功功率不变。提高功率因数常用的方法是在电感性负载两端并联适当大小的电容，如图 3.7.4（a）所示。并联的电容，称为补偿电容。

由图 3.7.4（b）可知，并联电容后，由于电感性负载的电压未变，该支路的工作状态不变，但电路中总电流由 I_1 减小到 I，总电流与电压的相位差由 φ_1 减小到 φ，从而提高了整个电路的功

率因数。并联电容后,电路的总电流减小,电源就可带更多的负载。通常计算并联电容器的电容值可计算为

$$C = \frac{P}{\omega U^2}(\tan \varphi_1 - \tan \varphi) \tag{3.7.6}$$

式中,P 为电感性负载的有功功率,U 为电源电压的有效值,ω 为电源的角频率,并联电容前后 u 与 i 的相位差分别为 φ_1 和 φ。

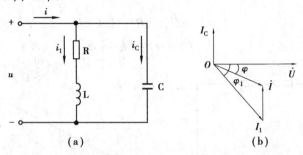

图 3.7.4　电容与电感性负载并联以提高功率因数

需要说明的是,并联电容前,感性负载需要的无功功率由电源提供;并联电容后,一部分由电容补偿,其余的由电源提供。因此,电源输出的无功功率降低。

3.7.3　应用举例—日光灯电路

日光灯也称荧光灯,光线柔和,发光效率比白炽灯高,其温度在 $40\sim50$ ℃,所消耗的电功率仅为同样明亮程度的白炽灯的 $\frac{1}{5}\sim\frac{1}{3}$,被广泛用于生活照明。

(1)日光灯的组成

日光灯电路主要由灯管、启辉器和镇流器组成。接线示意图如图 3.7.5 所示。启辉器结构示意图如图 3.7.6 所示。

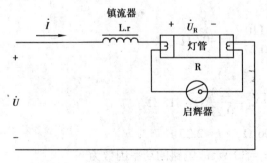

图 3.7.5　日光灯电路

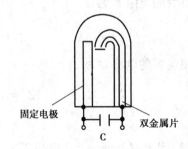

图 3.7.6　启辉器结构示意图

(2)日光灯的工作原理

当日光灯电路接通电源后,因灯管尚未导通,故电源电压全部加在启辉器两端,发生辉光放电,使可动电极的双金属片因受热膨胀而与固定电极接触,于是电源、镇流器、灯丝和启辉器构成一个闭合回路,通过的电流使灯管的灯丝得到预热而发射电子。两电极接触后,辉光放电熄灭,随之双金属片冷缩与固定电极断开,断开的瞬间电流突然消失,于是镇流器两端产生一个比电源电压高很多的感应电动势,连同电源电压一起加在灯管的两端,使灯管内的惰性气体

电离而引起弧光放电,产生大量紫外线,灯管内壁的荧光粉吸收紫外线后,辐射出可见光,日光灯就开始正常工作。

在正常状态下,交变电流通过镇流器线圈,在线圈两端产生压降,镇流器承受着电源电压的大部分,灯管两端的电压则为其额定值。因此,整流器起着降压限流的作用。

日光灯电路的电路模型及相量图如图 3.7.7 所示。其中,镇流器视为 L、r 串联电路,灯管视为电阻 R。电流、电压关系式及功率分别为

$$\dot{U} = \dot{U}_R + \dot{U}_{Lr} = (R+r+j\omega L)\,\dot{I}_{Lr}$$
$$P = I^2(R+r) = UI\cos\varphi$$

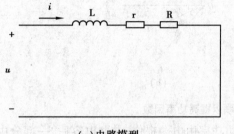

(a)电路模型 　　　　　　　　　　　　　　(b)相量图

图 3.7.7　日光灯电路的电路模型及相量图

【例 3.7.1】　30 W 的日光灯接于 220 V 工频电源电压上。已知灯管的管压降为 110 V。求:
(1)灯管的电阻 R 和镇流器(视为纯电感)的电感 L;
(2)电路的功率因数;
(3)若将电路的功率因数提高到 0.9 应并联多大的电容?

解　(1)由于日光灯消耗的功率即为电阻消耗的功率,则电路中的电流为

$$I = \frac{30}{110}\ \text{A} = 0.27\ \text{A}$$

灯管的电阻 R 为

$$R = \frac{110}{0.27}\ \Omega = 407\ \Omega$$

镇流器的电感 L 为

$$|Z| = \sqrt{R^2 + X_L^2} = \frac{220}{0.27}\ \Omega = 815\ \Omega,$$

$$X_L = 706\ \Omega, \quad L = 2.25\ \text{H}$$

(2)因 $P = UI\cos\varphi_1 = 220 \times 0.27 \times \cos\varphi_1 = 30$ W,故电路的功率因数为

$$\cos\varphi_1 = 0.5, \quad \varphi_1 = 60°$$

(3)因 $\varphi = \arccos 0.9 = 25.84°$,应并联的电容为

$$C = \frac{P}{\omega U^2}(\tan\varphi_1 - \tan\varphi)$$

$$= \frac{30}{314 \times 220^2}(\tan 60° - \tan 25.84°)\ \mu\text{F}$$

$$= 2.46\ \mu\text{F}$$

【思考与练习】

3.7.1　简述有功功率、无功功率、视在功率的物理意义及三者之间的关系。

3.7.2　感性负载提高功率因数可否用串联电容和并联电阻的方法提高功率因数?

3.7.3　日光灯电路主要由哪几部分组成? 各部分的作用是什么?

3.8　三相电路

3.8.1　三相对称电压

(1)三相电动势的产生

如图 3.8.1 所示为三相交流发电机的原理图。三相交流发电机由定子和转子组成,在发电机定子铁芯的凹槽内放置完全相同的 3 个绕组,分别为 U_1-U_2、V_1-V_2、W_1-W_2,称为 U 相、V 相、W 相。设始端为 U_1、V_1、W_1,末端为 U_2、V_2、W_2,在空间位置上始端(或末端)之间互差 $120°$。转子铁芯上绕有励磁绕组,通入直流电后会产生磁场,选择合适的磁极形状和励磁绕组,可使转子表面空气隙中的磁感应强度按正弦规律分布。当转子在原动机带动下,以角速度 ω 匀速按顺时针方向旋转时,定子绕组切割磁力线,就会在定子绕组中产生按正弦规律变化的感应电动势,而且磁极依次与 U_1、V_1、W_1 正面相对时,相应的 U_1-U_2、V_1-V_2、W_1-W_2 绕组中的正弦感应电动势达到最大值。三相电动势的参考方向选定为由绕组的末端指向始端,并分别用 e_U、e_V、e_W 表示。若以 e_U 电动势为参考正弦量,则三相感应电动势分别为

$$\left.\begin{aligned}
e_U &= E_m \sin \omega t \\
e_V &= E_m \sin(\omega t - 120°) \\
e_W &= E_m \sin(\omega t - 240°) = E_m \sin(\omega t + 120°)
\end{aligned}\right\} \tag{3.8.1}$$

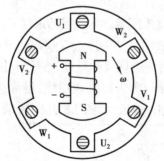

图 3.8.1　三相交流发电机的原理图

有效值相量为

$$\left.\begin{aligned}
\dot{E}_U &= E \angle 0° \\
\dot{E}_V &= E \angle -120° \\
\dot{E}_W &= E \angle 120°
\end{aligned}\right\} \tag{3.8.2}$$

式(3.8.1)中的一组幅值、频率相同,相位互差 $120°$ 的 3 个电动势,称为三相对称电动势。

它们达到正幅值的先后顺序,称为相序。显然,U、V、W 三相绕组在空间的位置确定后,相序与磁极的旋转方向有关。在图 3.8.1 中,如果磁极顺时针方向旋转,相序即为 $U_1 \rightarrow V_1 \rightarrow W_1$,这样的相序称为正序;若相序为 $U_1 \rightarrow W_1 \rightarrow V_1$(或 $W_1 \rightarrow V_1 \rightarrow U_1$),则称为负序。

三相对称电动势的波形图和相量图如图 3.8.2 所示。可知,三相对称电动势的瞬时值之和为零,相量之和也为零,即

$$\left.\begin{aligned} e_U + e_V + e_W = 0 \\ \dot{E}_U + \dot{E}_V + \dot{E}_W = 0 \end{aligned}\right\} \tag{3.8.3}$$

这是三相对称电源的一个重要性质,以后所说的三相电源均指三相对称电源。

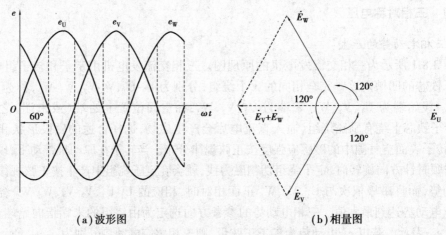

(a)波形图　　　　　　　　　　(b)相量图

图 3.8.2　三相对称电动势的波形图和相量图

(2)三相电源的连接

三相电源的绕组有两种连接方式:一种为星形(Y)连接;另一种为三角形(△)连接。下面介绍常用星形连接的三相电源。

星形连接的三相电源如图 3.8.3 所示。将绕组的末端 U_2、V_2、W_2 连接在一起作为公共点,称为电源的中性点或零点,用 N 表示。从中性点 N 引出的导线,称为中性线,俗称零线。通常将中性线与大地直接相连,这时中性线又称地线,在实际中其裸导线涂淡蓝色标志;从绕组的始端 U_1、V_1、W_1 分别引出的导线,称为相线或端线,俗称火线,在实际中裸导线分别涂黄、绿、红 3 种颜色标志,常用 L_1、L_2、L_3 表示,如图 3.8.3(b)所示。

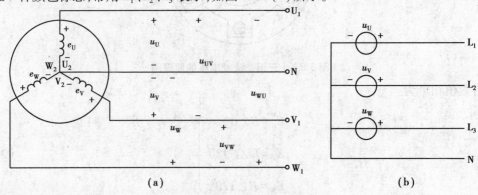

(a)　　　　　　　　　　(b)

图 3.8.3　星形连接的三相电源

在如图 3.8.3(a)所示的三相电源中,每相绕组始端与末端之间的电压,即电源相线与中性线之间的电压,称为相电压,有效值用 U_p 表示,有效值相量用 $\dot{U}_U$、$\dot{U}_V$、$\dot{U}_W$ 表示;任意两根相线之间的电压,称为线电压,有效值用 U_l 表示,有效值相量用 $\dot{U}_{UV}$、$\dot{U}_{VW}$、$\dot{U}_{WU}$ 表示。由于电源绕组的阻抗很小,其压降也很小,可忽略不计。因此,相电压与对应的电动势基本相等,3 个相电压也可视为一组对称电压,若以 u_U 相电压为参考,则有

$$\left.\begin{aligned} u_U &= U_m \sin \omega t \\ u_V &= U_m \sin(\omega t - 120°) \\ u_W &= U_m \sin(\omega t + 120°) \end{aligned}\right\} \tag{3.8.4}$$

相电压的有效值相量为

$$\left.\begin{aligned} \dot{U}_U &= U_p \angle 0° \\ \dot{U}_V &= U_p \angle -120° \\ \dot{U}_W &= U_p \angle 120° \end{aligned}\right\} \tag{3.8.5}$$

由图 3.8.3 列写基尔霍夫电压方程,可求出 3 个线电压分别为

$$\left.\begin{aligned} u_{UV} &= u_U - u_V \\ u_{VW} &= u_V - u_W \\ u_{WU} &= u_W - u_U \end{aligned}\right\} \tag{3.8.6}$$

线电压的有效值相量为

$$\left.\begin{aligned} \dot{U}_{UV} &= \dot{U}_U - \dot{U}_V \\ \dot{U}_{VW} &= \dot{U}_V - \dot{U}_W \\ \dot{U}_{WU} &= \dot{U}_W - \dot{U}_U \end{aligned}\right\} \tag{3.8.7}$$

依据式(3.8.5)和式(3.8.7),绘出相电压 $\dot{U}_U$、$\dot{U}_V$、$\dot{U}_W$ 和线电压 $\dot{U}_{UV}$、$\dot{U}_{VW}$、$\dot{U}_{WU}$ 的相量图,如图 3.8.4 所示。由相量图中的几何关系可知,3 个线电压也对称,而且线电压的有效值 U_l 与相电压有效值 U_p 之间的关系为

$$U_l = 2U_p \cos 30° = \sqrt{3}\, U_p \tag{3.8.8}$$

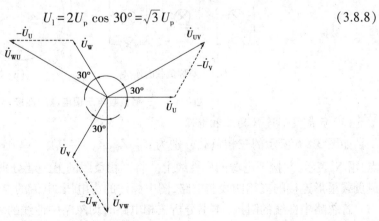

图 3.8.4　绕组星形连接时的相量图

在相位关系上,线电压超前于对应的相电压30°,即 $\dot{U}_{UV}$ 超前于 $\dot{U}_U$、$\dot{U}_{VW}$ 超前于 $\dot{U}_V$、$\dot{U}_{WU}$ 超前于 $\dot{U}_W$ 的相位角均为30°。

星形连接的三相电源,引出4根导线,构成了低压电网中普遍采用的三相四线制供电系统。三相四线制供电时,可给负载提供两种电压,即相电压220 V和线电压380 V。

3.8.2 三相电路的分析

三相交流电路简称三相电路。本节介绍三相四线制供电系统中负载星形连接和三角形连接的三相电路的分析与计算。

在实际应用中,常见的用电负载为单相负载和三相负载。单相负载用单相电源供电就能正常工作,若负载的额定电压为220 V,应接在相线和中性线之间;若负载的额定电压为380 V,应接在两根相线之间;若负载的额定电压不等于电源提供的两种电压,则要用变压器进行变压。需要三相电源供电才能正常工作的负载,称为三相负载。这类负载若各相阻抗相同(阻抗模和阻抗角均相等),即 $Z_U = Z_V = Z_W = Z = |Z| \angle \varphi$,称为三相对称负载。工业上广泛使用的三相负载多为对称负载,如三相交流电动机、三相电炉等。多个单相负载,对于三相电源而言可视为三相负载,这种三相负载一般是不对称的,如照明系统中的电灯,在连接时要尽可能按其功率大小平均分成3组形成三相负载分别接在三相电源上。三相负载有星形和三角形两种连接方式。采用哪种连接方式,应视负载的额定电压而定,额定电压为220 V的三相负载应接为星形,额定电压为380 V的三相负载应接为三角形。三相负载与三相电源的连接如图3.8.5所示。

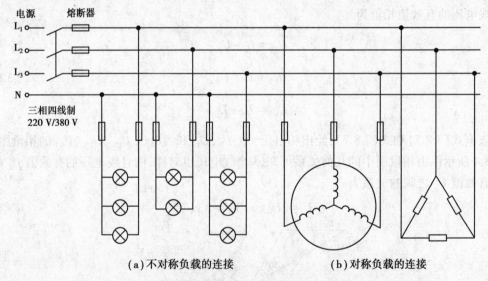

（a）不对称负载的连接　　　　　　（b）对称负载的连接

图 3.8.5　三相负载与三相电源的连接

（1）负载星形连接的三相电路

如图3.8.6所示的三相负载分别为 Z_U、Z_V、Z_W,将其中一端连接在一起,称为负载的中性点,用 N′ 表示,并接至电源的中性线上。将三相负载的另一端分别接至电源的3根相线上,形成负载星形连接的三相四线制电路,图中标注的为电压、电流的参考方向。

若忽略中性线的阻抗(本书分析三相电路时均忽略中性线的阻抗),电源的中性点 N 和负载的中性点 N′是等电位点。若忽略相线的阻抗,则每相负载的电压等于电源的相电压。以 $\dot{U}_U$ 相电源电压为参考,则 $\dot{U}_U = U_p \angle 0°$, $\dot{U}_V = U_p \angle -120°$, $\dot{U}_W = U_p \angle 120°$。每相负载的电流,称为相电流,其有效值用 I_p 表示;相线上的电流,称为线电流,其有效值用 I_l 表示。可知,负载星形连接的三相电路,线电流与相电流相等。各相电流(也是线电流)的相量为

$$\left.\begin{array}{l} \dot{I}_U = \dfrac{\dot{U}_U}{Z_U} = \dfrac{U_p \angle 0°}{|Z_U| \angle \varphi_U} = \dfrac{U_p}{|Z_U|} \angle -\varphi_U \\[3mm] \dot{I}_V = \dfrac{\dot{U}_V}{Z_V} = \dfrac{U_p \angle -120°}{|Z_V| \angle \varphi_V} = \dfrac{U_p}{|Z_V|} \angle (-\varphi_V -120°) \\[3mm] \dot{I}_W = \dfrac{\dot{U}_W}{Z_W} = \dfrac{U_p \angle 120°}{|Z_W| \angle \varphi_W} = \dfrac{U_p}{|Z_W|} \angle (-\varphi_W +120°) \end{array}\right\} \tag{3.8.9}$$

依据基尔霍夫电流定律,求得中性线的电流为

$$\dot{I}_N = \dot{I}_U + \dot{I}_V + \dot{I}_W \tag{3.8.10}$$

1) 对称电路

电源和负载都对称的电路,称为三相对称电路。在三相对称电路中,由于三相负载的相电压对称,各相负载对称。因此,各相电流也应是对称的。对称负载的电压、电流相量图如图 3.8.7所示。对称电路只需计算其中一相负载的电流,然后依据电路的对称性确定其他两相的电流。

$$\left.\begin{array}{l} \dot{I}_U = \dfrac{\dot{U}_U}{Z} = \dfrac{U_p \angle 0°}{|Z| \angle \varphi} = \dfrac{U_p}{|Z|} \angle -\varphi \\[3mm] \dot{I}_V = \dfrac{U_p}{|Z|} \angle (-\varphi -120°) \\[3mm] \dot{I}_W = \dfrac{U_p}{|Z|} \angle (-\varphi +120°) \end{array}\right\} \tag{3.8.11}$$

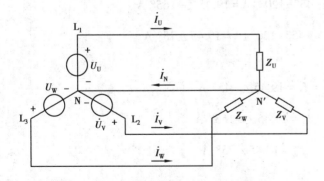

图 3.8.6 负载星形连接的三相四线制电路

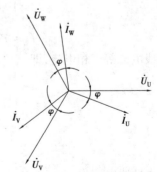

图 3.8.7 对称负载的相量图

中性线电流为

$$\dot{I}_N = \dot{I}_U + \dot{I}_V + \dot{I}_W = 0 \tag{3.8.12}$$

可知,在星形连接的三相对称电路中,中性线电流为零,这意味着即使断开中性线,对电路

也不会产生任何影响。因此,可省去中性线而成为三相三线制电路,如图 3.8.8 所示。三相三线制电路广泛应用在工业生产中。

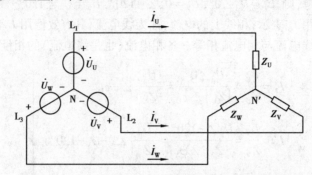

图 3.8.8　三相对称电路负载星形连接的三相三线制电路

【例 3.8.1】　在如图 3.8.6 所示的对称三相电路中,已知工频三相电源的线电压 $U_1 = 380$ V,每相负载的阻抗为 $Z = 8 + \text{j}8$,求相电流、线电流及中性线电流。

解　中性线存在时,各负载的电压等于电源的相电压。以 $\dot{U}_U$ 电压为参考,即

$$\dot{U}_U = \frac{380}{\sqrt{3}} \angle 0° \text{ V} = 220 \angle 0° \text{ V}$$

则 $\dot{U}_V = 220 \angle -120° \text{V}, \dot{U}_W = 220 \angle 120° \text{V}$。因负载对称,故只计算其中一相电流,其余两相电流依据对称性确定。

相电流 $\dot{I}_U$ 为

$$\dot{I}_U = \frac{\dot{U}_U}{Z} = \frac{220 \angle 0°}{8\sqrt{2} \angle 45°} \text{ A} = 19.45 \angle -45° \text{ A}$$

相电流 $\dot{I}_V$ 和 $\dot{I}_W$ 分别为

$$\dot{I}_V = 19.45 \angle (-45° - 120°) \text{ A} = 19.45 \angle -165° \text{ A}$$

$$\dot{I}_W = 19.45 \angle (-45° + 120°) \text{ A} = 19.45 \angle 75° \text{ A}$$

线电流等于相电流,即

$$\dot{I}_{L_1} = \dot{I}_U = 19.45 \angle -45° \text{ A}$$

$$\dot{I}_{L_2} = \dot{I}_V = 19.45 \angle -165° \text{ A}$$

$$\dot{I}_{L_3} = \dot{I}_W = 19.45 \angle 75° \text{ A}$$

中性线电流为

$$\dot{I}_N = \dot{I}_U + \dot{I}_V + \dot{I}_W = 0$$

2)不对称电路

三相电源通常是对称的,若负载不对称,所形成的电路为不对称三相电路,这种不对称电路中必须有中性线。中性线的作用是使星形连接的不对称三相负载的电压为电源对称的相电

压,保证各相负载能正常工作。若负载不对称而又没有中性线,各相负载的电压就不可能为电源对称的相电压,可能引起有的负载电压过高(高于负载的额定电压),有的负载电压过低(低于负载的额定电压),使电路不能正常工作。为了保证中性线不断开,中性线上不允许接入熔断器或开关。

【例 3.8.2】　如图 3.8.9 所示,3 组白炽灯作星形连接,接至三相四线制电源上。已知 A 组为 20 盏,B 组和 C 组各为 10 盏。每盏灯的额定电压为 220 V,额定功率为 60 W,电源的线电压为 380 V。试求:

(1)开关 S 闭合时每相负载的相电压、相电流以及中性线电流;

(2)开关 S 断开,并且 L_3 断开时会出现什么现象?

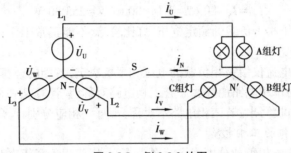

图 3.8.9　例 3.8.2 的图

解　(1)开关 S 闭合时,各负载的相电压等于电源对称的相电压,以 $\dot{U}_U$ 电压为参考,即

$$\dot{U}_U = \frac{380}{\sqrt{3}} \angle 0° \text{ V} = 220 \angle 0° \text{ V}$$

则 $\dot{U}_V = 220 \angle -120° \text{ V}, \dot{U}_W = 220 \angle 120° \text{ V}$。因负载不对称,故相电流应分别计算。

每盏灯的电阻为

$$R = \frac{220^2}{60} \text{ }\Omega = 806.67 \text{ }\Omega$$

每相负载的阻抗为

$$Z_U = \frac{806.67}{20} \text{ }\Omega = 40.33 \text{ }\Omega$$

$$Z_V = Z_W = \frac{806.67}{10} \text{ }\Omega = 80.67 \text{ }\Omega$$

各相电流为

$$\dot{I}_U = \frac{\dot{U}_U}{Z_U} = \frac{220 \angle 0°}{40.33} \text{ A} = 5.45 \angle 0° \text{ A}$$

$$\dot{I}_V = \frac{\dot{U}_V}{Z_V} = \frac{220 \angle -120°}{80.67} \text{ A} = 2.73 \angle -120° \text{ A}$$

$$\dot{I}_W = \frac{\dot{U}_W}{Z_W} = \frac{220 \angle 120°}{80.67} \text{ A} = 2.73 \angle 120° \text{ A}$$

中性线电流为

$$\dot{I}_N = \dot{I}_U + \dot{I}_V + \dot{I}_W$$
$$= 5.45\angle 0° \text{ A} + 2.73\angle -120° \text{ A} + 2.73\angle 120° \text{ A}$$
$$= 5.45 \text{ A} + 2.73(-0.5 - \text{j}0.866)\text{A} + 2.73(-0.5 \text{ A} + \text{j}0.866)\text{A}$$
$$= 2.72 \text{ A}$$

（2）开关 S 断开，并且 L_3 断开时，A 组负载和 B 组负载串联后接在电源的线电压上，电路的电流、电压有效值为

$$I_U = I_V = \frac{380}{40.33+80.67} \text{ A} = \frac{380}{121} \text{ A} = 3.14 \text{ A}$$
$$U_U = I_U \times 40.33 = 3.14 \times 40.33 \text{ V} = 126.64 \text{ V}$$
$$U_V = I_V \times 80.67 = 3.14 \times 80.67 \text{ V} = 253.30 \text{ V}$$

这时，A 组灯的电压小于负载的额定电压，灯比较暗，不能正常工作；B 组灯的电压大于负载的额定电压，灯会被烧坏。

可知，各相负载的电流仅由该相负载的电压和阻抗决定，各相的计算具有独立性，因此，三相电路的计算可归结为单相电路的计算。若三相电路对称，只计算某一相负载的电流，其他两相电流可依据对称性直接写出；若三相电路不对称，则每一相应分别计算。

（2）负载三角形连接的三相电路

如图 3.8.10 所示的三相负载分别为 Z_{UV}、Z_{VW}、Z_{WU}，将三相负载依次互相连接构成三角形，再将其中的 3 个顶点分别接至电源的 3 根相线上，就形成了负载三角形（△）连接的三相三线制电路，图中标注的为电压和电流的参考方向。若忽略相线的阻抗，负载的相电压等于电源的线电压，无论负载对称与否，其相电压总是对称的。

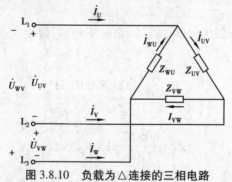

图 3.8.10　负载为△连接的三相电路

以电源线电压 $\dot{U}_{UV}$ 为参考，即 $\dot{U}_{UV} = U_l\angle 0°$，则 $\dot{U}_{VW} = U_l\angle -120°$，$\dot{U}_{WU} = U_l\angle 120°$。则相电流 $\dot{I}_{UV}$、$\dot{I}_{VW}$、$\dot{I}_{WU}$ 分别为

$$\left.\begin{array}{l}\dot{I}_{UV} = \dfrac{\dot{U}_{UV}}{Z_{UV}} = \dfrac{U_l\angle 0°}{|Z_{UV}|\angle\varphi_{UV}} = \dfrac{U_l}{|Z_{UV}|}\angle -\varphi_{UV} \\[4mm] \dot{I}_{VW} = \dfrac{\dot{U}_{VW}}{Z_{VW}} = \dfrac{U_l\angle -120°}{|Z_{VW}|\angle\varphi_{VW}} = \dfrac{U_l}{|Z_{VW}|}\angle(-\varphi_{VW}-120°) \\[4mm] \dot{I}_{WU} = \dfrac{\dot{U}_{WU}}{Z_{WU}} = \dfrac{U_l\angle 120°}{|Z_{WU}|\angle\varphi_{WU}} = \dfrac{U_l}{|Z_{WU}|}\angle(-\varphi_{WU}+120°)\end{array}\right\} \qquad (3.8.13)$$

线电流 $\dot{I}_{\mathrm{U}}$、$\dot{I}_{\mathrm{V}}$、$\dot{I}_{\mathrm{W}}$ 为

$$\left.\begin{array}{l} \dot{I}_{\mathrm{U}} = \dot{I}_{\mathrm{UV}} - \dot{I}_{\mathrm{WU}} \\[2mm] \dot{I}_{\mathrm{V}} = \dot{I}_{\mathrm{VW}} - \dot{I}_{\mathrm{UV}} \\[2mm] \dot{I}_{\mathrm{W}} = \dot{I}_{\mathrm{WU}} - \dot{I}_{\mathrm{VW}} \end{array}\right\} \tag{3.8.14}$$

1) 对称电路

当三相负载对称时, 即 $Z_{\mathrm{UV}} = Z_{\mathrm{VW}} = Z_{\mathrm{WU}} = Z$ 时, 各相电流为

$$\left.\begin{array}{l} \dot{I}_{\mathrm{UV}} = \dfrac{\dot{U}_{\mathrm{UV}}}{Z} \\[4mm] \dot{I}_{\mathrm{VW}} = \dfrac{\dot{U}_{\mathrm{VW}}}{Z} \\[4mm] \dot{I}_{\mathrm{WU}} = \dfrac{\dot{U}_{\mathrm{WU}}}{Z} \end{array}\right\} \tag{3.8.15}$$

因 $\dot{U}_{\mathrm{UV}}$、$\dot{U}_{\mathrm{VW}}$、$\dot{U}_{\mathrm{WU}}$ 为三相对称电压, 故电流 $\dot{I}_{\mathrm{UV}}$、$\dot{I}_{\mathrm{VW}}$、$\dot{I}_{\mathrm{WU}}$ 必定是三相对称电流, 其有效值均为 I_{p}, 设 $\dot{I}_{\mathrm{UV}} = I_{\mathrm{p}} \angle 0°$, 则

$$\dot{I}_{\mathrm{VW}} = I_{\mathrm{p}} \angle -120°$$

$$\dot{I}_{\mathrm{WU}} = I_{\mathrm{p}} \angle 120°$$

各线电流分别为

$$\dot{I}_{\mathrm{U}} = \dot{I}_{\mathrm{UV}} - \dot{I}_{\mathrm{WU}} = I_{\mathrm{p}} \angle 0° - I_{\mathrm{p}} \angle 120° = \sqrt{3} I_{\mathrm{p}} \angle -30°$$

$$\dot{I}_{\mathrm{V}} = \dot{I}_{\mathrm{VW}} - \dot{I}_{\mathrm{UV}} = I_{\mathrm{p}} \angle -120° - I_{\mathrm{p}} \angle 0° = \sqrt{3} I_{\mathrm{p}} \angle -150°$$

$$\dot{I}_{\mathrm{W}} = \dot{I}_{\mathrm{WU}} - \dot{I}_{\mathrm{VW}} = I_{\mathrm{p}} \angle 120° - I_{\mathrm{p}} \angle -120° = \sqrt{3} I_{\mathrm{p}} \angle 90°$$

线电流也可写为

$$\left.\begin{array}{l} \dot{I}_{\mathrm{U}} = \sqrt{3}\, \dot{I}_{\mathrm{UV}} \angle -30° \\[2mm] \dot{I}_{\mathrm{V}} = \sqrt{3}\, \dot{I}_{\mathrm{VW}} \angle -30° \\[2mm] \dot{I}_{\mathrm{W}} = \sqrt{3}\, \dot{I}_{\mathrm{WU}} \angle -30° \end{array}\right\} \tag{3.8.16}$$

可知, 三相对称电路负载三角形连接时, 相电流对称, 线电流也对称, 线电流是相电流的 $\sqrt{3}$ 倍, 即 $I_l = \sqrt{3} I_{\mathrm{p}}$; 各线电流滞后于对应的相电流 $30°$。相量图如图 3.8.11 所示。

2) 不对称电路

三相不对称负载作三角形连接时, 负载的相电压对称, 但相电流不对称, 线电流也不对称。计算时, 应每相分别计算, 即相电流依据式 (3.8.13) 计算, 线电流依据式 (3.8.14) 计算。

应当注意, 无论负载对称与否, 总有

$$\dot{I}_{\mathrm{U}} + \dot{I}_{\mathrm{V}} + \dot{I}_{\mathrm{W}} = 0 \tag{3.8.17}$$

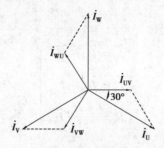

图 3.8.11　对称负载三角形连接时的相量图

【例 3.8.3】　在如图 3.8.11 所示的电路中,设三相对称电源的线电压为 380 V,负载三角形连接,每相阻抗 $Z = (10+\text{j}10)\,\Omega$,试求相电流及线电流。

解　设 $\dot{U}_{\text{UV}} = 380\angle 0°\,\text{V}$,则

$$\dot{I}_{\text{UV}} = \frac{\dot{U}_{\text{UV}}}{Z} = \frac{380\angle 0°}{10+\text{j}10}\,\text{A} = 26.87\angle -45°\,\text{A}$$

依据对称性,可得其余两相负载的电流为

$$\dot{I}_{\text{VW}} = \dot{I}_{\text{UV}}\angle -120° = 26.87\angle -165°\,\text{A}$$

$$\dot{I}_{\text{WU}} = \dot{I}_{\text{UV}}\angle 120° = 26.87\angle 75°\,\text{A}$$

各线电流为

$$\dot{I}_{\text{U}} = \sqrt{3}\,\dot{I}_{\text{UV}}\angle -30° = \sqrt{3}\times 26.87\angle(-30°-45°)\,\text{A} = 46.54\angle -75°\,\text{A}$$

$$\dot{I}_{\text{V}} = \dot{I}_{\text{U}}\angle -120° = 46.54\angle -195°\,\text{A} = 46.54\angle 165°\,\text{A}$$

$$\dot{I}_{\text{W}} = \dot{I}_{\text{U}}\angle 120° = 46.54\angle 45°\,\text{A}$$

3.8.3　三相功率

(1)三相功率的计算

三相负载无论是否对称,无论采用星形连接还是三角形连接,三相有功功率都等于各相有功功率之和。若三相负载的相电压的有效值为 U_{U}、U_{V}、U_{W},相电流的有效值为 I_{U}、I_{V}、I_{W},每相负载电压与电流的相位差为 φ_{U}、φ_{V}、φ_{W},则

$$\begin{aligned}P &= P_{\text{U}}+P_{\text{V}}+P_{\text{W}}\\ &= U_{\text{U}}I_{\text{U}}\cos\varphi_{\text{U}}+U_{\text{V}}I_{\text{V}}\cos\varphi_{\text{V}}+U_{\text{W}}I_{\text{W}}\cos\varphi_{\text{W}}\end{aligned} \tag{3.8.18}$$

当三相负载对称时,各相负载吸收的有功功率相等。因每相负载吸收的有功功率为 $U_{\text{p}}I_{\text{p}}\cos\varphi$,故三相有功功率为

$$P = 3U_{\text{p}}I_{\text{p}}\cos\varphi \tag{3.8.19}$$

式中,U_{p} 为负载的相电压,I_{p} 为相电流,φ 为负载相电压与相电流之间的相位差,也是阻抗角。

考虑负载的线电压和线电流在实际操作中更易于测量,可利用对称负载中线电压与相电压、线电流与相电流的关系,将式(3.8.19)改写为线电压和线电流的表示形式,即

$$P = \sqrt{3}\,U_{\text{l}}I_{\text{l}}\cos\varphi \tag{3.8.20}$$

式中,φ 仍是负载相电压与相电流之间的相位差或阻抗角。

同理,三相对称电路的无功功率和视在功率分别为

$$Q = 3U_pI_p\sin\varphi = \sqrt{3}\,U_1I_1\sin\varphi \qquad (3.8.21)$$

$$S = 3U_pI_p = \sqrt{3}\,U_1I_1 \qquad (3.8.22)$$

在三相交流电路中,无论负载是星形连接还是三角形连接,三相负载的有功功率、无功功率、视在功率的关系都满足

$$S = \sqrt{P^2 + Q^2} \qquad (3.8.23)$$

【例 3.8.4】 已知三相对称负载的每相阻抗 $Z = (60+j80)\,\Omega$,将其接入线电压为 380 V 的三相电源上,试计算负载星形连接时的有功功率、无功功率和视在功率。

解 每相负载的阻抗为

$$Z = (60+j80)\,\Omega = 100\angle 53°\,\Omega$$

负载星形连接时,每相负载的电压为

$$U_p = \frac{U_1}{\sqrt{3}} = 220\ \text{V}$$

相电流和线电流为

$$I_1 = I_p = \frac{U_p}{|Z|} = \frac{220}{100}\ \text{A} = 2.2\ \text{A}$$

三相有功功率为

$$P = \sqrt{3}\,U_1I_1\cos\varphi = \sqrt{3}\times380\times2.2\times\cos 53°\ \text{W} = 871.40\ \text{W}$$

三相无功功率为

$$Q = \sqrt{3}\,U_1I_1\sin\varphi = \sqrt{3}\times380\times2.2\times\sin 53°\ \text{var} = 1\ 156.39\ \text{var}$$

三相视在功率为

$$S = 3U_1I_1 = 3\times380\times2.2\ \text{V}\cdot\text{A} = 1\ 448\ \text{V}\cdot\text{A}$$

(2)三相功率的测量

三相有功功率常用的测量方法有两种,即二表法和三表法。

1)二表法

二表法是用两只单相功率表测量三相三线制电路功率的常用方法。无论电路对称与否,都可用二表法进行测量。其接线方式如图 3.8.12 所示。两只功率表的电流线圈分别串入任意两根相线中(如 L_1、L_2 线),电压线圈的"＊"端与对应电流线圈的"＊"端接在一起,电压线圈的非"＊"端都接到第三根相线上(如 L_3 线)。若两只表的读数分别为 P_1 和 P_2,则三相有功功率为

$$P = P_1 + P_2 \qquad (3.8.24)$$

2)三表法

负载星形连接的三相四线制电路多数是不对称的,因此,需要用 3 只单相功率表测量功率,将 3 只功率表的读数相加便得到三相有功功率,这种测量方法称为三表法。其接线方式如图 3.8.13 所示。3 只功率表的电流线圈分别串入 3 根相线中,电压线圈的"＊"端与对应电流线圈的"＊"接在一起,电压线圈的非"＊"端都接到中性线上。若 3 只表的读数分别为 P_1、P_2、P_3,则三相有功功率为

$$P = P_1 + P_2 + P_3 \qquad (3.8.25)$$

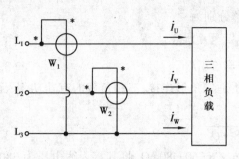

图 3.8.12　二表法的接线方式

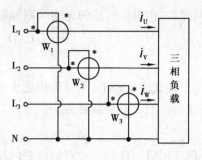

图 3.8.13　三表法的接线方式

【思考与练习】

3.8.1　若三相电源的线电压 $u_{UV} = 380\sqrt{2}\sin(\omega t - 15°)$ V，试写出相电压 u_V 的解析式。

3.8.2　为什么电灯开关一定要接在相线上？

本章小结

1.正弦量的特征表现在大小、变化快慢和计时起点 3 个方面，分别用正弦量的三要素最大值、角频率和初相位来确定。

2.正弦量有波形图、瞬时值解析式和相量 3 种表示方法。其中，相量表示法就是用复数表示正弦量。用复数表示正弦量后，正弦量之间的运算就可转化为复数的运算。

3.元件 R、L、C 的 VCR 及功率是分析正弦交流电路的基础，见下表。

元件参数	R	L	C
瞬时值关系	$u_R = Ri$	$u_L = L\dfrac{di}{dt}$	$u_C = \dfrac{1}{C}\displaystyle\int_0^t i\,dt$
有效值关系	$U_R = RI$	$U_L = X_L I$	$U_C = X_C I$
相量关系	$\dot{U}_R = R\dot{I}$	$\dot{U}_L = jX_L\dot{I}$	$\dot{U}_C = -jX_C\dot{I}$
电阻或电抗	R	$X_L = \omega L$	$X_C = \dfrac{1}{\omega C}$
相位关系	u_R 与 i 同相	u_L 超前 i 90°	u_C 滞后 i 90°
相量图			
有功功率	$P_R = U_R I = I^2 R$	$P_L = 0$	$P_C = 0$
无功功率	$Q_R = 0$	$Q_L = U_L I = I^2 X_L$	$Q_C = U_C I = I^2 X_C$

4.分析计算正弦交流电路常常采用相量法，即首先将电路模型转换为相量模型，然后用直流电路的分析方法进行分析计算。

5.同时含有 L 和 C 的交流电路中,如果端口电压和电流同相,电路呈现电阻性,称为电路处于谐振状态。

6.正弦交流电路中的有功功率 P 是电路实际消耗的功率,为电路中电阻消耗的功率;无功功率 Q 是电路占有的功率,为电路中电感和电容无功功率的代数和;视在功率是用电设备的容量。即 $P = UI\cos\varphi, Q = UI\sin\varphi, S = UI, S = \sqrt{P^2 + Q^2}$。

7.三相对称电压的幅值相等,频率相同,相位彼此相差120°。电源连接成星形以三相四线制供电时提供两种电源电压,即线电压 U_l 和相电压 U_p,两者之间的关系为 $U_l = \sqrt{3}\,U_p$。

负载星形连接的三相电路,每相负载的电压等于电源相电压,相电流等于线电流。负载三角形连接的三相电路,每相负载的电压等于电源的线电压。若三相电路对称,负载的相电流等于线电流的 $1/\sqrt{3}$。

习　题

1.已知 $u_1 = 220\sqrt{2}\,\sin(\omega t + 60°)\,\mathrm{V}, u_2 = 220\sqrt{2}\,\sin(\omega t + 30°)\,\mathrm{V}$。

(1)试写出 u_1 和 u_2 的相量式、作出相量图;

(2)求 $u = u_1 + u_2$。

2.有一电容元件,其上的电压 $u = 20\sqrt{2}\,\sin(314t - \pi/3)\,\mathrm{V}, X_C = 10\,\Omega$,求电容中电流的有效值 I 和瞬时值解析式 i,并画出电压和电流的相量图。

3.在关联参考方向下,已知电感元件两端的电压 $u_L = 100\,\sin(100t + 30°)\,\mathrm{V}$,通过的电流 $i_L = 10\,\sin(100t + \psi_i)\,\mathrm{A}$,试求电感的参数 L 及电流的初相 ψ_i。

4.在 RLC 串联电路中,已知 $R = 60\,\Omega, L = 508\,\mathrm{mH}, C = 40\,\mu\mathrm{F}$,电源电压 $u = 200\,\sin(314t + 30°)\,\mathrm{V}$。

(1)求此电路的阻抗 Z,并说明电路的性质。

(2)求电流 $\dot{I}$ 和电压 $\dot{U}_R、\dot{U}_L、\dot{U}_C$。

5.某感性设备(视为 R、L 串联),接在 100 V 的直流电源上测得电流值为 10 A;接在有效值为 220 V 的工频电源上,测量其电流值为 20 A,求 R 和 L。

6.在如图 3.1 所示的电路中,$I = 10\,\mathrm{A}$,电流表 A_1、A_2 的读数均为 6 A,问电流表 A_3、A_4 的读数各为多少?

7.在如图 3.2 所示的电路中,已知 V、V_1、V_2 各电压表的读数分别为 120 V、150 V、70 V,$\omega = 314\,\mathrm{rad/s}, X_C = 70\,\Omega$,试求电阻 R 和电感 L。

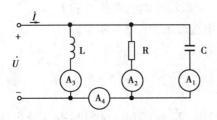

图 3.1　习题 6 的图

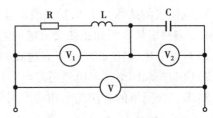

图 3.2　习题 7 的图

8.在如图 3.3 所示的电路中,已知 $Z_1 = (3-j4)\,\Omega$, $Z_2 = (2+j2)\,\Omega$, $Z_3 = (4+j3)\,\Omega$, $\dot{U} = 20$ V。试求各支路电流 $\dot{I}_1$、$\dot{I}_2$、$\dot{I}_3$。

9.在如图 3.4 所示的电路中,已知 $u_S = 5\sqrt{2}\,\sin 3t$ V,试求 i 和 i_C。

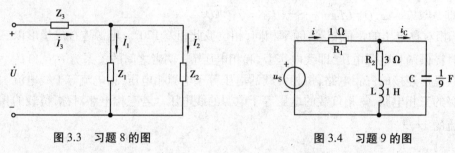

图 3.3 习题 8 的图   图 3.4 习题 9 的图

10.在如图 3.5 所示的正弦交流电路中,已知 $\dot{U}_S = 220\angle 30°$ V, $\dot{I}_S = 10\angle 0°$ A, $Z_1 = 3+j4$ Ω, $Z_2 = 8+j8$ Ω,用叠加定理求电流 $\dot{I}$。

11.有一 RLC 串联电路,接于有效值为 2.5 V 的某正弦交流电源上。若 $R = 20$ Ω, $L = 250$ μH, $C = 346$ pF。求:

(1)电路的谐振频率 f_0;

(2)电路的品质因数 Q;

(3)特性阻抗 ρ 和谐振电流 I_0;

(4)谐振时各元件上电压的有效值。

12.选频电路的谐振曲线如图 3.7 所示。若电路是由 R、L、C 三个元件组成的串联谐振电路。试求谐振角频率 ω_0、电路的通频带 BW 及品质因数 Q。

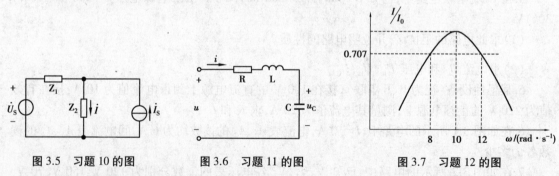

图 3.5 习题 10 的图   图 3.6 习题 11 的图   图 3.7 习题 12 的图

13.在如图 3.8 所示的电路中,线圈接在频率为 50 Hz 的正弦电源上。已知电压表的读数为 50 V,电流表的读数为 1 A,功率表的读数为 30 W,试求该线圈的参数 R 和 L。

14.二端网络接在工频正弦交流电源上,其电压、电流波形如图 3.9 所示。

(1)写出电压、电流的瞬时值表达式和有效值相量式;

(2)说明二端网络为电感性还是电容性;

(3)求二端网络的有功功率和功率因数。

15.某感性负载,其阻抗 $Z = 10+j10$ Ω,接于 $u = 220\sqrt{2}\,\sin(314t+60°)$ V 的交流电压上。试求:

(1)负载电流的有效值;

(2)电路的功率因数 $\cos\varphi$;

(3)若将电路的功率因数提高到 0.9,需要并联多大的电容;

(4)并联电容后负载电流和线路电流的有效值。

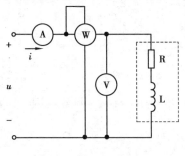 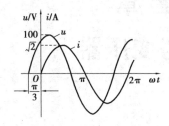

图 3.8 习题 13 的图 图 3.9 习题 14 的图

16.如图 3.10 所示的电路,每相的电阻 $R = 8\ \Omega$,感抗 $X_L = 6\ \Omega$。如果将负载连成星形接于线电压 $U_1 = 380\ \text{V}$ 的三相电源上,试求开关 S 闭合、打开时的相电流及线电流。

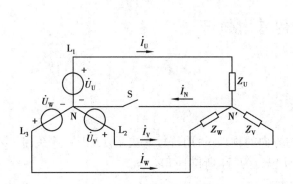 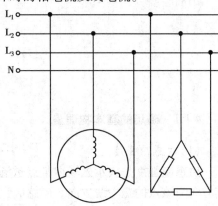

图 3.10 习题 16 的图 图 3.11 习题 18 的图

17.如果将习题 16 中的负载连成三角形接于线电压 $U_1 = 220\ \text{V}$ 的三相电源上,试求负载的相电流及线电流,并将所得结果与习题 16 的结果加以比较。

18.在如图 3.11 所示的电路中,线电压的有效值为 380 V。感性负载接成星形,其阻抗 $Z = (3+\text{j}4)\ \Omega$;电阻性负载接成三角形,其阻值 $R = 10\ \Omega$。求线电流的有效值。

19.对称三相感性负载作三角形连接,接到线电压为 380 V 的三相电源上,三相有功功率为 4.5 kW,功率因数为 0.8,求每相的阻抗。

20.对称三相负载,每相负载阻抗为 $Z = 3+\text{j}4\ \Omega$,接到线电压为 380 V 的三相电源上,分别计算三相负载接为星形及三角形时的相电流、线电流及三相有功功率。

第 4 章
磁路与变压器

提要:变压器是以磁场为媒介实现能量的传输与转换。其工作时不仅有电路的问题,还有磁路的问题。本章首先介绍了磁路的基本知识,然后重点讨论了变压器的结构、工作原理以及使用中的问题。

4.1 磁路的基本知识

4.1.1 磁场的基本物理量

(1)*磁感应强度*

磁感应强度是表示磁场内某点磁场强弱与方向的物理量,用符号 B 表示。B 是一个矢量,其方向为该点的磁力线方向。磁感应强度的 SI 单位为特[斯拉](T)。

(2)*磁通量*

磁感应强度 B 与垂直于磁场方向的面积 S 的乘积,称为磁通量。磁通量简称磁通,用符号 Φ 表示。磁通的 SI 单位是韦[伯](Wb)。Φ 与 B 的关系为

$$\Phi = BS \tag{4.1.1}$$

(3)*磁场强度*

磁场强度是矢量,用符号 H 表示。其大小只与产生磁场的电流有关,与磁介质无关,其方向与该点的磁感应强度方向一致。磁场强度的 SI 单位为安/米(A/m)。

(4)*磁导率*

磁导率是表示物质导磁能力的物理量,用符号 μ 表示。B、H 及 μ 的关系为

$$B = \mu H \tag{4.1.2}$$

磁导率的 SI 单位为亨/米(H/m)。真空的磁导率 $\mu_0 = 4\pi \times 10^{-7}\text{H/m}$。$\mu \approx \mu_0$ 的物质,称为非磁性材料;$\mu \gg \mu_0$ 的物质,称为磁性材料。

4.1.2 磁性材料的磁性能

磁性材料是制造变压器、电动机等电气设备的主要材料。下面介绍磁性材料的磁性能。

（1）高导磁性

磁性物质内部有很多小磁畴,在外磁场的作用下,小磁畴就会顺着外磁场的方向作规则排列,形成一个很强的与外磁场同方向的磁化磁场,使磁性物质内的磁感应强度大大增强,这种现象称为磁性物质被磁化。由于磁化使磁性材料具有高导磁性能,其磁导率 μ 很大,因此,可用较小的励磁电流产生足够大的磁感应强度和磁通。优质的磁性物质可使相同容量的变压器或电动机的质量和体积大大减小。

（2）磁饱和性

当外磁场增强到一定值时,磁性材料全部磁畴的磁场方向与外磁场方向一致,磁化磁场的磁感应强度达到饱和值,这种现象称为磁饱和性。磁饱和性可用它的 B-H 曲线(或称磁化曲线)描述。如图 4.1.1 所示,当 H 较小时,B 增长很快,如曲线的 Oa 段,随后 B 的增长逐渐缓慢,过了 b 点后,B 的数值几乎不再增长,达到了饱和状态。

（3）磁滞性

在交变电流励磁时,磁性物质中磁感应强度 B 的变化总是滞后于磁场强度 H 的变化的特性,称为磁滞性。磁滞性可用如图 4.1.2 所示的磁滞回线来描述。当 H 由 H_m 开始减小时,B 也随之减小,但当 $H=0$ 时,B 不能回到 0 值,而是等于 B_r,B_r 称为剩磁。要去掉剩磁,应施加一反向磁场。$B=0$ 时的磁场强度的值 H_C,称为矫顽力。

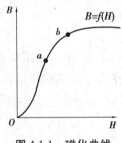

图 4.1.1　磁化曲线

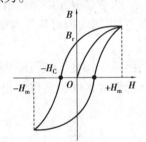

图 4.1.2　磁性物质的磁滞回线

磁滞性是由分子热运动而产生的。在交变磁化过程中,磁畴在外磁场作用下不断转向,但它的分子热运动又阻止其转向。因此,磁畴的转向总是跟不上外加磁场的变化,从而产生了磁滞。依据磁滞回线形状可将铁磁性材料分为以下 3 种类型:

1）软磁材料

软磁材料的磁滞回线较窄,剩磁及矫顽力都较小,磁导率高,容易被磁化,但去掉外磁场后,磁性大部分消失。它一般用于制造变压器、交流电机的铁芯等。常用的有铸铁、硅钢及铁氧体等。

2）硬磁材料

硬磁材料的磁滞回线较宽,剩磁及矫顽力较大,磁化后磁性不易消失,将保留很强的剩磁。它一般用于制造永久磁铁、磁电式仪表等。常用的有碳钢和钴钢等。

3）矩磁材料

矩磁材料的磁滞回线近似为矩形,矫顽力小,剩磁大。它在计算机和控制系统中用作记忆元件、开关元件和逻辑元件。常用的有镁锰铁氧体和锂锰铁氧体等。

4.1.3　磁路欧姆定律

磁路是磁通集中通过的路径。磁路可以是闭合的,也可以有气隙。磁路中,磁场强度与电

流的关系为

$$\oint H \mathrm{d}l = \sum I \qquad (4.1.3)$$

式(4.1.4)称为安培环路定律。其中，$\oint H \mathrm{d}l$ 为磁场强度沿任意闭合回线的线积分，$\sum I$ 是穿过该闭合回线所围面积的电流的代数和。设如图 4.1.3 所示均匀磁路的长度为 l，横截面积为 S，线圈匝数为 N，则

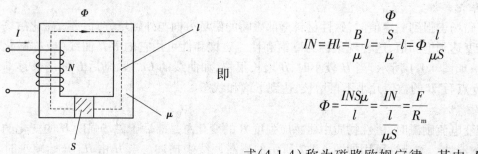

$$IN = Hl = \frac{B}{\mu}l = \frac{\frac{\Phi}{S}}{\mu}l = \Phi \frac{l}{\mu S}$$

即

$$\Phi = \frac{INS\mu}{l} = \frac{IN}{\dfrac{l}{\mu S}} = \frac{F}{R_\mathrm{m}} \qquad (4.1.4)$$

图 4.1.3　磁路

式(4.1.4)称为磁路欧姆定律。其中，F 为磁动势，由此产生磁通；R_m 为磁阻，体现磁路对磁通的阻碍作用。由于磁性物质的磁导率 μ 随激励电流而变化，其磁阻 R_m 是一个变量。因此，不能直接用磁路欧姆定律作定量计算，但可用于对磁路进行定性分析。

【思考与练习】

4.1.1　试说明磁感应强度、磁通、磁场强度及磁导率的定义、单位及相互关系。

4.1.2　为什么优质的磁性物质可使相同容量的变压器或电动机的质量和体积大大减小？

4.2　交流铁芯线圈

在实际中，为了得到较强的磁场，常采用具有高导磁性能的磁性材料制成闭合形状的铁芯，将线圈绕在铁芯上就制成了铁芯线圈。铁芯线圈有两种：直流铁芯线圈和交流铁芯线圈。直流铁芯线圈用直流电励磁，产生的磁通是均匀的；交流铁芯线圈用交流电励磁，产生的磁通是交变的。变压器、交流电机等设备主要由交流铁芯线圈组成。

4.2.1　电压电流关系

如图 4.2.1 所示为交流铁芯线圈电路。在线圈两端加正弦电压 u，会产生交变的电流 i、交变的磁动势 iN 及交变的磁通。绝大部分磁通经铁芯而闭合，称为主磁通，用 Φ 表示。其余很小的一部分通过空气而闭合，称为漏磁通，用 Φ_σ 表示。两种交变的磁通产生的感应电动势分别为 e 和 e_σ，图中标注的为感应电动势的参考方向，感应电动势与主磁通的参考方向符合右手螺旋定则。若线圈的电阻为 R，依据基尔霍夫电压定律可得

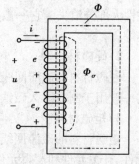

图 4.2.1　交流铁芯线圈

$$u - iR + e + e_\sigma = 0 \qquad (4.2.1)$$

由于线圈的电阻很小，漏磁通很少，因此，iR 和 e_σ 可忽略，式(4.2.1)可写为

$$u = -e \tag{4.2.2}$$

设 $\Phi = \Phi_m \sin \omega t$，依据法拉第电磁感应定律得

$$e = -N \frac{d\Phi}{dt} = -N \frac{d(\Phi_m \sin \omega t)}{dt} = -\omega N \Phi_m \cos \omega t$$

$$= 2\pi f N \Phi_m \sin(\omega t - 90°)$$

$$= E_m \sin(\omega t - 90°)$$

即电动势的有效值为

$$E = \frac{E_m}{\sqrt{2}} = \frac{2\pi f N \Phi_m}{\sqrt{2}} = 4.44 f N \Phi_m \tag{4.2.3}$$

由式(4.2.2)可知，$u = -e$，则外加电压的有效值为

$$U \approx E = 4.44 f N \Phi_m \tag{4.2.4}$$

式(4.2.4)是交流铁芯线圈电路的基本电磁关系。由该式可得出结论，当外加电压 U 和频率 f 一定时，Φ_m 基本不变，这一特性称为恒磁通特性。

4.2.2　功率损耗

在交流铁芯线圈电路中有两种损耗：一种是线圈电阻上的功率损耗，称为铜损，用 ΔP_{Cu} 表示；另一种是铁芯中的功率损耗，称为铁损，用 ΔP_{Fe} 表示。铁损包括以下两个部分：

(1)磁滞损耗

磁滞损耗是由交变磁化使磁性材料内的磁畴反复转向，磁畴间相互摩擦使铁芯发热而产生的损耗，用 ΔP_h 表示。铁芯单位体积内产生的磁滞损耗与磁滞回线所包围的面积成正比，因此，选用磁滞回线狭小的软磁材料制作铁芯，可减小磁滞损耗。

(2)涡流损耗

交变磁通 Φ 穿过铁芯，使铁芯内部产生感应电动势，并形成旋涡形的电流，称为涡流，如图4.2.2(a)所示。由涡流引起的电能损耗，称为涡流损耗，用 ΔP_e 表示。减小涡流损耗常用的方法有两种：一是在铁芯材料中掺入硅成为硅钢，使其电阻率提高；二是把铁芯沿磁场方向剖分为许多薄片，相互绝缘后再叠装成铁芯，如图4.2.2(b)所示。当然，涡流在某些场合也可加以利用，如可利用涡流的热效应冶炼金属。

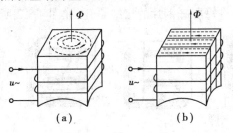

图4.2.2　涡流

【思考与练习】

4.2.1　交流铁芯线圈电路的基本电磁关系是怎样的？什么是恒磁通特性？

4.2.2　交流铁芯线圈的损耗有哪些？应怎样减小损耗？

4.3 变压器

变压器是依据电磁感应原理制成的电气设备。它具有变换电压、变换电流、变换阻抗的功能，在电力系统、电子线路等领域中有广泛的应用。

4.3.1 变压器的基本结构和工作原理

变压器按用途，可分为输配电用的电力变压器、测量用的仪用互感器和传递信号用的耦合变压器等；按交流电的相数不同，可分为单相变压器和三相变压器。不同种类变压器的基本结构和工作原理是相似的。

（1）变压器的基本结构

变压器主要由铁磁性材料制成的铁芯和绕在铁芯上的绕组（线圈）两部分组成。常见的结构有芯式和壳式两种。芯式变压器如图4.3.1（a）所示，绕组套在铁芯的两个铁芯柱上，常用于容量较大的变压器，一般的电力变压器均采用芯式结构；壳式变压器如图4.3.1（b）所示，铁芯包围着绕组的上下面和两个侧面，铁芯容易散热，常用于小容量的变压器。

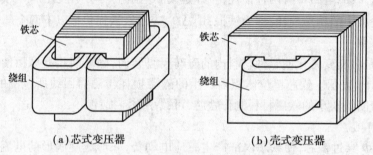

（a）芯式变压器　　　　　　　（b）壳式变压器

图4.3.1　芯式变压器和壳式变压器结构示意图

1）铁芯

铁芯是变压器的磁路部分。为了减少铁芯内的磁滞和涡流损耗，通常采用含硅量为5、厚度为0.35 mm或0.5 mm、两平面涂绝缘漆的硅钢片叠装而成。为了降低磁路中的磁阻，铁芯一般采用交错叠装方式，即将每层硅钢片的接缝错开，如图4.3.2所示。

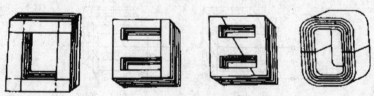

图4.3.2　变压器的铁芯形状

2）绕组

绕组是变压器的电路部分，一般用绝缘铜导线或铝导线绕制而成。变压器与电源相连的一侧称为原边，其绕组称为原绕组（或称为初级绕组、一次绕组）；与负载相连的一侧称为副边，其绕组称为副绕组（或称为次级绕组、二次绕组）。在一般情况下，原、副绕组的匝数不同，匝数多的称为高压绕组,匝数少的称为低压绕组。

（2）变压器的工作原理

变压器工作时,因绕组压降和漏磁电动势都非常小,故在讨论其工作原理时可忽略不计。下面分空载和负载两种情况讨论单相变压器的工作原理。

1）变压器的空载运行

变压器的空载运行是指副绕组开路、不接负载的情况,如图 4.3.3 所示为变压器空载运行原理图,原、副绕组的匝数分别为 N_1、N_2。为了便于分析,原、副绕组分别画在两边。

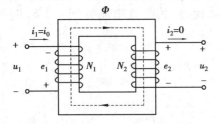

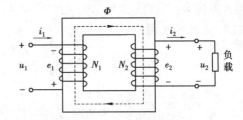

图 4.3.3　变压器的空载运行　　　　　图 4.3.4　变压器的负载运行

在正弦电压 u_1 作用下,原绕组中的电流为 i_1,此时的 $i_1=i_0$ 称为空载电流,也称励磁电流。它在原边建立磁动势 i_0N_1,在铁芯中产生同时交链着原、副绕组的主磁通 Φ,依据电磁感应原理,主磁通在原、副绕组中分别产生频率相同的感应电动势 e_1 和 e_2,由于副绕组开路,$i_2=0$,其两端的开路电压用 U_{20} 表示,图中标注的是它们的参考方向。由式(4.2.3)可得 e_1 和 e_2 的有效值为

$$E_1=4.44fN_1\Phi_m$$

$$E_2=4.44fN_2\Phi_m$$

由式(4.2.4)可得原边电压 U_1 与副边开路电压 U_{20} 为

$$U_1\approx E_1=4.44fN_1\Phi_m$$

$$U_{20}\approx E_2=4.44fN_2\Phi_m$$

因此,原边电压 U_1 与副边开路电压 U_{20} 之间的关系为

$$\frac{U_1}{U_{20}}\approx\frac{E_1}{E_2}=\frac{N_1}{N_2}=K \tag{4.3.1}$$

在式(4.3.1)中,K 称为变压器的变压比(简称变比)。可知,变压器原、副绕组的电压之比等于原、副绕组的匝数之比。当 $K>1$ 时,为降压变压器;当 $K<1$ 时,为升压变压器。

2）变压器的负载运行

变压器的负载运行是指副绕组接上负载的运行情况,如图 4.3.4 所示。负载运行时,副绕组中产生电流 i_2,在副边产生磁动势 i_2N_2。依据恒磁通特性,在电源电压 u_1 及其频率 f 一定时,无论变压器是空载还是负载,Φ_m 将基本保持不变。空载运行时的主磁通由磁动势 i_0N_1 产生,负载运行时的主磁通由磁动势 i_1N_1 和 i_2N_2 共同产生,其相量表达式为

$$\dot{I}_1N_1+\dot{I}_2N_2\approx\dot{I}_0N_1 \tag{4.3.2}$$

变压器的空载电流 i_0 很小,其有效值 I_0 小于原绕组额定电流 I_{1N} 的 10,于是式(4.3.2)可写为

$$\dot{I}_1N_1\approx-\dot{I}_2N_2 \tag{4.3.3}$$

式中,负号说明电流 i_1 和 i_2 的相位相反,即 i_2N_2 对 i_1N_1 有去磁作用。由式(4.3.3)可得

$$\frac{I_1}{I_2} \approx \frac{N_2}{N_1} = \frac{1}{K} \tag{4.3.4}$$

可知,原、副绕组电流的有效值之比近似等于变压比的倒数。应当说明的是,变压器通过磁路将原边的电能传递到副边。当变压器的负载增加时,I_2 和 I_2N_2 会增大,I_1 和 I_1N_1 也必须相应增大,以抵偿副绕组电流和磁动势对主磁通的影响,从而维持主磁通的最大值 Φ_m 基本不变,即原绕组电流的大小决定于副绕组电流的大小,这是一个自动适应的过程。

变压器除了能变换交流电压、交流电流以外,还可变换阻抗。在图 4.3.5(a)中,变压器副绕组接入阻抗 Z,则虚线框部分可用一个阻抗 Z' 来代替,其等效电路如图 4.3.5(b)所示。$|Z|$ 和 $|Z'|$ 之间的关系为

$$|Z'| = \frac{U_1}{I_1} = \frac{KU_2}{\frac{1}{K}I_2} = K^2 \frac{U_2}{I_2} = K^2|Z| \tag{4.3.5}$$

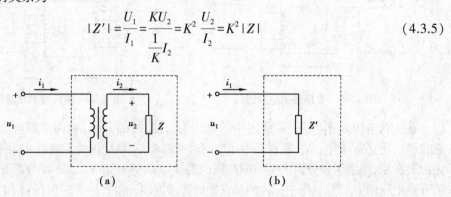

图 4.3.5 变压器的阻抗变换

可知,副边阻抗模 $|Z|$ 折算到原边的等效阻抗模为 $|Z'| = K^2|Z|$,这就是阻抗变换作用。这样,只需调整匝数比,就能将负载阻抗模变换为所需要的数值,这种做法称为阻抗匹配。

【**例 4.3.1**】 一个交流信号源的输出电压为 60 V,内阻 $R_0 = 800\ \Omega$,负载电阻 $R_L = 8\ \Omega$,求:

(1)R_L 直接接到信号源上时获得的功率;

(2)若在负载 R_L 与信号源之间接入一个变压器进行阻抗变换,为使该负载获得最大功率,需选择变压比为多少的变压器? R_L 上获得的最大功率为多少?

解 (1)R_L 直接接到电源上时获得的功率 P 为

$$P = \left(\frac{60}{R_0 + R_L}\right)^2 \times R_L = \left(\frac{60\ V}{800\ \Omega + 8\ \Omega}\right)^2 \times 8\ \Omega = 0.044\ W$$

(2)阻抗匹配时变压器的变压比 K 及 R_L 上获得的最大功率 P_{Lmax} 为

$$K = \sqrt{\frac{R_0}{R_L}} = \sqrt{\frac{800\ \Omega}{8\ \Omega}} = 10$$

$$P_{Lmax} = \left(\frac{60\ V}{800\ \Omega + 800\ \Omega}\right)^2 \times 800\ \Omega = 1.125\ W$$

可知,利用变压器进行阻抗匹配,可使负载获得较大的功率。

4.3.2 变压器的外特性

当电源电压 U_1 与负载的功率因数 $\cos\varphi_2$ 保持不变时,副绕组的端电压 U_2 随副绕组电流 I_2 的变化关系可用外特性曲线 $U_2 = f(I_2)$ 来表示,如图 4.3.6 所示。通常希望 U_2 的变化越小越

好。副绕组电压的变化程度可用电压调整率 $\Delta U\%$ 来表示,即

$$\Delta U\% = \frac{U_{20}-U_2}{U_{20}} \times 100\% \qquad (4.3.6)$$

式中,U_{20} 为空载时变压器副绕组电压,U_2 为满载时变压器副绕组电压。

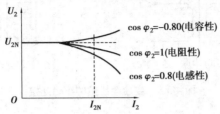

图 4.3.6　变压器的外特性曲线

电压调整率表征了电网电压的稳定性,电力变压器的电压调整率一般在 5% 左右。

4.3.3　变压器使用中的一些问题

(1)变压器的额定值

1)额定电压 U_{1N}、U_{2N}

额定电压是指变压器在额定运行情况下,依据绝缘等级和允许温升所规定的电压值。

2)额定电流 I_{1N}、I_{2N}

额定电流是指变压器在额定运行情况下,依据绝缘材料允许的温升而规定的电流值。

3)额定容量 S_N

额定容量是指变压器副边输出的视在功率,定义为副边额定电压与额定电流的乘积。

4)额定频率 f

额定频率是指变压器原边输入的电压的频率。我国规定标准工业频率为 50 Hz。

(2)变压器的极性

当变压器有多个原绕组或副绕组时,可将绕组串联以提高电压,将绕组并联以增大电流。但是,在连接时必须注意变压器绕组的极性,接线错误会损坏变压器。

将变压器原、副绕组中感应电动势瞬时极性相同的端点,称为同名端。如图 4.3.7(a)所示为一个多绕组变压器。1 端和 3 端是同名端,显然 2 端和 4 端也是同名端。常用“＊”“Δ”或“·”作为同名端的标记,如图 4.3.7(b)所示。

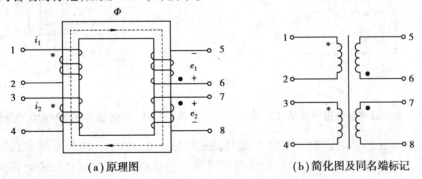

(a)原理图　　　　　　　　　　(b)简化图及同名端标记

图 4.3.7　多绕组变压器

绕组串联时接线方法如图 4.3.8(a)所示,绕组并联时接线方法如图 4.3.8(b)所示。

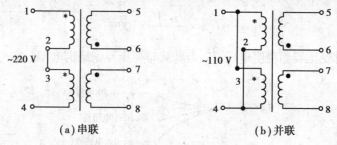

(a)串联   (b)并联

图 4.3.8 变压器绕组的正确连接

4.3.4 特殊用途变压器

在实际应用中,除了前面讨论过的双绕组结构的电力变压器以外,还有许多其他类型特殊用途的变压器。本节介绍仪用互感器。其作用是提供符合测量仪表和保护继电器要求的电压和电流,保证测量仪表和人身安全。

(1)电压互感器

电压互感器是用来将高电压降为低电压,供给低压测量仪表间接测量高压,是降压变压器。其原理图如图 4.3.9 所示。其被测高压侧电压 U_1 为

$$U_1 = \frac{N_1}{N_2}U_2$$

通常规定低压侧的额定电压 U_2 为 100 V。电压互感器在运行时副绕组不允许短路,因为副绕组匝数少,阻抗小,如发生短路,会烧坏互感器。

(2)电流互感

电流互感器是利用变压器的电流变换作用,将大电流变换为小电流的升压变压器。其原理图如图 4.3.10 所示。其被测电流 I_1 为

$$I_1 = \frac{N_2}{N_1}I_2$$

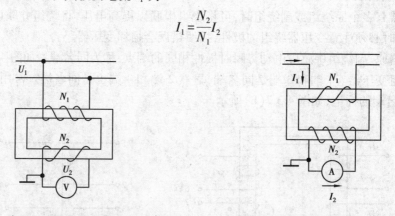

图 4.3.9   电压互感器外形示意图和原理图   图 4.3.10   电流互感器外形示意图及原理图

通常将电流互感器副边额定电流 I_2 设计成标准值 5 A 或 1 A。电流互感器在运行时副绕组不允许开路。如调换仪表时,首先应将电流回路短路后再拆除,然后进行表计调换。当表计调换好后,应先将表计接入次级回路,再拆除短路。

需要说明的是,电压互感器、电流互感器的铁芯和副绕组的一端都必须可靠接地,以防止

高、低压绕组间的绝缘层损坏时危及仪表或人身安全。

【思考与练习】

4.3.1　变压器主要由哪几部分组成？各部分的作用是什么？

4.3.2　变压器能否变换直流电压？

本章小结

1.描述磁场的主要物理量有磁感应强度 B、磁通量 Φ、磁场强度 H 及磁导率 μ。其中,磁场强度 H 只与其激励电流有关,B、H、μ 之间的关系为 $H = \dfrac{B}{\mu}$。

2.磁通集中通过的路径称为磁路,磁路欧姆定律可用来对磁路进行定性分析。

3.变压器是依据电磁感应原理制成的一种电气设备。它具有变换电压、变换电流和变换阻抗的作用。当变压器有多个原绕组和多个副绕组时,可将绕组串联以提高电压,将绕组并联以增大电流。但应注意绕组的正确连接,接线错误有可能损坏变压器。

习　题

1.变压器空载电流的主要作用是什么？

2.电压互感器和电流互感器相当于普通变压器的什么工作状态？其原绕组与被测电路应怎么连接？在使用时,应特别注意哪些事项？

3.有一台额定容量为 50 kVA、额定电压为 6 600/220 V 的单相变压器,其高压侧绕组为 6 000 匝,试求:

(1)低压绕组的匝数;

(2)高压侧和低压侧的额定电流。

4.有一单相照明变压器的额定容量为 10 kV·A,额定电压为 6 600/220 V。欲在副绕组接上 60 W、220 V 的白炽灯,并使变压器在额定负载下运行,此种电灯可接多少个？

5.某三相变压器,$S_N = 5\ 000$ kV·A,Y-△接法,额定电压为 65/10.5 kV。试求:

(1)高、低压绕组的相电压;

(2)高、低压绕组的线电流和相电流。

第 **5** 章
三相异步电动机及继电接触器控制系统

　　提要:本章首先介绍了三相异步电动机的基本结构、工作原理、电磁转矩、机械特性及使用,然后介绍了异步电动机的继电接触器控制系统。

5.1　三相异步电动机

　　发电机和电动机统称为电机。其中,将电能转换为机械能的装置称为电动机。电动机是工业企业中广泛使用的动力机械。按电源提供电流的种类不同,将电动机分为直流电动机和交流电动机两大类,交流电动机又分为同步电动机和异步电动机两类。异步电动机具有构造简单、工作可靠、坚固耐用、使用和维护方便等优点,因此得到了极为广泛的应用。

5.1.1　三相异步电动机的基本结构

　　三相异步电动机主要由固定不动的定子和转动的转子两部分组成。其基本结构如图5.1.1所示。

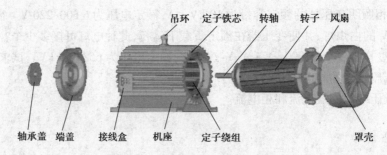

图 5.1.1　三相交流异步电动机的基本结构

（1）定子

定子主要由机座、定子铁芯和定子绕组组成。

1）机座

定子的最外面是机座,常用铸铁或铸钢制成,是整个电动机的支架,其外表面具有散热作用,为搬运方便,其上装有吊环。

2）定子铁芯

定子铁芯装在机座内,由相互绝缘的硅钢片叠装而成,是电动机磁路的组成部分。铁芯内圆周上有均匀分布的槽,用于安放定子绕组,如图5.1.2所示。

图 5.1.2　定子铁芯

3）定子绕组

定子绕组有 3 组,均匀分布在定子铁芯槽中,形成三相绕组。三相绕组一般采用高强度漆包线绕制而成,是电动机的电路部分。每相绕组首端分别用 U_1、V_1、W_1 表示,对应的末端用 U_2、V_2、W_2 表示。三相绕组的 6 个出线端接于定子的接线盒中。根据供电电压不同,可接成星形（Y）,也可接成三角形（△）。其接线方式如图 5.1.3 所示。

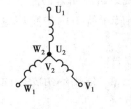
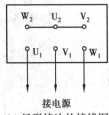
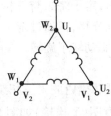
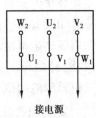

（a）星形接法的原理图　（b）星形接法的接线图　（c）三角形接法的原理图　（d）三角形接法的接线图

图 5.1.3　定子绕组的接线方式

（2）转子

转子主要由转子铁芯和转子绕组组成。

1）转子铁芯

转子铁芯为圆柱体,由相互绝缘的硅钢片叠装而成,并紧固在转轴上。铁芯外圆上有均匀分布的槽,用来安放转子绕组。转子铁芯与定子铁芯共同组成电动机磁路。

2）转子绕组

转子绕组有笼型和绕线型两种。笼型绕组由转子铁芯槽中嵌放的若干铜条组成,铜条两端分别焊在两个端环上,由于形状与鼠笼相似,称为笼型转子,如图 5.1.4（a）所示。中小型笼型电动机大都在转子铁芯槽中浇注铝液,铸成笼型绕组,并在端环上铸出许多叶片,作为散热用的风扇,如图 5.1.4（b）所示。

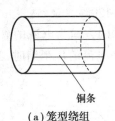

铜条

（a）笼型绕组　　　　　（b）铸铝转子

图 5.1.4　笼型转子示意图

绕线型转子绕组是用绝缘的导线绕制而成的三相对称绕组,转子绕组一般做星形连接,3个首端分别接到固定在转轴上的 3 个铜制的集电环上,通过集电环上的电刷与外电路的变阻器连接,构成转子的闭合回路,如图 5.1.5 所示。绕线型转子绕组结构复杂,一般用于启动和调速要求较高的场所。

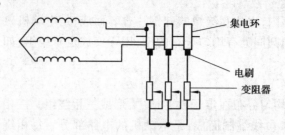

图 5.1.5　绕线型转子绕组

5.1.2　三相异步电动机的工作原理

三相异步电动机工作时,定子绕组与三相交流电源相连接,转子绕组自成闭合回路。定子与转子之间没有直接的电气连接,但通过定子绕组产生的旋转磁场与转子绕组内的感应电流相互作用而产生电磁转矩,驱动转子旋转。

（1）旋转磁场

三相异步电动机定子铁芯槽内放入三相绕组 U_1-U_2、V_1-V_2 和 W_1-W_2,每相绕组在空间互差120°。定子绕组分布示意图(Y 连接)如图 5.1.6 所示。

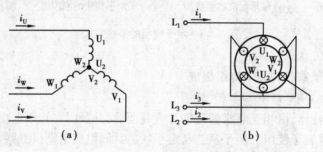

（a）　　　　　　　　　　（b）

图 5.1.6　定子绕组分布示意图

1）旋转磁场的产生

当接入三相对称电源后,则有三相对称电流通过绕组。设每相电流的瞬时值解析式为

$$i_U = I_m \sin \omega t$$

$$i_V = I_m \sin(\omega t - 120°)$$

$$i_W = I_m \sin(\omega t + 120°)$$

其波形图如图 5.1.7 所示。取绕组始端到末端的方向为电流的参考方向,则在电流的正半周时,实际方向与参考方向相同,电流为正值;在电流的负半周时,实际方向与参考方向相反,电流为负值。

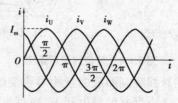

图 5.1.7　三相对称电流波形图

当 $\omega t = 0$ 时，$i_U = 0$，U 相绕组内没有电流；i_V 为负，V 相绕组中的电流从末端 V_2 流入，始端 V_1 流出；i_W 为正，W 相绕组中的电流从始端 W_1 流入，末端 W_2 流出。根据右手螺旋法则，可得出三相电流的合成磁场，其方向自上而下，如图 5.1.8(a) 所示。

当 $\omega t = \dfrac{\pi}{2}$ 时，i_U 为正，电流从 U_1 流入，U_2 流出；i_V 为负，电流从 V_2 流入，V_1 流出；i_W 也为负，电流从 W_2 流入，W_1 流出。与 $\omega t = 0$ 时相比，三相电流形成的合成磁场的方向旋转了 $90°$，如图 5.1.8(b) 所示。

当 $\omega t = \pi$ 时，$i_U = 0$，U 相绕组内没有电流；i_V 为正，电流从 V_1 流入，V_2 流出；i_W 为负，电流从 W_2 流入，W_1 流出。与 $\omega t = 0$ 时相比，三相电流形成的合成磁场的方向旋转了 $180°$，如图 5.1.8(c) 所示。

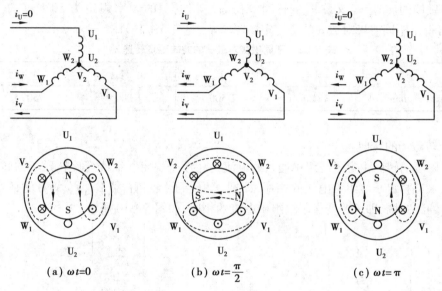

图 5.1.8　旋转磁场的产生

同理可得，当 $\omega t = \dfrac{3\pi}{2}$ 和 $\omega t = 2\pi$ 时，与 $\omega t = 0$ 时相比，三相电流形成的合成磁场的方向旋转了 $270°$ 和 $360°$。

可知，当定子绕组通入三相对称电流后，会产生旋转磁场。

2）旋转磁场的转速

由以上分析可知，若定子绕组按如图 5.1.6 所示排列时，产生的旋转磁场有两个（一对）磁极，磁极对数用符号 p 表示，即 $p = 1$。三相交流电变化一个周期，合成磁场在空间旋转 $360°$；若每相定子绕组由两个线圈串联，并按如图 5.1.9 所示排列时，绕组的始端（末端）之间在空间互差 $60°$，将形成有两对磁极（四极）的旋转磁场，即 $p = 2$，三相交流电变化一个周期，合成磁场在空间旋转 $180°$。

若旋转磁场具有 p 对磁极时，交流电每变化一周，其旋转磁场在空间转动 $360°/p$。因此，旋转磁场每分钟的转速 $n_0(\text{r/min})$、定子电流频率 f_1 及磁极对数 p 之间的关系为

$$n_0 = \frac{60 f_1}{p}$$

$$(5.1.1)$$

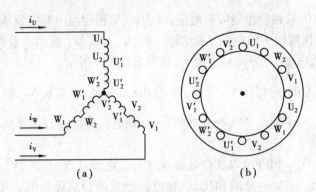

图 5.1.9　产生四极旋转磁场的定子绕组

旋转磁场的转速 n_0 又称同步转速。我国三相电源的频率规定为 50 Hz。于是，由式 (5.1.1)可得出不同磁极对数 p 的旋转磁场转速 n_0，见表 5.1.1。

表 5.1.1　不同磁极对数 p 的旋转磁场转速 n_0

p	1	2	3	4
$n_0/(\mathrm{r}\cdot\mathrm{min}^{-1})$	3 000	1 500	1 000	750

3）旋转磁场的转向

旋转磁场的转向由定子绕组中通入的电流的相序来决定。欲改变旋转磁场的转向，只需要改变通入三相定子绕组中电流的相序，即把三相定子绕组首端（U_1、V_1、W_1）的任意两根与电源相连的线对调，即可改变定子绕组中电流的相序，如图 5.1.10 所示。

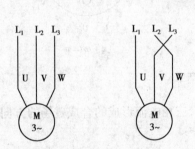

图 5.1.10　改变旋转磁场的方向

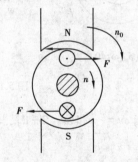

图 5.1.11　三相异步电动机的转动原理示意图

（2）转子的转动原理

如图 5.1.11 所示为三相异步电动机的转动原理示意图。当三相对称电流通入定子绕组中时，电动机定子和转子间的气隙中会产生一个转速为 n_0 的旋转磁场，由于转子和旋转磁场有相对运动，因此，在转子绕组中会产生感应电动势。由于转子电路是闭合的，在转子电路中会产生感应电流。因此，载流的转子导体在旋转磁场中受到电磁力 F 的作用而形成一电磁转矩。在电磁转矩的作用下，转子便转动起来，其转动方向与旋转磁场的方向相同。但转子的转速 n 永远小于旋转磁场的转速 n_0。如果没有转速差，两者之间就不会有相对运动，转子中就不会产生感应电流，也就不会形成电磁转矩，转子就无法旋转起来。异步电动机的名称就是由此而来的。通常，将旋转磁场的同步转速 n_0 与转子转速 n 的差值与 n_0 的比值，称为转差率。转差率用符号 s 表示，即

$$s = \frac{n_0 - n}{n_0} \quad \text{或} \quad s = \frac{n_0 - n}{n_0} \times 100\% \tag{5.1.2}$$

转差率是三相异步电动机的一个重要参数。转差率越大,三相异步电动机的异步程度越大,驱动电动机转动的电磁转矩也就越大。电动机在启动瞬间,$n=0$,$s=1$,转差率最大;转子转速 n 越接近同步转速 n_0,转差率越小。

【例 5.1.1】 一台三相异步电动机,其额定转速 $n = 975 \text{ r/min}$,电源频率 $f_1 = 50 \text{ Hz}$。试求电动机的磁极对数和额定负载下的转差率。

解　由于异步电动机的额定转速接近而略小于同步转速,根据表 5.1.1 可知,$n_0 = 1\ 000 \text{ r/min}$,$p=3$。根据式(5.1.2),可得转差率 s 为

$$s = \frac{n_0 - n}{n_0} \times 100\% = \frac{1\ 000 - 975}{1\ 000} \times 100\% = 2.5\%$$

5.1.3　三相异步电动机的电磁转矩和机械特性

(1)电磁转矩

电磁转矩是转子中载流导体在旋转磁场的作用下产生的电磁力对转子转轴形成的转矩。它是转子电流与旋转磁场相互作用的结果。可以证明,三相异步电动机的电磁转矩 T 为

$$T = K \frac{s R_2 U_1^2}{R_2^2 + (s X_{20})^2} \tag{5.1.3}$$

式中,K 为与电动机结构有关的常数,U_1 为定子绕组的相电压,s 为转差率,R_2 为转子电路每相的电阻,X_{20} 为电动机启动时的转子感抗。可知,电磁转矩 T 与定子的相电压 U_1 的平方成正比。电磁转矩 T 与阻转矩 T_L 之间的关系如下:

①$T > T_L$ 时,电动机加速运行。

②$T = T_L$ 时,电动机等速运行。

③$T < T_L$ 时,电动机减速运行。

(2)机械特性

当电源电压一定,R_2 和 X_{20} 为常数时,电磁转矩与转差率之间的关系 $T = f(s)$ 或转速与转矩之间的关系 $n = f(T)$,称为电动机的机械特性。由如图 5.1.12 所示的机械特性曲线可知,当 $s=0$,即 $n=n_0$,$T=0$ 时,电动机(理想)空载(点)运行;随着 s 的增大,T 也增大,但增大到最大值 T_m 后,随着 s 的增大,T 反而减小。下面讨论几个重要的电磁转矩。

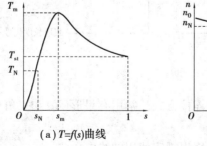
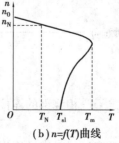

(a) T=f(s)曲线　　　　(b) n=f(T)曲线

图 5.1.12　三相异步电动机的机械特性曲线

1)额定转矩

额定转矩是指电动机在额定电压下,带上额定负载以额定转速运行,输出额定功率时轴上输出的转矩,用 T_N 表示,单位为 N·m。若电动机轴功率用 P_2 表示,则

$$P_2 = T\omega$$

$$T_N = \frac{P_{2N}}{\omega_N} = \frac{P_{2N} \times 10^3}{\frac{2\pi n_N}{60}} = 9\,550\frac{P_{2N}}{n_N} \tag{5.1.4}$$

式中,P_{2N} 和 n_N 为电动机的额定功率和额定转速,它们的单位为 kW 和 r/min。

2)最大转矩

最大转矩是电动机所能产生的最大电磁转矩。最大转矩也称临界转矩,用 T_m 表示。对应于 T_m 的转差率 s_m,称为临界转差率。一般不允许电动机的负载转矩超过最大转矩。当电动机的负载转矩超过最大转矩时,电动机就带不动负载了,会发生闷车现象,以致烧坏电动机。将电动机的最大转矩与额定转矩的比值,称为过载系数,用 λ 表示,即

$$\lambda = \frac{T_{max}}{T_N} \tag{5.1.5}$$

一般电动机的过载系数为 1.8~2.2,其大小反映了异步电动机短时允许过载的能力。

3)启动转矩

启动转矩是电动机刚启动时的转矩,用 T_{st} 表示。此时,$n = 0$,$s = 1$,即

$$T_{st} = K\frac{R_2 U_1^2}{R_2^2 + (X_{20})^2} \tag{5.1.6}$$

由式(5.1.6)可知,T_{st} 与 U_1^2 成正比。启动转矩越大,电动机带负载启动的能力越强。

5.1.4 三相异步电动机的使用

(1)三相异步电动机的铭牌数据

三相异步电动机的机座上都有一块铭牌,上面标有电动机的型号和有关的技术数据。

1)型号

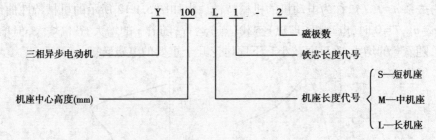

2)接法

接法是指电动机定子三相绕组的连接方式。常用有星形(Y)和三角形(△)两种。

3)电压 U_N

电压是指电动机额定运行时定子绕组规定使用的线电压。

4)电流 I_N

电流是指电动机在额定运行时流过定子绕组的线电流。

5）功率 P_N

功率也称额定容量，是指电动机在额定运行时转轴上输出的机械功率。

6）频率 f_N

频率是指电动机定子绕组所接交流电源的频率。

7）转速 n_N

转速是指电动机在额定电压、额定频率及额定输出功率的情况下转子的转速。

8）绝缘等级

绝缘等级是指电动机绕组所采用的绝缘材料的耐热等级。它表明了电动机所允许的最高工作温度。常用的绝缘材料可分为 A、E、B、F、H 等级。

9）工作方式

电动机的工作方式一般分为连续、短时和断续周期。

（2）三相异步电动机的启动

三相异步电动机定子绕组接入三相电源后，电动机从静止到达稳定运行的过程，称为启动。在刚启动时，转子是静止不动的，$n=0$，$s=1$，旋转磁场和静止的转子的相对转速最大，在转子绕组中产生的感应电动势和感应电流也最大，定子绕组中也随之出现很大的电流，这个电流称为启动电流，中小型电动机的启动电流一般为其额定电流的 5~7 倍。

笼型电动机的启动分为直接启动和降压启动。

1）直接启动

直接启动又称全压启动，是将电源的额定电压直接加到电动机的定子绕组上使电动机启动。直接启动的优点是启动设备和操作都较简单，缺点是启动电流大。

2）降压启动

为了降低启动电流，常采用降压启动。所谓的降压启动，就是在启动时降低加在电动机定子绕组上的电压，待电动机达到额定转速时再加上额定电压运行。常用的降压启动方法有 Y-△降压启动、自耦降压启动。其中，Y-△降压启动适用于正常工作时为三角形连接的定子绕组，自耦降压启动适用于容量较大的或正常运行时为星形连接电动机的启动。

①Y-△降压启动。将定子绕组在启动时改接成星形，待转速升至额定转速时再换接成三角形。其电流比较如图 5.1.13 所示，原理如图 5.1.14 所示。

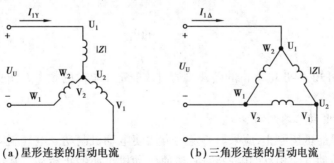

（a）星形连接的启动电流　　　　（b）三角形连接的启动电流

图 5.1.13　定子绕组星形连接和三角形连接启动电流的比较

若电源的线电压为 U_U，每相定子绕组的阻抗大小为 $|Z|$，则定子绕组星形连接启动时的线电流为

$$I_U = I_p = \frac{\frac{U_l}{\sqrt{3}}}{|Z|} = \frac{U_l}{\sqrt{3}\,|Z|}$$

定子绕组三角形连接启动时的线电流为

$$I_U = \sqrt{3}\,I_p = \sqrt{3}\,\frac{U_l}{|Z|}$$

可知,采用 Y-△换接启动时的启动电流是直接启动电流的 1/3。

②自耦降压启动。利用三相自耦变压器将电网电压降压后加到电动机定子绕组上,实现降压启动,待电动机转速上升到接近额定转速时,切除自耦变压器,电动机定子绕组直接接通三相电源,在额定电压下正常运行。自耦降压启动的原理如图 5.1.15 所示。

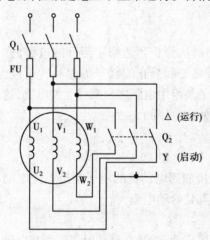
图 5.1.14　Y-△降压启动原理图

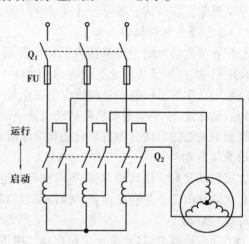
图 5.1.15　自耦降压启动原理图

(3)三相异步电动机的调速

调速是指在负载不变的情况下得到不同的转速,以满足各种生产过程的要求。由

$$s = \frac{n_0 - n}{n_0}$$

可得

$$n = (1-s)\frac{60f_1}{p} \tag{5.1.7}$$

由式(5.1.7)可知,异步电动机的转速可通过改变定子电源的频率 f_1、电动机的磁极对数 p 和转差率 s 来调节。

(4)三相异步电动机的制动

为了使电动机能迅速停止,应采取一定的方法使电动机制动。电气制动就是在电动机转子上产生一个与转动方向相反的电磁转矩,迫使电动机迅速停止转动。常用的电气制动方法有能耗制动和反接制动。

1)能耗制动

如图 5.1.16 所示为能耗制动原理图。在电动机断电的同时,向其定子绕组中通入直流电,产生固定不动的磁场。转子由于惯性仍按原方向转动,转子绕组与固定磁场之间有相对运动,在转子中产生感应电动势和感应电流,转子感应电流与固定磁场相互作用产生转矩,该转矩与转子转动方向相反,使电动机快速停转。能耗制动的特点是制动平稳、能量损耗较小,但需配备直流电源,适用于制动要求平稳的场合。

2)反接制动

如图 5.1.17 所示为反接制动的原理图。当电动机需要停止时,将 3 根电源线中的任意两根对调后再接入电动机的定子绕组上,使旋转磁场反向旋转,产生与转子惯性方向相反的电磁转矩,使电动机迅速减速。转速接近零时,应立即切断电源,以防止电动机反转。

反接制动的特点是不需另备直流电源,设备简单,制动效果好,但能量损耗较大。一般用于启动和制动不频繁的场合。

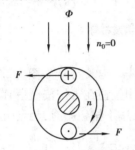 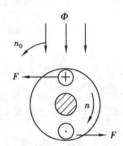

图 5.1.16　能耗制动原理图　　　　图 5.1.17　反接制动原理图

【思考与练习】

5.1.1　简述三相异步电动机的工作原理,并解释"异步"的含义。

5.1.2　如何改变三相异步电动机的转动方向?

5.2　继电接触器控制系统

工农业生产中的机械大多由电动机来带动,称为电力拖动。为了使电动机按照生产机械的要求进行工作,要对电动机进行自动控制,实现生产过程的自动化。下面介绍由按钮、接触器、继电器等有触点的控制电器组成的继电接触器控制系统。

5.2.1　常用低压电器

低压电器通常是指工作在交流电压小于 1 200 V、直流电压小于 1 500 V 的电气设备。低压电器一般分为手动电器和自动电器两类。手动电器包括闸刀开关、按钮等必须由人工操纵的电器;自动电器包括接触器、继电器等随电压信号和某些物理量变化而自动动作的电器。

（1）闸刀开关

闸刀开关用作低压电源的引入开关。其基本结构及符号如图 5.2.1 所示。

按极数将闸刀开关分为单极(单刀)、双极(双刀)和三极(三刀)3 种。每种又有单掷与双掷之分。安装闸刀开关时,应将电源进线接在静触点上,负载接在可动刀片下熔丝的另一端,大电流的闸刀开关应设有灭弧罩。

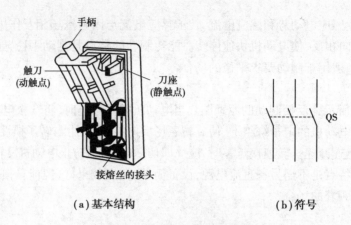

(a)基本结构　　　　　　　　　(b)符号

图 5.2.1　闸刀开关基本结构及符号

（2）按钮

按钮是手动开关,常用于接通或断开控制电路。其结构及符号如图 5.2.2 所示。根据其触点结构的不同,可分为常闭、常开及复合按钮等。常闭按钮在未按按钮帽时,触点闭合,按下按钮帽时,触点断开;常开按钮未按按钮帽时触点断开,按下按钮帽时,触点闭合。

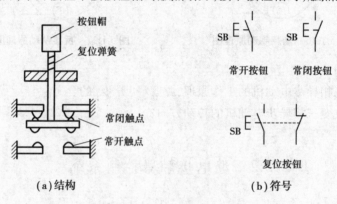

(a)结构　　　　　　　　　(b)符号

图 5.2.2　按钮结构及符号

复合按钮的工作原理是:按下按钮帽,常闭触点先断开,常开触点后闭合;松开按钮帽,常开触点先断开,常闭触点后闭合,按钮自动复位。

（3）交流接触器

交流接触器是利用电磁力工作的一种自动开关。它可用来接通、断开电动机或其他设备的主电路。其结构及符号如图 5.2.3 所示。交流接触器主要由电磁铁和触点两部分组成。电磁铁的铁芯由静铁芯和动铁芯组成;触点由静触点和动触点组成。触点按功能将其分为主触点和辅助触点两类。主触点接触面积较大,并有灭弧装置,能通过大电流,常用来通、断主电路;辅助触点额定电流较小,常用来通、断控制电路。

交流接触器的工作原理是:当吸引线圈通过额定电流时,铁芯间产生电磁吸力,动铁芯带动动触点移动,使常闭触点断开,常开触点闭合;当吸引线圈断电时,电磁力消失,动铁芯在弹簧的作用下弹起,使常闭触点和常开触点恢复原态。

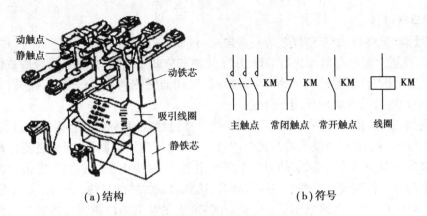

（a）结构　　　　　　　　　　　　（b）符号

图5.2.3　交流接触器外形结构及符号

（4）热继电器

热继电器常用作电动机的过载保护和缺相保护，是利用电流的热效应动作的一种自动保护电器。其结构及符号如图5.2.4所示。热继电器中的发热元件串接在电动机的主电路中，常闭触点串接在控制电路中。当电动机过载时，主电路中的电流超过允许值一定时间后，发热元件的温度升高，导致双金属片因受热向上弯曲而脱扣，杠杆在弹簧的作用下将常闭触点断开，从而断开控制电路而使接触器的线圈断电，使电动机的主电路断开。

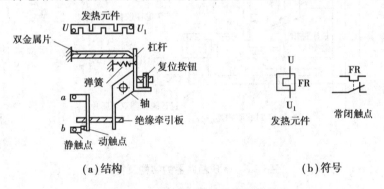

（a）结构　　　　　　　　　　　　（b）符号

图5.2.4　热继电器的结构及符号

由于双金属片有热惯性，因此，热继电器不能用作短路保护。因为发生短路故障时，要求电路瞬间断开，而热继电器不能立即动作。但热惯性可以避免电动机短时过载时的误动作。

（5）熔断器

熔断器是一种简单有效的短路保护电器。常用的有管式、螺旋式和插入式，其结构及符号如图5.2.5所示。熔断器的主要部件是熔体，使用时将其串接在被保护的电路中，当电路发生短路故障或严重过载时，熔体就会熔断，将电路断开，起到保护电路的作用。

（a）管式　　　　　（b）螺旋式　　　　　（c）插入式　　　　（d）符号

图5.2.5　常用熔断器的结构及符号

（6）低压断路器

低压断路器又称自动空气开关，可实现短路、过载、欠压及失压保护。其结构和符号如图5.2.6 所示。主触点是断路器的执行部件，用于接通和分断主电路，主触点闭合后被锁钩锁住。脱扣器是断路器的感受元件，当电路发生故障时，脱扣器感测到故障信号后，经脱扣机构将锁钩顶开，主触点在释放弹簧的作用下分断。

过流脱扣器的线圈串接在主电路中，当发生严重过载或短路故障时，瞬间的过载电流或短路电流产生较强的电磁吸力使衔铁被吸合，并顶开锁钩使主触点断开，起到过流保护的作用。过载脱扣器采用双金属片制成，加热元件串联在主电路中，当电流过载到一定值时，双金属片受热向上弯曲顶开锁钩使断路器的主触点断开，达到过载保护的目的。欠压、失压脱扣器的线圈并接在主电路中，当主电路电压正常时，脱扣器产生足够大的电磁吸力将衔铁吸合，断路器的主触点闭合；当主电路电压消失或降至一定数值以下时，电磁吸力不足以吸合衔铁，衔铁被弹簧释放顶开锁钩使断路器主触点断开，达到欠压与失压保护的目的。

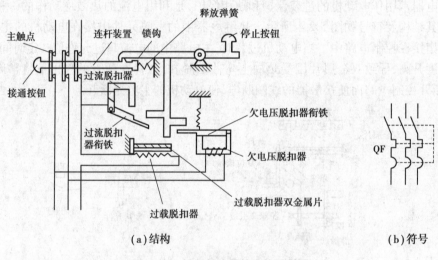

（a）结构　　　　　　　　　　　　　　　　　　（b）符号

图 5.2.6　低压断路器的结构及符号

5.2.2　三相笼型异步电动机的基本控制电路

电动机的控制线路分为主电路与控制电路两部分。主电路是从电源到电动机的供电电路，通过的电流较大，主电路一般画在线路图的左边或上边，用粗实线表示；控制电路是用来控制主电路的电路，除了用于控制主电路以外，还具有短路保护、过载保护、欠压与失压保护等功能，控制电路通过的电流较小，一般画在线路图的右边或下边，用细实线来表示。应当说明的是，同一个电器的线圈、触点分开画，并用同一文字符号标明。

（1）电动机的点动控制线路

点动控制用于电动机的短时运行控制，电动机点动控制电路如图 5.2.7 所示。合上开关QS，三相电源被引入控制电路，但电动机还不能启动。按下按钮 SB，接触器 KM 线圈通电，KM的常开主触点接通，电动机定子绕组接入三相电源启动运转。松开按钮 SB，接触器 KM 线圈断电，KM 的常开主触点断开，电动机因断电而停转。

（2）电动机的长动控制线路

长动控制用于电动机的连续运行控制，电动机的单向旋转长动控制电路如图 5.2.8 所示。

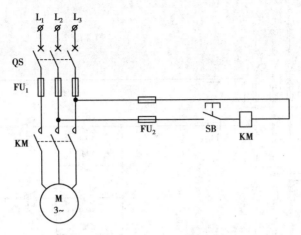

图 5.2.7　电动机点动控制电路

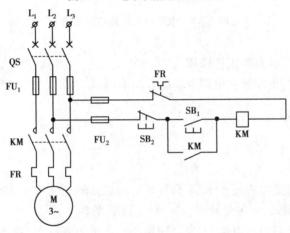

图 5.2.8　电动机单向旋转长动控制电路

合上开关 QS,按下启动按钮 SB_1,接触器 KM 线圈通电,KM 的常开主触点闭合,电动机启动运转,与 SB_1 并联的 KM 的辅助常开触点闭合,以保证松开按钮 SB_1 后 KM 线圈持续通电,KM 的主触点持续闭合,电动机连续运转,从而实现连续运转控制;按下停止按钮 SB_2,接触器 KM 线圈断电,KM 的主触点断开,电动机停转,KM 的辅助常开触点断开,以保证松开按钮 SB_2 后 KM 线圈持续失电。

长动控制电路中与 SB_1 并联的 KM 的辅助常开触点起自锁作用,保证松开按钮 SB_1 后 KM 线圈持续通电;熔断器 FU_1 起短路保护作用,热继电器 FR 起过载保护作用。

(3)电动机的正反转控制线路

电动机的正反转控制电路如图 5.2.9 所示。其中,正转和反向转的启动按钮分别为 SB_1 和 SB_2,停止按钮为 SB_3。

KM_1 和 KM_2 的辅助常开触点起自锁作用,KM_1 和 KM_2 的辅助常闭触点的作用是保证了两个接触器线圈不能同时得电,即互锁作用。按钮 SB_1 和 SB_2 的常闭触点也用于保证两个接触器线圈不能同时得电。这种由机械按钮实现的联锁,称为机械联锁或按钮联锁。

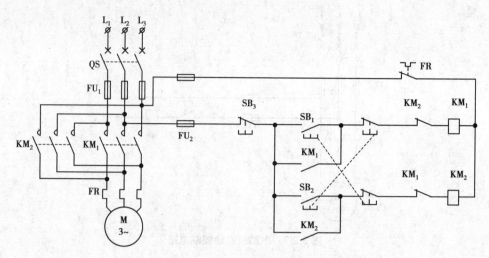

图 5.2.9　电动机正反转控制电路

【思考与练习】

5.2.1　简述交流接触器的工作原理。

5.2.2　热继电器与熔断器在电路中功能有何不同?

本章小结

1.三相异步电动机主要由定子和转子两部分组成。转子主要由转子铁芯和转子绕组组成。转子有两种结构形式:一种是笼型,另一种是绕线型。

2.异步电动机直接启动时电流大,启动转矩小。在电源容量允许的情况下,小容量笼型异步电动机可直接启动,大容量笼型异步电动机一般采用降压启动。常用的降压启动方法为 Y-△降压启动和自耦降压启动。改变三相电源的相序,可改变电动机的旋向;改变电源电压的频率 f_1、磁极对数 p、转差率 s,可实现调速。

3.电动机的控制线路分为主电路和控制电路两部分。主电路是从电源到电动机的供电电路,其中有较大的电流通过,一般画在线路图的左边或上边;控制电路除控制主电路外,还具有短路保护和过载保护等功能,通过的电流较小,一般画在线路图的右边或下边。

习　题

1.三相异步电动机旋转磁场的速度由哪些参数决定? 当电源频率为 50 Hz 时,两极、四极电动机的同步转速各为多少?

2.笼型异步电动机和绕线式异步电动机在结构上有什么不同?

3.有一台笼型电动机,其铭牌上规定电压为 380/220 V。当电源电压为 380 V 时,试问能否采用 Y-△降压启动?

4.如图 5.1 所示的控制电路,试分析该电路的工作原理,并说明电路中 KM_1、KM_2 的辅助常开触点和辅助常闭触点的作用。

5.试设计一个既能点动又能长动的电动机控制线路。

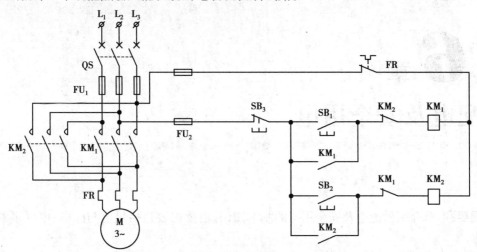

图 5.1　习题 4 的图

第 **6** 章
供配电及安全用电

提要:本章介绍供配电及安全用电的基本知识,主要内容包括供电与配电、电气事故和安全用电。

6.1 供电与配电

6.1.1 电力系统

在发电厂、变电所和电力用户之间,用不同电压的电力线路,将它们连接起来,这些不同电压的电力线路和变电所的组合,称为电力网,简称电网。电网完成了电能的生产、传输、分配和使用。由发电厂的电气设备、电力网和用电设备组成的发电、变电、输电、配电及用电的整体,称为电力系统。如图 6.1.1 所示为典型的电力系统主接线电路图。

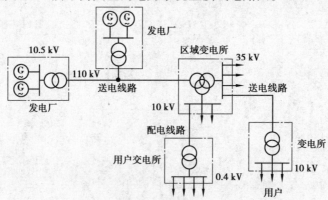

图 6.1.1 典型的电力系统主接线电路图

从发电厂发出来的交流电,经过电力系统传输和分配给用户(负载)。发电机发出的交流电压一般为 10 kV,为了减少输送电能时发生在输电线路上的电能损耗,应采用高压输电。首先经过变压器将电压升高到 110、220、330 和 500 kV 等,再经输电系统送到用户地区,输送电能的距离越远,需要的输电电压越高。电能经输电线送至用户地区后,还要经变压器将电压降到 35kV 以下,再将电能分配给各工业企业和城市居民用户。

114

工业企业的进线电压一般为 6~10 kV,由高压配电线路将电能送到各车间变电所,或由高压配电线路直接供给高压设备。车间变电所装有电力变压器,将 6~10 kV 电压降为一般低压设备所需的电压 220/380 V,由低压配电线路将电能分送给电力设备使用。

6.1.2 额定电压和电压等级

电气设备都是设计在额定电压下工作的。额定电压是综合考虑产品的可靠性、经济性和使用寿命等因素而制订的,是保证设备正常运行并能获得最佳经济效果的电压。额定电压是使用者使用设备的依据。如果使用值超过额定值较多,会伤害设备,甚至烧毁设备。电压等级是国家根据国民经济发展的需要、电力工业的水平及技术经济的合理性等因素综合确定的。我国标准规定的三相交流电网和电力设备常用的额定电压见表 6.1.1。

表 6.1.1 我国标准规定的三相交流电网和电力设备常用的额定电压

分类	电网和用电设备额定电压/kV	发电机额定电压/kV	电力变压器额定电压/kV	
			一次绕组	二次绕组
低压	0.22	0.23	0.22	0.23
	0.38	0.40	0.38	0.40
	0.66	0.69	0.66	0.69
高压	3	3.15	3 及 3.15	3.15 及 3.3
	6	6.3	6 及 6.3	6.3 及 6.6
	10	10.5	10 及 10.5	10.5 及 11
		13.8,15.75,18,20	13.8,15.75,18,20	
	35	—	35	38.5
	63		63	69
	110		110	121
	220		220	242
	330		330	363
	500		500	550

我国标准规定,额定电压 1 000 V 以上的属高压装置,1 000 V 及其以下的属低压装置。对于带电部位对地电压而言,250 V 以上的为高压,250 V 及其以下的为低压。

一般又将高压分为中压(1~10 kV)、高压(10~330 kV)、超高压(330~1 000 kV)、特高压(>1 000 kV)。电力系统的电压和频率是衡量电力系统电能质量的两个基本参数。规定一般交流电力设备的额定频率为 50 Hz,称为"工频"。工频高压多个等级中,应用较多的是 10、35、110 和 220 kV。工频低压最常用的是 380 V 和 220 V,在安全要求高的场合,还采用 50 V 以下的安全电压。对于直流电压而言,我国常用的有 110 V、220 V 和 440 V 3 个电压等级,用于电力牵引的还有 250、550、750、1 500 和 3 000 V 等电压等级。

设备的端电压与其额定电压有偏差时,工作性能和使用寿命将受到影响,经济效果会下降。用户供电电压允许变化范围见表6.1.2,电力网频率允许偏差值见表6.1.3。

表 6.1.2　用户供电电压允许的变化范围

线路额定电压/U_e	电压允许变化范围
≥235 kV	$\pm 5\% U_e$
≤10 kV	$\pm 7\% U_e$
低压照明	$-10\% U_e \sim 5\% U_e$
农业用户	$-10\% U_e \sim 5\% U_e$

表 6.1.3　电力网频率允许偏差值

运行情况		允许偏差/Hz	允许标准时钟误差/s
正常运行	中、小容量系统	±0.5	60
	大容量系统	±0.2	30
事故运行	≤30min	±1	—
	≤15min	±1.5	—
	绝不允许	-4	—

6.2　电气事故

发生电气事故主要有设备缺陷、技术问题及管理不善等原因。常见的电气事故主要有以下5种:

(1)触电事故

触电事故是指人体触及电流所发生的人身伤害事故,一般情况为人体与带电体直接接触而触电。在高压触电事故中,往往是人体接近带电体至一定间距时,其间发生击穿放电造成触电。触电事故主要有电击和电伤两类。

1)电击

电击是指电流通过人体,刺激肌体组织,使肌肉非自主地发生痉挛性收缩而造成的伤害。严重时,会破坏人的心脏、肺部、神经系统的正常工作而危及生命。

2)电伤

电伤是指电流的热效应、化学效应和机械效应等对人体所造成的伤害。此伤害多见于肌体的外部,属于局部伤害。常见的电伤有电烧伤、电烙印和电光眼等。

(2)静电危害事故

静电危害事故是由静电电荷或静电场能量引起的。某些材料的相对运动、接触与分离等原因导致了相对静止的正电荷和负电荷的积累,即产生了静电。静电易产生放电火花,成为可燃性物质的点火源,造成爆炸和火灾事故。

（3）雷电灾害事故

雷电是大气中的一种放电现象。雷电放电具有电流大、电压高的特点,其能量释放出来可能形成极大的破坏力。

（4）射频电磁场危害

射频是指无线电波的频率或者相应的电磁振荡频率,泛指 100 kHz 以上的频率。射频伤害是由电磁场的能量造成的。

（5）电气系统故障危害

电气系统故障危害是由电能在输送、分配、转换过程中失去控制而产生的。断线、短路、异常接地、漏电、误合闸、误掉闸、电气设备或电气元件损坏等都属于电气故障。

6.3　安全用电

6.3.1　电流对人体的伤害

电流通过人体,会引起人体的生理反应及肌体的损坏。一般将通过人体引起人的任何感觉的最小电流,称为感知电流;人触电后能自行摆脱电极的最大电流,称为摆脱电流;较短时间内危及生命的电流,称为致命电流。电流对人体伤害的程度主要由以下因素决定:

（1）通过人体电流的大小

通过人体的电流大于 0.1 A 时,只要较短时间就会使人窒息、失去知觉。确定人体的安全条件通常不采用安全电流而采用安全电压。若把可能加在人体上的电压限制在某一范围之内,使得通过人体的电流不超过允许的范围,这个电压即为安全电压。若人体电阻取下限值 1 700 Ω(平均值为 2 000 Ω),安全电流取 30 mA,则人体允许持续接触的安全电压约为 50 V(50 Hz 交流有效值)称为正常环境条件下允许持续接触的"安全特低电压"。

（2）通电持续时间

电流持续的时间越长,人体电阻降低越多,越容易引起心室颤动,电击危险性越大。

（3）通电途径

电流通过人体的途径从手到脚最危险,其次是从手到手,再次是从脚到脚。

（4）通过人体电流的频率

直流电的危险性相对小于交流电,工频电流最为危险。20~400 Hz 交流电的摆脱电流值最低,危险性较大;低于或高于这个频段时,危险性相对较小,但高频电流易灼伤肌肤。

6.3.2　触电方式

人体触电方式主要分为单相触电、两相触电和跨步电压触电 3 种。

（1）单相触电

单相触电是指人在地面或接地体上,身体的某一部位触及一相带电体时的触电方式。

（2）两相触电

两相触电是指人体两处同时触及两相带电体时的触电方式。

（3）跨步电压触电

当接地体的电流很大时,形成的电场在地面上的分布不均匀,人的两只脚的电位不同。两脚间电位差,称为跨步电压;由跨步电压造成的触电,称为跨步电压触电。跨步电压的大小与人体和接地体的距离有关。与接地体的距离超过 20 m 时,其跨步电压接近于零。

6.3.3　防止触电事故的措施

防止触电事故的措施很多。其中,最有效的措施是接地和接零。

（1）接地

用接地线将电气设备、杆塔或过电压保护装置与接地体连接,称为接地。按接地目的不同将接地分为工作接地、保护接地、过电压保护接地及防静电接地 4 种。工作接地是在电力系统运行过程中需要的接地,如中性点接地等。保护接地是在中性点不接地的低压配电系统和电力高压系统中,电气设备和电气线路最常采用的一种保安措施,是为了防止电气设备的金属外壳、钢筋混凝土杆和金属杆塔等由于绝缘损坏有可能带电而危及人身安全设置的接地。过电压保护接地是为了消除过电压危险而设置的接地,如避雷针、避雷器等接地。防静电接地则是为了防止易燃油、天然气储罐和煤气管道等静电危险而设置的接地。供配电系统中常用的防止触电的保护接地系统,主要有 IT 系统和 TT 系统。

1）IT 系统

IT 系统是指电源系统的带电部分不接地或通过阻抗接地、电气设备的外露导电部分接地的系统。其中,第一个字母"I"表示电源系统所有带电部分不接地或一点通过阻抗接地;第二个字母"T"表示设备外露导电部分的接地与电源系统的接地电气上无关。如图 6.3.1 所示,在电源中性点不接地的三相三线制低压系统中,用电设备外壳与大地作电气连接,构成 IT 系统。IT 系统不可配出 N 线,常用于要求连续供电的场合。

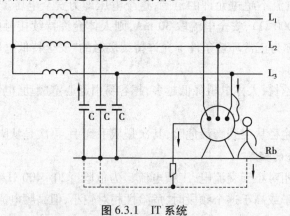

图 6.3.1　IT 系统

2）TT 系统

TT 系统是指电源系统有一点直接接地,设备外露导电部分的接地与电源系统的接地电气上无关的系统。其中,第一个字母"T"表示电源系统的一点直接接地;第二个字母"T"表示设备外露导电部分的接地与电源系统的接地电气上无关。如图 6.3.2 所示,三相四线制中性线接地,电气设备外露金属部分单独直接接地而不与中性线相连,构成 TT 系统。TT 系统被广泛用于供电范围广、负荷不平衡、零线电压较高的情况下。

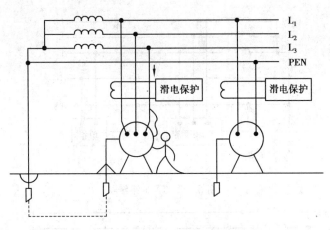

图 6.3.2 TT 系统

（2）接零

将电气设备的外壳与系统的零线连接,称为保护接零。电源中性点直接接地的三相四线制供电系统中,采用保护接零便构成 TN 系统。目前,我国工业企业普遍采用这种系统。

TN 系统按其 PE 线形式的不同,可分为 3 种:TN-C 系统、TN-S 系统和 TN-C-S 系统。其中,第一个字母"T"表示电源系统的一点直接接地;第二个字母"N"表示设备的外露导电部分与电源系统接地点直接电气连接;字母"S"表示中性导体和保护导体是分开的;字母"C"表示中性导体和保护导体的功能合在一个导体上。

1）TN-C 系统

TN-C 系统如图 6.3.3 所示。系统中的 N 线与 PE 线合为一根 PEN 线,所有设备的外露可导电部分均接 PEN 线。因为其 PEN 线中可能有电流通过,会对某些设备产生电磁干扰,该系统不适用于对抗电磁干扰和安全要求较高的场所。

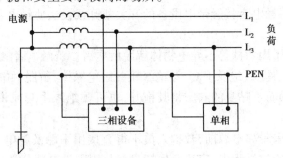

图 6.3.3 TN-C 系统

2）TN-S 系统

TN-S 系统如图 6.3.4 所示。系统中的 N 线与 PE 线完全分开,所有设备的外露可导电部分均接 PE 线。由于 PE 线中无电流通过,因此,对接在 PE 线的设备不会产生电磁干扰。该系统广泛应用于对安全要求及抗电磁干扰要求较高的场所。

3）TN-C-S 系统

TN-C-S 系统如图 6.3.5 所示。N 线与 PE 线可根据负载特点与环境条件合用一根或分开铺设 PEN 线,PEN 线不再合并。该系统适用于配电系统末端环境条件恶劣或有数据处理的场合。

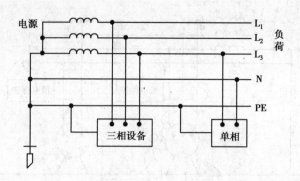

图 6.3.4　TN-S 系统

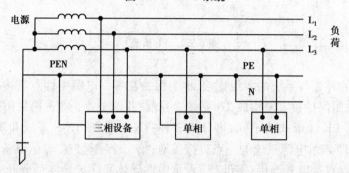

图 6.3.5　TN-C-S 系统

6.3.4　触电急救

在触电急救中应遵循八字方针:迅速、准确、就地、坚持。

(1)迅速脱离电源

脱离电源就是要将触电者接触带电设备的开关断开或设法使触电者与带电设备脱离。

①迅速切断电源。

②使用绝缘工具、干燥木棒等不导电物体解脱触电者。若触电者触及高压带电设备,用适合该电压等级的绝缘工具(戴绝缘手套、穿绝缘靴并用绝缘棒)解脱触电者。

③抓住触电者干燥而不贴身的衣服将其拖开,也可戴绝缘手套或将手用干燥衣物等包起绝缘后解脱触电者。

应当注意,触电者未脱离电源前,救护人员不得直接用手触及触电者;若触电者触及高压带电设备,救护人员在抢救过程中,应注意保持自身与周围带电部分必要的安全距离。

(2)实施急救处理

使触电者脱离电源后,应迅速拨打急救电话请急救中心前来救护,并依据触电者的伤情采取适当的措施进行急救处理。

①若触电者神志尚清醒,则应使之就地平躺,暂时不要让其站立或走动。

②若触电者已神志不清,则应使之就地仰面平躺,且确保其呼吸道通畅,并用 5 s 时间,呼叫伤员或轻拍其肩部,以判定其是否丧失意识。禁止摇动伤员头部呼叫伤员。

③若触电者失去知觉,停止呼吸,但心脏微有跳动时,应在触电者呼吸道通畅后,立即施行人工呼吸。人工呼吸法的具体做法如下。

a.首先迅速解开触电者衣服、裤带,松开上身的紧身衣,使其胸部能自由扩张。

b.使触电者仰卧,不垫枕头,头先倒向一侧,清除其口腔内的异物,然后将其头部扳正,使之尽量后仰,使气道畅通。救护人位于触电者一侧,用一只手捏紧鼻孔,不使漏气,用另一只手将下颌拉向前下方,使嘴巴张开。可在其嘴上盖一层纱布,准备接受吹气。

c.救护人做深呼吸后,紧贴触电者嘴巴,向他大口吹气,使其胸部膨胀。吹气完毕换气时,应立即离开触电者的嘴巴(或鼻孔),并放松紧捏的鼻(或嘴),让其自由排气。

本章小结

1.从发电厂发出的交流电的电压一般为 10 kV,工业企业的进线电压一般为 6~10 kV,一般低压用电设备所需的电压为 220/380 V。

我国标准规定,额定电压 1 000 V 以上的,属高压装置;1 000 V 及其以下的,属低压装置。对于带电部位对地电压而言,250 V 以上的,为高压;250 V 及其以下的,为低压。

2.电气事故主要有触电事故、静电危害事故、雷电灾害事故、射频电磁场危害及电气系统故障危害 5 种。电气事故发生的原因有设备缺陷、技术问题、管理不善 3 种。

3.人体触电方式主要分为单相触电、两相触电和跨步电压触电 3 种。防止触电的主要措施是接地和接零。常见的低压接地主要有 IT 系统、TT 系统。保护接零 TN 系统按其 PE 线形式的不同,可分为 TN-C 系统、TN-S 系统和 TN-C-S 系统 3 种。

习 题

1.输电网主要由哪些部分组成? 它们分别有什么作用?

2.电气事故发生的主要原因有哪些?

3.常见的触电方式有哪些?

4.电流对人体伤害的主要因素有哪些?

5.什么是接地? 什么是接地装置? 什么是接地电流和对地电压?

6.什么是保护接零?

7.在 TN 系统中为什么要采取重复接地?

8.防止电气事故发生的主要方法有哪些?

9.触电急救应遵循什么方针?

10.什么是安全电压? 一般正常环境条件下的安全特低电压是多少?

第 7 章
半导体二极管及其应用电路

提要:本章介绍了半导体的导电特性,阐述了 PN 结的形成过程及单向导电特性;介绍了半导体二极管、稳压二极管的结构、伏安特性及主要参数。同时,对二极管的应用电路进行定性和定量分析。

7.1 半导体

自然界中的物质按照导电性能划分为导体、半导体和绝缘体。导体具有良好的导电性能,如铜、铝、铁等。绝缘体基本不导电,如橡胶和玻璃等。半导体的导电性能介于导体和绝缘体之间,如硅和锗等。

7.1.1 半导体的导电特性

常用的半导体材料分为元素半导体和化合物半导体。元素半导体是由单一元素制成的半导体材料,主要有四价元素硅、锗、硒等,以硅、锗应用最广。化合物半导体主要有砷化镓、磷化镓、磷化铟等。下面以硅为例,讨论半导体及半导体的导电特性。

硅原子核外电子的分布规律如图 7.1.1 所示。最外层的电子数为 4,称为价电子。硅原子在形成单晶结构的过程中与相邻的 4 个硅原子构成较为紧密的共价键结构,如图 7.1.2 所示。

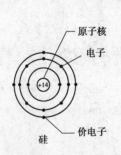

图 7.1.1　硅原子结构

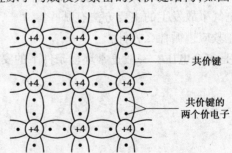

图 7.1.2　单晶硅晶体结构

（1）本征半导体

纯净的、结构完整的半导体晶体，称为本征半导体。本征半导体内由于共价键的结合力非常强，因此在热力学温度 $T=0$ K（即 $t=-273$ ℃）时，价电子无法挣脱共价键的约束，成为自由电子，半导体不导电。当温度升高、光照增强时，价电子获得一定的能量，挣脱共价键的约束而成为自由电子（简称电子），同时在原有共价键上留下一个空位，称为空穴。电子和空穴是成对出现的，称为电子空穴对。电子带负电，则可认为空穴带正电，电子和空穴都是载流子，这是半导体区别于导体的一个重要特征。半导体在热和光的作用下，出现电子空穴对的物理现象，称为本征激发，也称热激发，如图 7.1.3 所示。本征半导体具有热敏性、光敏性和掺杂性。

（2）杂质半导体

本征激发所产生的电子空穴对的数量很少，常温下半导体的导电性能仍然很差。但如果能在晶格结构上掺入少量的五价或三价杂质元素，半导体的导电性能将得到极大的改善，这种现象称为半导体的掺杂性。掺杂后的半导体称为杂质半导体。杂质半导体是制造半导体器件的基本材料。它依据掺入的杂质的不同，可分为 N 型半导体和 P 型半导体。

1）N 型半导体

在硅（或锗）的晶体中掺入五价磷，磷原子的最外层有 5 个价电子，在替代原有晶格上的硅原子时，多出的一个电子，在室温下即可成为自由电子，如图 7.1.4 所示。这种半导体内自由电子的浓度远高于空穴浓度，故称电子型半导体或 N 型半导体。N 型半导体中多数载流子（简称多子）为自由电子，少数载流子（简称少子）为空穴。

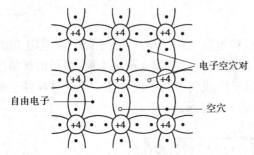

图 7.1.3　本征激发

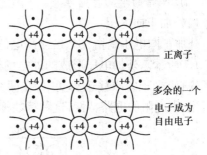

图 7.1.4　N 型半导体

2）P 型半导体

在硅（或锗）的晶体中掺入三价铝，铝原子的最外层有 3 个价电子，在替代原有晶格上的硅原子时，在 4 个共价键上会多出一个空穴，如图 7.1.5 所示。这种杂质半导体内空穴的浓度远高于自由电子浓度，故称空穴型半导体或 P 型半导体。P 型半导体中多数载流子为空穴，少数载流子为自由电子。

在杂质半导体中，多数载流子的浓度由掺杂浓度决定，少数载流子的浓度由温度（或光照）决定。

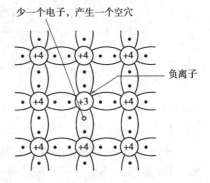

图 7.1.5　P 型半导体

7.1.2 PN 结及其单向导电特性

（1）PN 结的形成

在一个结构完整的晶片上，通过扩散和光刻等特殊的掺杂工艺，在一侧形成 P 型半导体，另一侧形成 N 形半导体，如图 7.1.6（a）所示。N 区电子浓度高，P 区空穴浓度高，因扩散运动，电子和空穴复合，故在交汇区留下的正离子和负离子形成一个由 N 区指向 P 区的内电场。内电场阻碍多子扩散，促进少子漂移，并随着扩散运动内电场不断加强，最终多子的扩散和少子的漂移达到动态平衡，在 P 区和 N 区交界处形成一个稳定的空间电荷区，称为 PN 结，又称耗尽层或阻挡层，如图 7.1.6（b）所示。

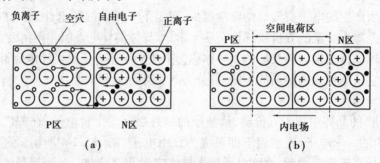

图 7.1.6 PN 结的形成

（2）PN 结的单向导电性

1）外加正向电压

外加正向电压是指在 P 区接高电位，N 区接低电位，此时 PN 结正向偏置（简称正偏），如图 7.1.7 所示。外加电压形成的外电场与内电场方向相反，空间电荷区变薄，多子的扩散运动易于进行，少子的漂移运动受阻，在回路中由多子形成较大的正向电流。此时，PN 结呈现出大电流、小电阻的电路特性，这种特性称为 PN 结正向导通。

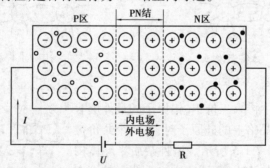

图 7.1.7 PN 结外加正向电压

2）外加反向电压

外加反向电压是指在 N 区接高电位，P 区接低电位，此时 PN 结反向偏置（简称反偏），如图 7.1.8 所示。外加电压形成的外电场与内电场方向相同，空间电荷区变厚，内电场的作用增强，在回路中由少子形成非常小的反向电流。此时，PN 结呈现出小电流、大电阻的电路特性，这种特性称为 PN 结反向截止。

归纳起来就是 PN 结正向偏置时导通，反向偏置时截止，此为 PN 结的单向导电性。PN 结及其单向导电性是各种半导体器件的共同基础。

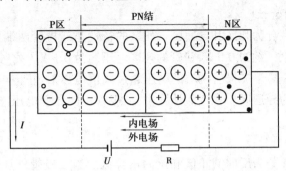

图 7.1.8　PN 结外加反向电压

【思考与练习】

7.1.1　P 型半导体和 N 型半导体的特点是什么?

7.1.2　PN 结正向导通时电流的方向是从 P 区到 N 区,还是 N 区到 P 区?

7.2　半导体二极管

半导体二极管也称晶体二极管,简称二极管。

7.2.1　分类和符号

在 PN 结的 P 区引出一个电极(阳极),N 区引出一个电极(阴极),然后由管壳封装,就构成了半导体二极管,电路符号如图 7.2.1 所示。

二极管根据管芯结构不同,分为点接触型、面接触型和平面型几种,其结构如图 7.2.2 所示。二极管根据所用材料的不同分为硅二极管和锗二极管;根据用途分为整流二极管、稳压二极管等。

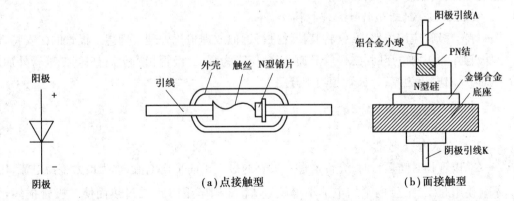

图 7.2.1　二极管的电路符号　　　　图 7.2.2　二极管的结构

7.2.2　伏安特性

二极管的伏安特性是指二极管的外加电压与流过的电流之间的关系。伏安特性如图

7.2.3所示。二极管的伏安特性是研究二极管电路作用的基本关系。

（1）二极管的正向特性

二极管的正向特性分为死区和导通区。死区的特性是二极管两端正向电压不为零，但电流为零。硅管的死区电压约为 0.5 V，锗管的死区电压约为 0.1 V。死区电压（或阈值电压）是死区结束点对应的电压。当二极管两端的电压超过阈值电压后，正向电流随着外加电压的升高而迅速增大的区域为导通区。在近似计算中，二极管正向导通电压硅管可取 0.7 V，锗管可取 0.2 V。

（2）二极管的反向特性

二极管的反向特性分为反向截止区和反向击穿区。当二极管外加反向电压小于 U_{BR} 时，反向电流很小，并且反向电压超过零点几伏之后，反向电流基本保持不变，这个电流称为反向饱和电流，用符号 I_R 表示，该特性称为反向截止特性。当外加的反向电压升高到超过 U_{BR} 以后，反向电流会突然剧增，这种特性称为二极管反向击穿特性，U_{BR} 称为反向击穿电压。

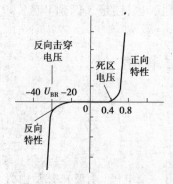

图 7.2.3　硅二极管的伏安特性

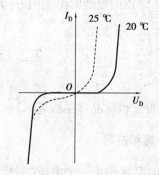

图 7.2.4　温度对二极管特性的影响

（3）温度对二极管特性的影响

温度对二极管特性的影响如图 7.2.4 所示。当温度升高时，正向特性曲线左移，反向特性曲线下移；当温度下降时，情况与上述相反。

（4）二极管的近似特性和理想特性

在二极管应用电路中，常将其特性进行近似或理想化处理。理想二极管的伏安特性为：当二极管外加正向电压时，二极管导通，正向压降为零，二极管相当于短路；当二极管外加反向电压时，反向电流为零，二极管相当于开路。

7.2.3　主要参数

（1）最大整流电流 I_{CM}

二极管长时间运行时，允许流过二极管的最大正向平均电流，称为最大整流电流，用 I_{CM} 表示。使用时，二极管的平均电流不得超过 I_{CM}，否则会因 PN 结过热而使二极管损坏。例如，2CP10 型硅二极管的最大整流电流为 100 mA。

（2）最大反向工作电压 U_{RM}

最大反向工作电压 U_{RM} 是指二极管工作时允许外加的最大反向电压，U_{RM} 通常为反向击穿电压的 1/2 或 2/3。

（3）反向饱和电流 I_R

在室温和反向工作电压条件下,所得的反向电流值称为反向饱和电流 I_R。通常希望 I_R 值越小越好。反向电流大,说明二极管的单向导电性能差,并且受温度的影响大。

（4）最高工作频率 f_M

二极管工作的上限频率,称为最高工作频率 f_M。在使用时,如果二极管的工作频率超过 f_M,则其单向导电性变差。

【思考与练习】

7.2.1 为什么二极管的特性曲线与温度有关?

7.2.2 如何用万用表的欧姆挡来辨别一只二极管的阴阳两极?（提示:模拟万用表的黑表笔接表内直流电源的正极,红表笔接负极）

7.3 稳压二极管

稳压二极管简称稳压管,又称齐纳二极管,是一种特殊的面接触型硅二极管,在电路中能起稳压的作用。

（1）实物外形和电路符号

稳压二极管的实物外形及电路符号如图 7.3.1 所示。

（2）伏安特性

稳压二极管通常是用硅材料做成的,工作在反向击穿区。其伏安特性与普通二极管基本相似,主要区别是:稳压管的反向特性曲线较陡,其反向饱和电流 I_R 几乎为零,如图 7.3.2 所示。当反向电压增加到击穿电压时,反向电流突然剧增,稳压管反向击穿,此后,稳压管两端的电压基本不随电流的变化而变化,两端电压稳定。

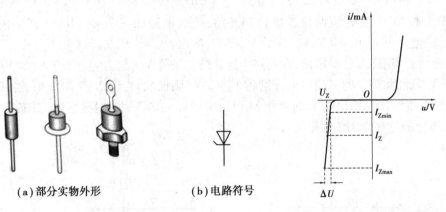

(a) 部分实物外形　　　　(b) 电路符号

图 7.3.1　稳压二极管　　　　图 7.3.2　稳压二极管的伏安特性

（3）主要参数

1）稳定电压 U_Z

稳定电压 U_Z 是稳压管工作在反向击穿区时管子两端的电压。U_Z 是选择稳压管的主要依据之一。

2）稳定电流 I_Z

稳定电流 I_Z 是稳压二极管在正常工作情况下的参考电流。当工作电流低于 I_{Zmin} 时，稳压二极管进入截止区无稳压作用。若工作电流高于 I_Z，则稳压管可以正常稳压，但当工作电流高于 I_{Zmax} 时，稳压二极管会因功耗过大而损坏。

3）动态电阻 r_Z

动态电阻是稳压二极管在正常工作时，电压的变化量与电流变化量的比值，即

$$r_Z = \frac{\Delta U_Z}{\Delta I_Z} \tag{7.3.1}$$

稳压二极管的反向伏安特性越陡，其动态电阻越小，稳压性能越好。

4）最大耗散功率 P_{ZM}

最大耗散功率是指管子不因发生热击穿而损坏的最大功率损耗。它等于最大稳定电流与相应稳定电压的乘积，即

$$P_{ZM} = U_Z I_{ZM} \tag{7.3.2}$$

【思考与练习】

7.3.1 稳压二极管与普通二极管相比，在结构和工作特点上有何异同？

7.3.2 利用稳压管或普通二极管的正向压降，是否也可以稳压？

7.4 二极管的应用

二极管的应用非常广泛。本节介绍二极管在钳位电路和直流稳压电源电路中的应用。

7.4.1 钳位电路

如图 7.4.1(a) 所示为二极管钳位电路。设硅二极管的导通电压为 0.7 V，$V_A = 0$ V，$V_B = 3$ V，电路工作原理分析如下：首先将两只二极管都开路，等效电路如图 7.4.1(b) 所示。由如图 7.4.1(b) 所示的电路可得，$V_A = 0$ V，$V_B = 3$ V，$V_C = 5$ V，所以 $U_{CA} = 5$ V，$U_{CB} = 2$ V，$U_{CA} > U_{CB}$，二极管 VD₁ 先导通。回到图 7.4.1(a) 电路，在电路中导通的二极管 VD₁ 正向电压 0.7 V，即 VD₁ 导通使 $V_C = 0.7$ V。此时，VD₂ 的两端电位分别为 $V_B = 3$ V（阴极），$V_C = 0.7$ V（阳极），故 VD₂ 截止。截止的 VD₂ 将 B 端与输出端 Y 隔离开来，可得 $V_Y = V_C = 0.7$ V，该电路实现了对输出 Y 的电压钳制，二极管的这种作用称为钳位。

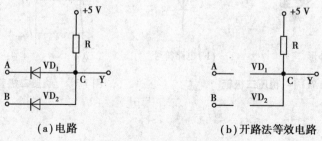

(a) 电路　　　　　　　　　(b) 开路法等效电路

图 7.4.1　二极管钳位电路

7.4.2 直流稳压电源

（1）直流稳压电源概述

交流电便于生产,成本低,广泛应用于工业、农业、国防、技科、日常生活等领域,但很多用电设备还是需要直流电作为能源。将交流变直流常用的电路是直流稳压电源电路。其框图如图7.4.2所示。

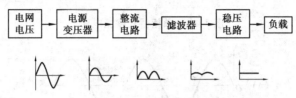

图7.4.2 直流稳压电源电路组成框图

1）变压器

电网提供的交流电为220 V、50 Hz(或380 V、50 Hz),变压器为用电设备提供具有不同幅值的交流电压。

2）整流

利用具有单向导电性能的整流器件(二极管),将交流变为脉动直流。

3）滤波

利用电容、电感等储能元件,将脉动直流中的交流分量尽量滤除,使输出成为更加平滑的直流电。

4）稳压

稳压的作用就是要在电网电压、负载或温度变化时保持输出电压恒定。

（2）直流稳压电源的工作原理

直流稳压电源电路如图7.4.3所示。它是由变压器、桥式整流、电容滤波及稳压二极管稳压电路4个部分组成。

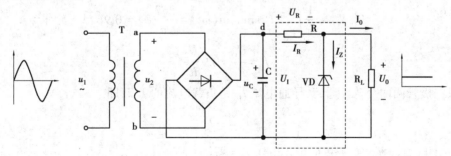

图7.4.3 直流稳压电源电路

1）整流电路

整流电路的作用是将交流电变换为单向脉动的直流电。整流分为单相整流和三相整流,单相整流又分为单相半波整流和单相全波整流。下面以单相桥式(全波)整流电路为例,介绍整流电路的工作原理、参数计算和元件选择等。

单相桥式整流电路由4只二极管接成电桥形式的电路,如图7.4.4所示。

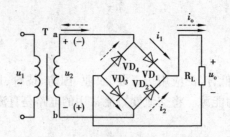

图 7.4.4　单相桥式整流电路

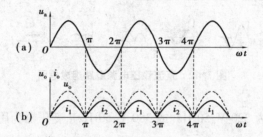

图 7.4.5　单相桥式整流电路电压、电流波形

当 u_2 为正半周时,a 端电位高于 b 端电位,二极管 VD_1 和 VD_3 正向导通,VD_2 和 VD_4 反向截止,电流 i_1 经 a 端→VD_1→R_L 的上端→R_L 的下端→VD_3→b 端,负载 R_L 得到上正下负的输出电压。

当 u_2 为负半周时,b 端电位高于 a 端,二极管 VD_2 和 VD_4 导通,VD_1 和 VD_3 截止,电流 i_2 流经的路径是 b 端→VD_2→R_L 的上端→R_L 的下端→VD_4→a 端,自上而下流经负载 R_L,得到上正下负的输出电压。

这样,在 u_2 的整个周期内,负载电阻 R_L 上的电流、电压方向不变。由此,经整流电路将交流电变为了脉动直流电,如图 7.4.5 所示。单相桥式整流电路的参数计算如下:

输出直流电压 $U_{O(AV)}$、I_o 直流电流(脉动直流的整流平均值),则

$$U_{O(AV)} = \frac{1}{\pi}\int_0^\pi \sqrt{2}\,U_2\sin\omega t \mathrm{d}(\omega t) = \frac{2\sqrt{2}}{\pi}U_2 = 0.9U_2 \tag{7.4.1}$$

$$I_0 = \frac{U_0}{R_L} = 0.9\frac{U_2}{R_L} \tag{7.4.2}$$

4 只二极管两两交替导通,其导通电流 I_D 是负载电流的 $1/2$,即

$$I_D = \frac{1}{2}I_0 \tag{7.4.3}$$

截止二极管承受的最大反向工作电压 U_{RM} 为

$$U_{RM} = \sqrt{2}\,U_2 \tag{7.4.4}$$

选用整流二极管时应满足以下两个条件:

①选用二极管的最大整流电流应大于电路中流过二极管的平均电流 I_D,即 $I_{CM} > I_D$。

②选用二极管的最大反向工作电压 U_{RM} 应大于电路中二极管截止时承受的最大电压值,即变压器副边电压的峰值,$U_{RM} \geqslant \sqrt{2}\,U_2$。

2) 滤波电路

经整流电路输出的直流电脉动程度非常高,这是因为其中除直流分量外,还包含较多的交流分量。为了降低直流电的脉动程度就需要滤除其中的交流成分,这就是滤波。图 7.4.3 中的电容起滤波作用。

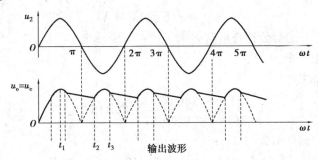

图 7.4.6　单相桥式整流加电容滤波电路的输出波形

$0\text{-}t_1$ 时间段,交流电压 u_2 从零逐渐上升,二极管 VD_1 和 VD_3 正向导通,电流经 VD_1 后分为两路:一路流经负载 R_L、VD_3,回到 u_2 的负极,得到输出电压 u_o,在 t_1 时刻 u_o 上升到峰值 $\sqrt{2}U_2$;另一路对电容 C 充电,电容两端电压 u_u 随 u_2 的上升而上升,在 t_1 时刻也达到峰值 $\sqrt{2}U_2$。$t_1\text{-}t_2$ 时间段,电压 u_2 按正弦规律减小,u_c 按指数规律减小,当 u_c 的变化小于 u_2 的变化时,VD_1 和 VD_3 截止,电容 C 向负载放电,直到 t_2 时刻点。在 t_2 时刻,二极管阳极电位 u_2 又将逐渐大于二极管阴极电位 u_u,VD_2 和 VD_4 正向导通,电容 C 再次充电,重复上述过程,u_o 波形如图 7.4.6 所示。此时,波形更加平滑。

交流电经整流加电容滤波后,其输出电压 U_0 与 U_2(有效值)量值关系如下:

单相半波整流加电容滤波为

$$U_0 \approx U_2 \tag{7.4.5}$$

单相桥式整流加电容滤波为

$$U_0 \approx 1.2U_2 \tag{7.4.6}$$

在这种电容滤波电路中,电容器 C 的容量越大或负载电阻 R_L 越大,电容 C 放电越慢,输出的直流电压就越平滑。为了获得更平滑的输出电压,通常规定:

单相半波整流加电容滤波

$$R_L C \geqslant (3\sim5)T \tag{7.4.7}$$

单相桥式整流加电容滤波

$$R_L C \geqslant (3\sim5)\frac{T}{2} \tag{7.4.8}$$

式中,T 是交流电压 u_2 的周期。在滤波电路中,在选择电容时还应考虑它的耐压值,电容的耐压值一般取 $(1.5\sim2)U_2$。

【例 7.4.1】　电路如图 7.4.3 所示。若要求输出直流电压 $U_1 = 12$ V、负载电流 $I_0 = 100$ mA,试选择合适的滤波电容和整流二极管,以保证电路安全工作。

解　(1)整流二极管选择

由式(7.4.3)可求得正向平均电流

$$I_D > \frac{1}{2}I_0 = 50 \text{ mA}$$

由式(7.4.6)可得变压器副边电压

$$U_2 = \frac{1}{1.2}U_0 = 10 \text{ V}$$

由式(7.4.4)可得最大反向工作电压

$$U_{RM} \geq \sqrt{2}\,U_2 = 14.14 \text{ V}$$

查手册,IN4001/A 的参数符合电路要求。

(2)滤波电容的选择

由式(7.4.8)可求得

$$C > \frac{5T}{2R_L} = \frac{5 \times 0.02}{2 \times (12 \div 0.1)} \ \mu F = 416.7 \ \mu F$$

电容在电路中的耐压值为

$$(1.5 \sim 2)U_2 = (1.5 \sim 2) \times 10 \text{ V} = 15 \sim 20 \text{ V}$$

因此,可确定选用标称电容 500 μF/30 V 的电解电容。

(3)稳压二极管稳压电路

正弦交流电经整流和滤波后,可得到较平滑的直流电,但在交流电网电压波动或负载发生变化时,输出电压仍会发生波动。稳压二极管电路可实现输出电压的稳定。

当使用稳压管组成稳压电路时,首先稳压管工作在反向击穿状态;其次稳压二极管的工作电流必须保证在 $I_{Zmin} \leq I_Z \leq I_{Zmax}$,故稳压二极管稳压电路必须接入一个限流电阻 R,其作用是调节工作电流 I_Z 的大小。最后负载电阻应并联在稳压二极管两端,如图 7.4.3 所示虚线框部分即为稳压电路。

在稳压电路中有两个基本关系式

$$U_I = U_R + U_O \tag{7.4.9}$$
$$I_R = I_Z + I_O \tag{7.4.10}$$

输出电压波动的原因来自电网电压的波动和负载的变化。当负载 R_L 不变、电网电压 U_I 增大(或当电网电压 U_I 保持不变、负载 R_L 增大)时,电路对输出电压 U_O 的稳定过程可简单表述为

$$\text{电网电压}\uparrow(\text{或负载}R_L\uparrow) \rightarrow U_O\uparrow \rightarrow I_Z\uparrow \rightarrow I_R\uparrow \rightarrow U_R\uparrow$$

$$U_O\downarrow \longleftarrow$$

当负载 R_L 不变、电网电压减小时(或当电网电压 U_I 保持不变、负载减小时),各电量的变化与上述相反。

综上所述,在由稳压二极管所构成的稳压电路中,通过稳压二极管所起的调节作用,利用限流电阻 R 上电压的补偿,可实现输出电压稳定的目的。

【思考与练习】

7.4.1 什么是二极管的钳位作用?

7.4.2 稳压二极管稳压电路是如何实现稳压的?

本章小结

1.本征半导体有两种载流子,分别为自由电子和空穴。在本征半导体中分别掺入五价和三价元素可形成 N 型半导体和 P 型半导体。将 N 型半导体和 P 型半导体通过扩散和光刻等工艺结合在一起,交界面附近就形成 PN 结,PN 结具有单向导电性。

2.二极管为非线性元件,其核心部分为 PN 结,因此也具有单向导电性。二极管的伏安特性有正向特性(死区、导通区)和反向特性(截止区和击穿区)。使用时,对其极限参数值(如 I_{CM}、P_{CM})按"尽限使用,留有余量"的原则。

3.稳压管二极管工作在特性曲线的反向击穿区,其动态电阻越小,稳压性能越好。稳压管工作在反向击穿状态,其工作电流必须要满足 $I_{Zmin} \leq I_Z \leq I_{Zmax}$。

4.利用二极管的单向导电性可组成钳位、整流等多种应用电路。

习　题

1.写出如图 7.1 中所示各电路的输出电压值,设二极管导通电压 $U_D = 0.7$ V。

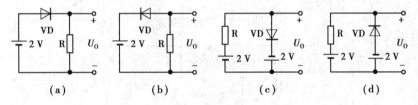

(a)　　　　(b)　　　　(c)　　　　(d)

图 7.1　习题 1 的图

2.如图 7.2 所示电路中的二极管为理想二极管。试估算流过二极管的电流。

3.如图 7.3 所示电路中的二极管为理想器件,试判断 VD_1 和 VD_2 的工作状态,并计算 U_0 的值。

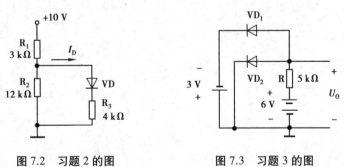

图 7.2　习题 2 的图　　　　图 7.3　习题 3 的图

4.电路如图 7.4(a)、(b)所示,已知稳压管的稳压值 $U_Z = 6$ V,稳定电流的最小值 $I_{Zmin} = 3$ mA,最大值 $I_{Zmax} = 20$ mA,求 U_{O1} 和 U_{O2}。

5.在如图 7.5 所示的电路中,$R_L = 1$ kΩ,交流电压表 V_2 的读数为 20 V,求直流电压表 V 和直流电流表 A 的读数,并对二极管进行选型。

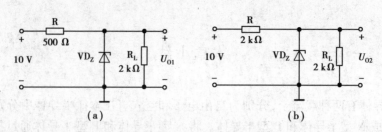

图 7.4　习题 4 的图

6.电路如图 7.6 所示：

（1）改正图中错误，使之成为桥式整流电路；

（2）在改好的电路中，设变压器副边电压有效值 $U=30$ V，$R_L=100$ Ω，试计算输出电压平均值 U_0、输出电流的平均值 I_0、流过二极管的电流 I_D 及最大反向工作电压 U_{RM}；

（3）若任一整流二极管开路，求输出电压的平均值；

（4）若在 R_L 两端并联一滤波电容 C，求输出电压的平均值。

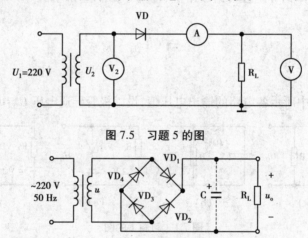

图 7.5　习题 5 的图

图 7.6　习题 6 的图

第 **8** 章
半导体三极管及其放大电路

提要:本章介绍了半导体三极管的结构、电流放大作用、特性曲线和主要参数,阐明了放大的概念,并以共射放大电路为例介绍了放大电路的组成、工作原理和基本分析方法;介绍了共集电极电路,并对 3 种基本组态放大电路进行了比较;介绍了差分放大电路及功率放大电路的电路组成和工作原理;简单介绍了场效应管及场效应管放大电路。

8.1 半导体三极管

半导体三极管又称双极结型三极管(Bipolar Junction Transistor, BJT)、晶体三极管、晶体管,简称三极管,是最重要的半导体器件之一。三极管的常见外形如图 8.1.1 所示。

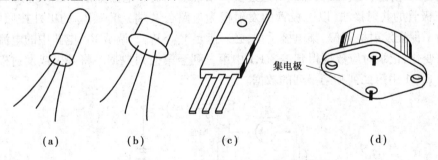

集电极

| (a) | (b) | (c) | (d) |

图 8.1.1　三极管的常见外形

8.1.1　分类、结构及电路符号

目前,我国生产的晶体三极管按结构分主要为平面型和合金型两类。通常硅管是平面型,锗管是合金型,如图 8.1.2 所示。除此,还可按功率大小分为大功率管、中功率管和小功率管;按工作状态分为放大管和开关管。无论哪一类都是按照 NPN 或 PNP 的顺序结合而成的,因此又把三极管分为 NPN 型和 PNP 型。

三极管内部结构如图 8.1.3 所示。它通过两个 PN 结,将整块材料分成集电区、基区、发射区。从 3 个区分别引出集电极 C(c)、基极 B(b)、发射极 E(e)。集电区与基区间的 PN 结,称为集电结;基区与发射区间的 PN 结,称为发射结。三极管电路符号如图 8.1.3 所示。

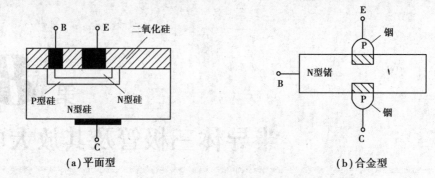

（a）平面型　　　　　　　　　　　（b）合金型

图 8.1.2　三极管的结构

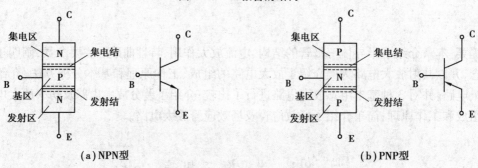

（a）NPN型　　　　　　　　　　　（b）PNP型

图 8.1.3　晶体三极管的内部结构示意图及电路符号

8.1.2　电流分配和放大作用

三极管的电流分配和放大作用可通过实验来说明。实验电路如图 8.1.4 所示。该电路为 NPN 型三极管的共射接法(以三极管的发射极为电路公共端), V_{CC}、V_{BB} 的极性按照电路所示连接。为了保证发射极正偏,集电极反偏,必须满足 $V_{CC} > V_{BB}$。调节 R_b,电路中的电流 I_B、I_C、I_E 都会发生变化,记录对应数据得到表 8.1.1 中第三列至第七列数据。将基极或发射极开路,分别得到表 8.1.1 中第二列和第一列的数据。

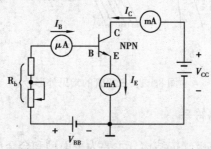

图 8.1.4　三极管电流分配关系测试电路

表 8.1.1　三极管电流分配关系测试数据

I_B/mA	−0.001	0	0.02	0.04	0.06	0.08	0.10
I_C/mA	0.001	<0.001	0.74	1.5	2.25	3.08	3.95
I_E/mA	0	<0.001	0.76	1.54	2.31	3.16	4.05

分析表 8.1.1 中的实验数据,可得出以下结论:

①测试数据中的每一列,都有 $I_E = I_B + I_C$。 　　　　　　　　　　　　　　(8.1.1)

这一结果满足基尔霍夫电流定律。

②第三列至第七列的数据特性相似。以第四列数据为例,可得到 I_C 与 I_B 的比值为

$$\overline{\beta} = \frac{I_C}{I_B} = \frac{1.5}{0.04} = 37.5 \qquad (8.1.2)$$

另外,比较第四列与第五列的数据,可得

$$\beta = \frac{\Delta I_C}{\Delta I_B} = \frac{2.25-1.5}{0.06-0.04} = \frac{0.75}{0.02} = 37.5 \qquad (8.1.3)$$

这就是三极管的电流放大作用。$\overline{\beta}$ 称为共射极直流电流放大系数,β 称为共射极交流电流放大系数。

③由第一列和第二列的数据表明,当 $I_B = 0$ 或 $I_E = 0$ 时,三极管无电流放大作用,但三极管各电极的电流依然满足基尔霍夫电流定律。

综上所述,只有当发射结正偏、集电结反偏时三极管才具有电流放大作用。

8.1.3　特性曲线

三极管的特性曲线反映了三极管各电极电压和电流之间的关系,是分析各种放大电路的重要依据。特性曲线测试电路如图 8.1.5 所示。在电路中,通过调节电路中的 V_{CC} 和 R_b 即可测得三极管特性曲线。

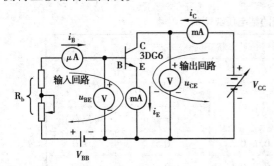

图 8.1.5　三极管共射特性曲线测试电路　　　　图 8.1.6　三极管的输入特性曲线

(1)输入特性曲线

当集射电压 u_{CE} 为常数时,输入回路中的电流 i_B 与电压 u_{BE} 之间的关系曲线,称为输入特性曲线,用函数形式表示为

$$i_B = f(u_{BE})\big|_{u_{CE}=常数} \qquad (8.1.4)$$

当 $u_{CE} \geqslant 1$ 时的特性曲线如图 8.1.6 所示。它与二极管的正向特性相同。

(2)输出特性曲线

当基极电流 i_B 为常数时,三极管输出回路中集电极电流 i_C 与集射电压 u_{CE} 的关系曲线,称为输出特性曲线,用函数形式表示为

$$i_C = f(u_{CE})\big|_{i_B=常数} \qquad (8.1.5)$$

当 I_B 取值不同时,可得到不同的曲线,故三极管的输出特性曲线是一组曲线,如图 8.1.7 所示。

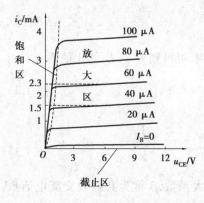

图 8.1.7 三极管的输出特性曲线

三极管的输出特性曲线分为以下 3 个工作区：

1）放大区

将 $i_B>0$，$u_{CE}>1$ V 以右的区域，称为放大区。在放大区 $i_C=\beta i_B$，β 近似为常数，i_C 与 i_B 为线性关系，故放大区也称线性区或恒流区。在该区域三极管有电流放大作用，此时发射结正偏，集电结反偏。对 NPN 型三极管，$u_{BE}>0$，$u_{BC}<0$。

2）截止区

将 $i_B\leq0$ 的区域，称为截止区。此时，$i_C\approx0$。在截止区，三极管的发射结反偏，集电极结反偏。在理想条件下工作于截止区的三极管，集电极与发射极之间可视为开路。

3）饱和区

在靠近纵坐标轴，曲线上升部分所对应的区域，称为饱和区。在该区域集电极电流 i_C 基本不随 i_B 的变化而变化，三极管失去放大作用。三极管饱和时集射之间的管压降用 U_{CES} 表示，称为集射饱和管压降。三极管工作于饱和区时，发射结、集电结都处于正向偏置。在理想条件下工作于饱和区的三极管 $U_{CES}\approx0$，集电极与发射极之间可视为短路。

表 8.1.2 列出了三极管在 3 种工作状态条件下，发射结和集电结的典型电压值，通过与典型值的对比，可判断三极管在电路中的工作状态。

表 8.1.2 三极管的结电压典型值

管型	管材	工作状态				
		饱 和		放 大	截 止	
		U_{BE}/V	U_{CE}/V	U_{BE}/V	U_{BE}/V	
					开始截止	可靠截止
NPN	硅管	0.7	0.3	0.6~0.7	0.5	≤0
	锗管	0.2	0.1	0.2~0.3	0.1	−0.1
PNP	硅管	−0.7	−0.3	−0.7~−0.6	−0.5	≥0
	锗管	−0.2	−0.1	−0.3~−0.2	−0.1	0.1

8.1.4 主要参数

三极管参数是设计电路、合理使用器件的依据。主要参数有：

（1）共发射极电流放大系数 β、$\overline{\beta}$

β 和 $\overline{\beta}$ 两者数值近似相等，以后不加区分，统一用 β 表示。常用三极管的 β 值为 20~200。选用时应注意，β 太小的管子放大能力差，β 太大则热稳定性较差。

（2）集电极-发射极反向饱和电流 I_{CEO}

集电极-发射极反向饱和电流 I_{CEO} 又称集电极和发射极之间的穿透电流，是指基极开路，

集电极-发射极间的反向漏电流，即

$$I_{CEO} = (1+\bar{\beta}I_{CBO}) \qquad (8.1.6)$$

I_{CEO} 是衡量三极管热稳定性好坏的重要参数之一，其值越小越好。

（3）集电极最大允许电流 I_{CM}

当三极管的集电极电流超过一定数值时，电流放大系数 β 将下降。将 β 下降至正常值的 2/3 时的集电极电流，称为集电极最大允许电流 I_{CM}。若 $I_C > I_{CM}$，可能造成管子的损坏。

（4）集电极-发射极间的反向击穿电压 $U_{(BR)CEO}$

基极开路时，允许加在集电极-发射极间的反向击穿最高电压，称为集电极-发射极间反向击穿电压 $U_{(BR)CEO}$。在实际使用时，一般应使 $U_{(BR)CEO} \geqslant (2 \sim 3)V_{CC}$。

（5）集电极最大允许耗散功率 P_{CM}

集电极最大允许耗散功率是指三极管正常工作时最大允许损耗的功率。集电极损耗的电能将转化为热能，三极管受热将使三极管的性能变差甚至损坏。

三极管的管压降 u_{CE}，集电极电流 i_C，则

$$u_{CE}i_C < P_{CM} \qquad (8.1.7)$$

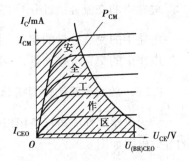

图 8.1.8　三极管的安全工作区

如图 8.1.8 所示，根据管子的 P_{CM} 值，可在三极管的输出特性曲线上作出一条 P_{CM} 曲线，由 P_{CM}、I_{CM}、$U_{(BR)CEO}$ 3 条曲线所包围的区域为三极管的安全工作区。

【思考与练习】

8.1.1　三极管含有两个 PN 结，它的功能是否可由两个 PN 结反向串联起来代替？

8.1.2　三极管 3 个极的电流 I_B、I_C、I_E 之间的关系是怎样的？

8.2　放大电路概述

8.2.1　放大的概念

所谓放大，从表面意义来看可表述为将小信号变成大信号。但现实中是没有无中生有的事，因此，放大的实质是能量的控制和转换，是由能量较小的输入信号控制另一个能源（放大电路中的直流电源 V_{CC}），使输出端获得放大的信号。这种小能量对大能量的控制作用，称为放大作用。三极管在整个过程中起到能量的调用和控制作用。

8.2.2　三极管的接入方式和基本物理量

（1）三极管的接入方式

三极管是三端元件，依据接入电路时作为公共端的电极的不同，三极管电路可分为共发射极、共集电极和共基极 3 种组态，如图 8.2.1 所示。

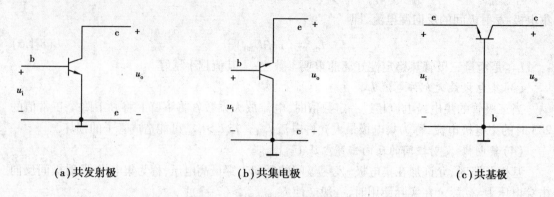

(a)共发射极　　　　　　　(b)共集电极　　　　　　　(c)共基极

图 8.2.1　三极管的电路接入方式

（2）三极管的基本物理量

三极管电路是交、直流量共存的电路。因此,在电路定量研究中要用不同的符号分别表示。统一规定为:电路中的直流分量,用大写字母大写下标表示,如 I_B、I_C、I_E、U_{BE}、U_{CE}、V_{CC}。电路中的交流分量,用小写字母小写下标表示,如 i_b、i_c、i_e、u_i、u_{be}、u_{ce}、u_o。

电路中的交流分量的相量,用大写字母小写下标表示,如 $\dot{I}_b$、$\dot{I}_c$、$\dot{I}_e$、$\dot{U}_i$、$\dot{U}_o$。

电路中的交直流叠加量,用小写字母大写下标表示,如 i_B、i_C、i_E、u_{BE}、u_{CE}。

8.2.3　放大电路的性能指标

放大电路的性能指标是用以定量描述放大电路各种性能的参数。放大电路输入与输出端的等效电路如图 8.2.2 所示。

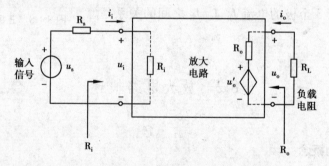

图 8.2.2　放大电路的性能指标测试等效电路

（1）放大倍数

放大电路的放大倍数有电压放大倍数和电流放大倍数。它们是定量描述放大电路放大能力的指标。

输出电压与输入电压之比定义为电压放大倍数,即

$$A_u = \frac{u_o}{u_i} \quad 或 \quad \dot{A}_u = \frac{\dot{U}_o}{\dot{U}_i} \tag{8.2.1}$$

输出电流与输入电流之比定义为电流放大倍数,即

$$A_u = \frac{i_O}{i_i} \quad 或 \quad \dot{A}_{u'} = \frac{\dot{I}_O}{\dot{I}_i} \qquad (8.2.2)$$

（2）输入电阻

输入电阻 R_i 是从放大电路的输入端看进去的等效电阻，即

$$R_i = \frac{u_i}{i_i} \qquad (8.2.3)$$

输入电阻描述了放大电路对信号源索取电流的大小，R_i 越大，放大电路从信号源索取的电流越小。当信号源用电压源模型表示时，输入电阻越大越好。

（3）输出电阻

输出电阻 R_o 是从输出端等效的电阻。它是描述放大电路带负载能力的指标，R_o 越小，放大电路输出端等效电压源越接近理想电压源，带负载能力越强。通常希望放大电路的输出电阻越小越好。输出电阻的求解在具体的放大电路中介绍。

【思考与练习】

8.2.1 放大的本质是什么？

8.2.2 直流 V_{CC} 在电路中起什么作用？

8.2.3 为什么说放大电路的输入电阻 R_i 越大越好，输出电阻 R_o 越小越好？

8.3 基本共发射极放大电路

基本共发射极放大电路是三极管放大电路最基本的形式之一。本节以 NPN 型三极管构成的基本共发射极放大电路为例，介绍放大电路的组成、工作原理及分析方法。

8.3.1 电路的组成

电路如图 8.3.1 所示。输入信号为 u_i，输出信号为 u_o，三极管的发射极为电路的公共端。因此，该电路为共发射极放大电路。

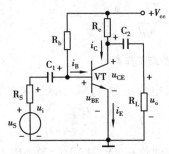

图 8.3.1 基本共发射极放大电路

（1）三极管 VT

三极管 VT 是放大电路的核心元件。利用它的电流放大作用（$i_C = \beta i_B$），在集电极获得放大的电流 i_C。

（2）直流稳压电源 V_{CC}

它保证三极管发射结正偏、集电结反偏，使三极管工作在放大状态。

（3）基极偏置电阻 R_b

通过对 R_b 的调节，可获得不同的基极电流（简称偏流），并使发射结正偏，从而为三极管设置合适的静态工作点。基极电阻的阻值在几十千欧到几百千欧。

（4）集电极电阻 R_c

集电极电阻可将集电极的电流 i_C 转换成集电极-发射极的电压 $R_c i_C$，最终实现电压放大。

（5）耦合电容 C_1 和 C_2

C_1 和 C_2 完成信号与放大电路、放大电路与负载的连接，称为耦合电容。C_1 和 C_2 通常采用较大容量的电解电容。在电路连接中，注意电解电容的极性。

以三极管为核心元件的放大电路，既有直流电源 V_{CC}，又有交流信号 u_i，是交、直流并存的电路。因此，对电路的分析分为静态（直流）分析和动态（交流）分析。

8.3.2　放大电路的静态分析

输入信号 $u_i = 0$ 时，在直流电源 V_{CC} 的作用下，直流电流流过的路径，称为放大电路的直流通路。在直流通路中，估算直流量 I_B、I_C、U_{BE} 和 U_{CE}，确定三极管工作状态的电路分析，称为静态分析。直流量 I_B、I_C、U_{BE} 和 U_{CE} 在输入、输出特性曲线上交汇于一点，称为静态工作点，用 Q 表示，如图 8.3.2 所示。

（1）估算法求静态工作点

在图 8.3.1 电路中，设 $u_i = 0$，电容在直流电路中开路，即获得放大电路的直流通路，如图 8.3.3所示。

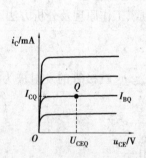

图 8.3.2　放大电路的静态工作点

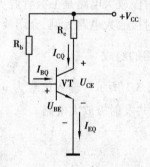

图 8.3.3　直流通路

在直流通路中，应用基尔霍夫电压定律，可求出静态时的基极电流

$$I_{BQ} = \frac{V_{CC} - U_{BEQ}}{R_b} \approx \frac{V_{CC}}{R_b} \tag{8.3.1}$$

在放大状态时，U_{BEQ} 近似取值硅管 0.7 V，锗管 0.2 V。因 U_{BEQ} 较 V_{CC} 小很多，故在估算中也可忽略。

该电路 R_b 一经选定，基极电流 I_B 也就固定不变了。因此，如图 8.3.1 所示的电路又称固定偏置共发射极放大电路。

三极管工作在放大状态时

$$I_{CQ} = \beta I_{BQ} \tag{8.3.2}$$

集电极-发射极电压

$$U_{CEQ} = V_{CC} - R_c I_{CQ} \tag{8.3.3}$$

【例 8.3.1】　在如图 8.3.1 所示的电路中,已知 $R_b = 300 \text{ k}\Omega$, $R_c = 3 \text{ k}\Omega$, $V_{CC} = 12 \text{ V}$, $\beta = 50$, 试求放大电路的静态工作点 Q。

解　设三极管为硅管,取 $U_{BEQ} = 0.7 \text{ V}$,得

$$I_{BQ} = \frac{V_{CC} - U_{BEQ}}{R_b} = \left(\frac{12 - 0.7}{300} \right) \text{ mA} \approx \frac{12}{300} \text{ mA} = 40 \text{ μA}$$

三极管工作在放大状态,则有

$$I_{CQ} = \beta I_{BQ} \approx 50 \times 0.04 \text{ mA} = 2 \text{ mA}$$

$$U_{CEQ} = V_{CC} - R_c I_{CQ} = 12 \text{ V} - 3 \text{ k}\Omega \times 2 \text{ mA} = 6 \text{ V}$$

(2)图解法求静态工作点

图解法是利用三极管的输入和输出特性曲线,用作图的方法确定放大电路的静态工作点的电路分析方法。

①估算法求解 I_{BQ} 和 U_{BEQ},由于器件手册上一般不给出三极管的输入特性曲线,因此, I_{BQ} 和 U_{BEQ} 还是用估算法。

②依据式 $U_{CE} = -R_c I_C + V_{CC}$ 可在图 8.3.4 中得到两个特殊点,横坐标交点($i_C = 0$, $u_{CE} = V_{CC}$); 纵坐标交点($i_C = V_{CC}/R_c$, $u_{CE} = 0$),连接这两点可在三极管输出特性曲线上画出一条直线,该直线称为直流负载线,负载线的斜率为 $-1/R_c$,如图 8.3.4 所示。

三极管特性曲线和直流负载线的交点、与估算的 I_{BQ} 共同确定静态工作点,如图 8.3.4 所示的 Q 点。 Q 点对应的纵横坐标值就是 I_{CQ} 和 U_{CEQ} 。

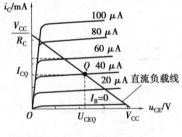

图 8.3.4　静态工作点

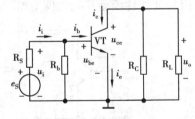

图 8.3.5　交流通路

8.3.3　放大电路的动态分析

只在输入信号 u_i 的作用下,交流电流流经的路径,称为放大电路的交流通路。在交流通路中,只针对交流量进行的电路分析,称为动态分析。

画交流通路时,电容应视为短路,直流电压源 V_{CC} 应对地短路,如图 8.3.5 所示。

动态分析的目的是确定电路的电压放大倍数,以及输入电阻与输出电阻等性能指标。放大电路的动态分析方法有微变等效法和图解法。

(1)微变等效法

当静态工作点在放大区合适的位置,输入小信号时,三极管的输入、输出特性可近似视为线性,即可用线性模型来等效非线性的三极管模型,此时放大电路为线性电路,可用线性电

的分析法定量分析放大电路,这种分析法称为微变等效法。

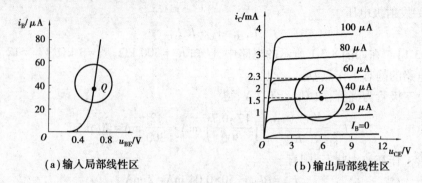

（a）输入局部线性区　　　　（b）输出局部线性区

图 8.3.6　三极管在放大区局部线性化

1）三极管的微变等效线性模型

在输入特性曲线如图 8.3.6(a)所示的区域,三极管的输入特性可用线性电阻等效,等效电阻 r_{be} 定义为

$$r_{be} = \frac{\Delta u_{BE}}{\Delta i_B} \tag{8.3.4}$$

低频小功率三极管的 r_{be} 的常用估算公式为

$$r_{be} \approx 300\ \Omega + (1+\beta)\frac{26\ mV}{I_{EQ}mA} \tag{8.3.5}$$

在输出特性曲线如图 8.3.6(b)所示的区域,三极管的输出特性可用受控电流源等效,在 β 为恒定值的条件下为线性的电流控制电流源,控制关系为

$$i_C = \beta i_B \tag{8.3.6}$$

三极管非线性模型和线性模型如图 8.3.7 所示。

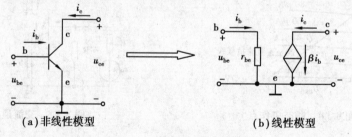

（a）非线性模型　　　　（b）线性模型

图 8.3.7　三极管的电路模型

2）放大电路的微变等效电路

将交流通路中的三极管用线性模型替换,如图 8.3.8 所示为基本共射放大电路(见图 8.3.1 的电路)的微变等效电路,电路为线性电路。

3）放大电路的动态指标计算

①电压放大倍数

在放大电路的输入端加上正弦电压,由如图 8.3.8 所示的微变等效电路分析可得

$$u_i = r_{be}i_b$$
$$u_o = -R'_L i_c = -R'_L \beta i_b$$

式中,$R'_L = R_c /\!/ R_L$。

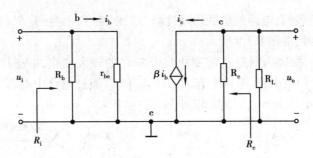

图 8.3.8　基本共射放大电路的微变等效电路

因此,基本共射放大电路的电压放大倍数为

$$A_u = \frac{u_o}{u_i} = \frac{-R'_L \beta i_b}{r_{be} i_b} = -\frac{\beta R'_L}{r_{be}} \qquad (8.3.7)$$

②输入电阻

从图 8.3.8 的输入端看,输入电阻 R_i 是 R_b 和 r_{be} 两只电阻的并联,即放大电路的输入电阻为

$$R_i = r_{be} /\!/ R_b \approx r_{be} \qquad (8.3.8)$$

由于 r_{be} 通常只有 1 kΩ 左右,因此,基本共射放大电路的输入电阻不够大。

③输出电阻

在图 8.3.8 中,将输入短路($u_i = 0$),负载开路,可得 $i_b = 0$,$i_c = \beta i_b = 0$,微变等效电路中受控电流源开路。此时,从输出端看,放大电路的输出电阻为

$$R_o = R_c \qquad (8.3.9)$$

R_c 一般为几千欧,即基本共射放大电路输出电阻不够小。

【例 8.3.2】　在例 8.3.1 中,若 $R_L = 3$ kΩ,U_{BE} 忽略,试用微变等效法估算 A_u、R_i、R_o。

解　(1)首先估算 r_{be},由前面例 8.3.1 已完成静态工作点的计算可得到

$$I_{EQ} \approx I_{CQ} = 2 \text{ mA}$$

$$r_{be} = 300 \text{ Ω} + (1+\beta)\frac{26 \text{ mV}}{I_{EQ}} \text{Ω} = 300 \text{ Ω} + \frac{51 \times 26 \text{ mV}}{2 \text{ mA}} \text{Ω} = 963 \text{ Ω} \approx 0.96 \text{ kΩ}$$

(2)分别由式(8.3.7)—式(8.3.9)计算

$$A_u = \frac{-\beta R'_L}{r_{be}} = \frac{-50 \times \left(\dfrac{3 \times 3}{3+3}\right) \text{ kΩ}}{0.96 \text{ kΩ}} = -78.1$$

$$R_i = R_b /\!/ r_{be} \approx r_{be} = 0.96 \text{ kΩ}$$

$$R_o \approx R_c = 3 \text{ kΩ}$$

(2)图解法

1)图解法的概念

微变等效法只适用于在输入正弦信号很小的条件下,放大电路的动态分析。图解法既可用于小信号输入时的动态分析,也可用于大信号输入时的动态分析。

在静态分析中已完成静态工作点 Q 的设置,三极管已工作在放大状态。输入正弦电压 u_i 通过耦合电容 C_1 叠加到静态基射电压 U_{BEQ} 之上,基射间有电压 $u_{BE} = U_{BEQ} + u_i$,同时基极电流相应为 $i_B = I_{BQ} + i_b$,如图 8.3.9 所示。

输出回路带有负载时,电路的负载线是过静态工作点、斜率为$-1/R'_L$($R'_L = R_c \mathbin{/\mkern-3mu/} R_L$)的一条直线,称为交流负载线,如图 8.3.9 所示。

放大电路 $i_c = \beta i_b$,故输入回路 i_b 的变化将带来 i_c 的较大变化,电流在输出回路得到了放大,同理也带来了 u_{ce} 的放大,在电路中有 $u_{CE} = U_{CEQ} + u_{ce}$,通过电路中电容 C_2 滤去其中的直流成分 U_{CEQ},得到输出电压 $u_o = u_{ce}$,如图 8.3.9 所示。

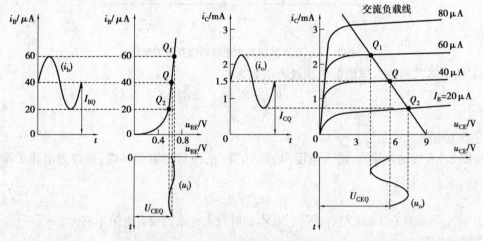

图 8.3.9　交流动态分析的图解法

由此可知,输入一个很小的正弦量 u_i,经由放大电路放大后,获得一个较大的正弦量 u_o 输出,且输出电压与输入电压反相。

2)图解法的应用

通过在三极管特性曲线上作图,能形象、直观地判断三极管的工作状态,可用于对放大电路输出波形的失真情况等进行分析。所谓失真,是指输出波形与输入波形不相似。

若静态工作点设置在靠近饱和区的 Q_1 点,输入正弦信号 u_i,在它的正半周有部分信号进入饱和区,使得 u_o 负半周波形出现失真,这种失真称为饱和失真,如图 8.3.10 所示。

若静态工作点设置在靠近截止区的 Q_2 点,输入正弦信号 u_i,在它的负半周有部分信号进入截止区,使得 u_o 正半周波形出现失真,这种失真称为截止失真,如图 8.3.11 所示。

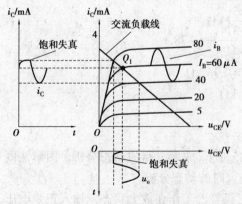

图 8.3.10　输出波形的饱和失真

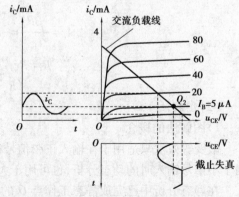

图 8.3.11　输出波形的截止失真

饱和失真和截止失真都是因三极管的非线性特性产生的,故称非线性失真。为了避免非线性失真,静态工作点 Q 应设置在放大区的中部,这样就可增大输出信号的动态范围,有效消除产生失真的可能性。如图 8.3.1 所示的电路可通过调节 R_b 消除失真。

【思考与练习】

8.3.1 直流 V_{CC} 在放大电路起什么作用?

8.3.2 如何画放大电路的直流通路和交流通路?

8.4 分压式偏置共发射极放大电路

放大电路要实现对输入信号的放大,必须有合适的静态工作点,但作为放大电路核心元件的三极管是温度敏感元件。当温度升高时,I_{CBO}、β 等的增大都会使三极管的输出特性曲线上移。如图 8.4.1 所示,温度 T_1 升高至 T_2,静态工作点 Q 移到 Q',电路可能因进入饱和工作区而失去对信号的放大作用,使输出波形失真。因此,稳定静态工作点是放大电路必须解决的问题。分压式偏置放大电路是一种能有效稳定静态工作点的电路。

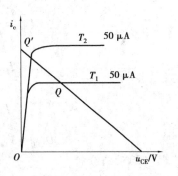

图 8.4.1 温度对静态工作点的影响

8.4.1 静态工作点的稳定原理

如图 8.4.2 所示电路的直流电源 V_{CC} 是经电阻 R_{b1}、R_{b2} 分压后接在基极,称为分压式偏置共发射极放大电路。另外,该电路还接有发射极电阻 R_e 和射极旁路电容 C_e。

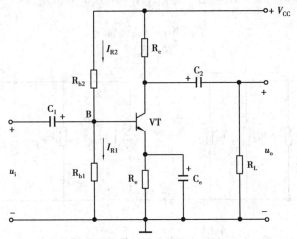

图 8.4.2 分压式偏置共射极放大电路

为了保证电路的静态工作点稳定,必须要保证电路中 B 点的电压 U_{BQ} 的值与温度无关。因此,对电路有以下要求:

①流过分压电阻 R_{b1}、R_{b2} 上的电流 I_{R_1}、$I_{R_2} \gg I_{BQ}$。工程上当满足 $I_{R_1}、I_{R_1} > (5 \sim 10) I_{BQ}$ 时,在电路分析中可忽略 I_{BQ},此时可认为 U_{BQ} 为 V_{CC} 在 R_{b1} 上的分压,该电压值与温度无关。

②$U_{BQ} \gg U_{BEQ}$。工程上认为 $U_{BQ} \geqslant (5 \sim 10) U_{BEQ}$ 时,U_{BEQ} 在计算中可忽略。

当温度升高时,分压式偏置电路静态工作点稳定的过程可表述为

$$T\uparrow\to I_{CQ}\uparrow\to I_{EQ}\uparrow\to U_{EQ}\uparrow\to U_{BEQ}\downarrow\to I_{BQ}\downarrow$$
$$I_{CQ}\downarrow\longleftarrow$$

8.4.2 静态分析和动态分析

(1)静态分析

直流通路如图 8.4.3 所示。在 I_{R_1}、$I_{R_2}\gg I_{BQ}$ 的条件下,静态工作点计算为

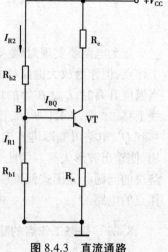

$$U_{BQ}=\frac{R_{b1}}{R_{b1}+R_{b2}}V_{CC} \qquad (8.4.1)$$

$$I_{CQ}\approx I_{EQ}=\frac{U_{BQ}-U_{BEQ}}{R_e} \qquad (8.4.2)$$

$$I_{BQ}=\frac{I_{CQ}}{\beta} \qquad (8.4.3)$$

$$U_{CEQ}\approx V_{CC}-(R_c+R_e)I_{CQ} \qquad (8.4.4)$$

图 8.4.3 直流通路

(2)动态分析

微变等效电路如图 8.4.4 所示。与固定偏置共射放大电路相比,在基极与发射极之间是 R_{b1} 与 R_{b2} 两只电阻的并联。因此,电路的电压放大倍数、输入电阻、输出电阻分别为

$$A_u=-\beta\frac{R'_L}{r_{be}} \qquad (R'_L=R_c /\!/ R_L) \qquad (8.4.5)$$

$$R_i=R_{b1} /\!/ R_{b2} /\!/ r_{be} \qquad (8.4.6)$$

$$R_o=R_c$$

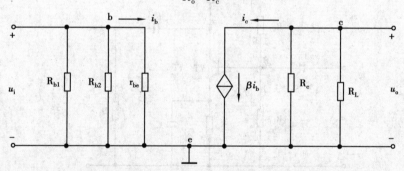

图 8.4.4 分压式偏置共射电路的微变等效电路

【例 8.4.1】 放大电路如图 8.4.2 所示。已知 $\beta=50$,$U_{BE}=0.7$ V,$R_{b1}=10$ kΩ,$R_{b2}=20$ kΩ,$R_C=2$ kΩ,$R_L=2$ kΩ,$R_e=2.5$ kΩ,$V_{CC}=12$ V。试求:

(1)静态工作点 I_{BQ}、I_{CQ}、U_{CEQ};

(2)估算 A_u、R_i、R_o。

解 (1) $$U_{BQ}=\frac{R_{b1}}{R_{b1}+R_{b2}}V_{CC}=\frac{10}{10+20}\times12\ \text{V}=4\ \text{V}$$

$$I_{CQ} \approx I_{EQ} = \frac{U_{BQ} - U_{BEQ}}{R_e} = \frac{4-0.7}{2.5} \text{ mA} = 1.32 \text{ mA}$$

$$I_{BQ} \approx \frac{I_{CQ}}{\beta} = \frac{1.32}{50} \text{ mA} \approx 26 \text{ μA}$$

$$U_{CEQ} \approx V_{CC} - I_{CQ}(R_c + R_e) = (12 - 1.32 \times 4.5) \text{ V} \approx 6 \text{ V}$$

（2）
$$r_{be} = 300 + \frac{(\beta+1)26}{I_{EQ}} = 300 \text{ Ω} + \frac{51 \times 26 \text{ mV}}{1.32 \text{ mA}} \approx 1.3 \text{ kΩ}$$

$$A_u = \frac{-\beta R'_L}{r_{be}} = \frac{-50 \times \dfrac{2 \times 2}{2+2}}{1.3} \approx -38$$

$$R_i = R_{b1} // R_{b2} // r_{be} = 1.1 \text{ kΩ}$$

$$R_o = R_c = 2 \text{ kΩ}$$

【思考与练习】

8.4.1　放大电路的两种偏方式是什么？各有什么特点？

8.4.2　分压式偏置放大电路是如何稳定静态工作点的？

8.5　共集电极放大电路

共集电极放大电路如图 8.5.1 所示。电路的输入 u_i 信号经 C_1 从基极输入,再由发射极经 C_2 输出,故称射极输出器。图 8.5.2 为该电路的交流通路。由交流通路可知,集电极是输入、输出回路的公共端,故称该电路为共集电极放大电路。

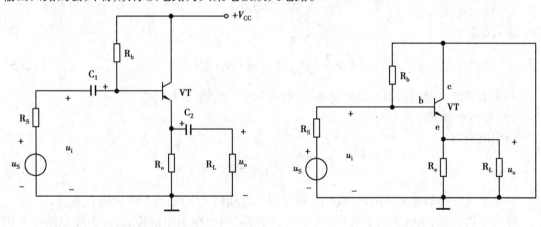

图 8.5.1　共集电极放大电路　　　　　　图 8.5.2　交流通路

放大电路的直流通路如图 8.5.3 所示。该电路的偏置方式为固定偏置,静态工作点的估算

$$I_{BQ} = \frac{V_{CC} - U_{BEQ}}{R_b + (1+\beta)R_e} \tag{8.5.1}$$

$$I_{CQ} = \beta I_{BQ} \tag{8.5.2}$$

$$U_{CEQ} = V_{CC} - R_e I_{EQ} \approx V_{CC} - R_e I_{CQ} \tag{8.5.3}$$

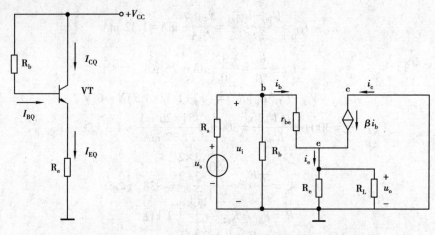

图 8.5.3　直流通路　　　　　图 8.5.4　微变等效电路

共集电极放大电路的微变等效电路如图 8.5.4 所示。动态参数计算如下：

（1）电压放大倍数

电压放大倍数为

$$u_i = r_{be}i_b + R'_e i_e = r_{be}i_b + (1+\beta)i_b R'_e \qquad (R'_e = R_e /\!/ R_L)$$

$$u_o = R'_e i_e = (1+\beta)i_b R'_e$$

$$A_u = \frac{u_o}{u_i} = \frac{r_{be} + (1+\beta)R'_e}{(1+\beta)R'_e} \tag{8.5.4}$$

因 $r_{be} \ll (1+\beta)R'_e$，故 A_u 恒小于 1，但近似等于 1。因 $A_u \approx 1$，有 $u_o \approx u_i$，即输入、输出电压同相且近似相等，故电路又称电压跟随器。

（2）输入电阻 R_i

输入电阻为

$$R_i = \frac{u_i}{i_i} = R_b /\!/ [r_{be} + (1+\beta)R'_e] \tag{8.5.5}$$

共集电极放大电路的输入电阻很高，一般为几十千欧到几百千欧。

（3）输出电阻 R_o

输出电阻为

$$R_o \approx \frac{r_{be} + R'_s}{1+\beta} \qquad (R'_s = R_s /\!/ R_b) \tag{8.5.6}$$

共集电极电路的输出电阻阻值较小，通常为几百欧到几十欧，且与源内阻有关。

综上所述，共集电极放大电路具有输入电阻很高，输出电阻小的特点，在多级电路中可用于输入级和输出极。

共基极放大电路因具有较宽的通频带，多用于高频电子电路，故不在本书中讲述。

单级放大电路一般不足以将输入信号放大到能推动负载工作。因此，在实际中，往往通过多级放大电路来满足最终的输出放大需求。多级放大电路是由两级或两级以上的单级放大电路连接而成的。各单级电路之间的连接方式，称为耦合方式。常见的耦合方式有阻容耦合和直接耦合等。阻容耦合是指各单级放大电路通过电容进行连接的方式；直接耦合是指各单级放大电路通过导线连接的方式。在集成电路中，通常采用的直接耦合方式。

多级放大电路的电压放大倍数为各单级放大电路电压放大倍数的乘积;输入电阻为第一级电路的输入电阻;输出电阻为最后一级电路的输出电阻。

【思考与练习】

8.5.1 共集电极放大电路有什么特点? 常应用于什么场合?

8.5.2 多级放大电路的耦合方式有哪些? 各耦合方式的特点?

8.6 差分放大电路

集成电路中各单级放大电路多采用直接耦合,但直接耦合放大电路存在零点漂移问题,严重时会影响电路的正常工作。所谓零点漂移,是指输入为零时,输出不等于零,而是产生了一缓慢的、无规则变化的假信号。产生零点漂移的因素很多,如温度变化、电源电压波动等。抑制零点漂移的方法有多种,在集成电路的输入级采用差分放大电路是有效抑制零点漂移的常用方法。

常用的差分放大电路如图 8.6.1 所示。将两个结构、参数均相同的共射放大电路组合在一起,并将两发射级接在一起接入射极电阻 R_e,就构成差分放大电路。

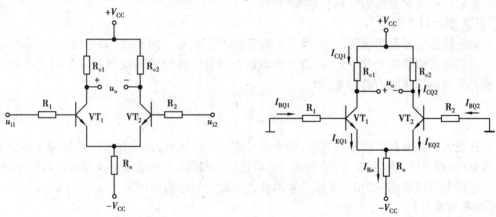

图 8.6.1　差分放大电路　　　　图 8.6.2　差分放大电路的直流通路

8.6.1　静态分析

当输入电压 $u_{i1} = u_{i2} = 0$ 时,放大电路的直流通路如图 8.6.2 所示。有

$$I_{BQ2} = I_{BQ1} = \frac{V_{CC} - U_{BEQ1}}{R_1 + 2(1+\beta)R_e} \tag{8.6.1}$$

$$I_{CQ2} = I_{CQ1} = \beta I_{BQ1} \tag{8.6.2}$$

$$U_{CQ2} = U_{CQ1} = V_{CC} - I_{CQ1}R_{c1} \tag{8.6.3}$$

输入为零时,电路的输出($U_o = U_{CQ1} - U_{CQ2} = 0$)也为零。因此,差分放大电路是利用了电路的对称性来抑制零点漂移的。电路的对称性越好,对零点漂移的抑制能力越强。

8.6.2　动态分析

（1）共模信号输入

共模信号是指两个大小相等,相位相同的输入信号,即

$$u_{ic1} = u_{ic2} = u_{ic}$$

在输入共模信号的条件下,对完全对称的差分放大电路来说,显然有 Δu_{c1} 和 Δu_{c2} 大小相等、相位相同,故输出电压 u_o 等于零。因此,差分放大电路对零点漂移的抑制可归类为对共模信号的抑制。

（2）差模信号输入

差模信号是指两个大小相等,相位相反的输入信号,即

$$u_{id1} = -u_{id2} = \frac{1}{2}u_{id}$$

当输入差模信号时,由于两输入信号的相位相反,在电路完全对称的条件下必有 $\Delta i_{c1} = -\Delta i_{c2}$,因此,$R_e$ 交流短路,差模信号的电压放大倍数表示为

$$A_{ud} = \frac{u_{od}}{u_{id}} = \frac{u_{od1}-u_{od2}}{u_{id1}-u_{id2}} = \frac{2u_{od1}}{2u_{id1}} = -\frac{\beta R_{c1}}{R_1 + r_{be1}} \tag{8.6.4}$$

差分放大电路对差模信号具有放大功能。

（3）共模抑制比 K_{CMR}

通常差模信号是有用信号,而共模信号通常是有害信号。因此,在差分放大电路中,希望电路的差模放大倍数越大越好,共模放大倍数越小越好。共模抑制比就是定量描述电路差模放大能力和共模抑制能力的参量,即

$$K_{CMR} = \frac{A_{ud}}{A_{uc}} \tag{8.6.5}$$

差分放大电路有两个信号输入端,两个信号输出端。因此,差分放大电路的输入输出接法可分为 4 种:双端输入双端输出、单端输入双端输出、双端输入单端输出及单端输入单端输出。差分放大电路单端输出时,差模信号的放大倍数是双端输出的一半。

【思考与练习】

8.6.1　差分放大电路是如何抑制零点漂移的?

8.6.2　差分放大电路的输入输出有哪几种接法?

8.7　功率放大电路

8.7.1　概述

功率放大电路通常作为多级放大电路的输出级。其电路的基本作用是将前级放大的电压信号再进行功率放大,以推动负载工作。功率放大电路的特点如下:

①在不失真的条件下有足够大的输出功率。要获得大功率输出,必然需要大电压和大电流信号输出。但这样就可能使三极管进入非线性工作区,从而导致输出信号失真。

②有较高的能量转化效率 η。能量转换效率就是负载的交流功率 P_o 与电源提供的直流

功率 P_V 之比。效率越高,电路损耗就越小,输出功率就越大。

由上述可知,功率放大电路关注的重点在功率、效率和失真。

8.7.2　功率放大电路的分类

依据三极管静态工作点设置的不同,可将放大电路分为甲类、乙类和甲乙类 3 种。甲类放大电路的静态工作点设置在放大区的中部,如图 8.7.1(a)所示。其电路的优点是输出信号的失真小;缺点是静态功率大(损耗),电路能量转化效率低,一般在 16% 左右。乙类放大电路的静态工作点设置在截止区,如图 8.7.1(b)所示。其电路的优点是三极管和电阻的静态损耗为零,电路能量转换效率高;缺点是只能对半个周期的信号进行放大,电路的非线性失真很大。甲乙类放大电路的静态工作点设置在放大区并靠近截止区(见图 8.7.1(c)),处于甲乙类工作状态的电路兼具甲类和乙类优点。

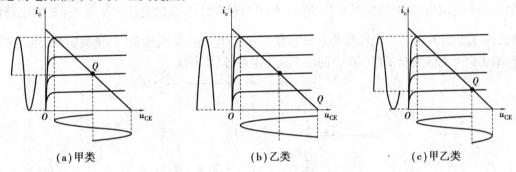

(a)甲类　　　　　　　　(b)乙类　　　　　　　　(c)甲乙类

图 8.7.1　放大电路的 3 种工作状态

下面介绍两种工作于甲乙类的互补对称功率放大电路,该类电路能在提高能量转化效率的同时,减小输出波形的失真。

8.7.3　甲乙类互补对称功率放大电路

(1)无输出电容(OCL)的互补对称功率放大电路(双电源)

两只参数相同的三极管 VT_1(NPN 型)、VT_2(PNP 型),它们各自构成共集电极放大电路。当电路元件参数对称时,K 点直流电位为零,电路无直流电压输出,因此输出端与负载之间无须接入电容,故称无输出电容功率放大电路,简称 OCL,如图 8.7.2 所示。

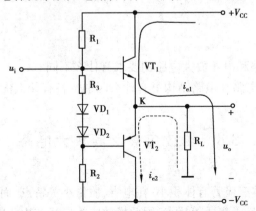

图 8.7.2　OCL 互补对称功率放大电路

静态时,通过串联的 R_3、VD_1 和 $VD_2$3 个元件分压,为电路提供合适的 U_{BE1} 和 U_{BE2}(略大于死区电压),产生略大于零的 I_{BQ} 和 I_{CQ},使 VT_1、VT_2 两管工作在甲乙类状态。

当输入信号 u_i 为正半周时,VT_1 导通,VT_2 截止,VT_1 的射极电流 i_{e1} 自上而下流经负载 R_L,在负载上得到上正下负的输出电压正半周,电流回路如图 8.7.2(a)所示的实线。当输入信号 u_i 为负半周时,VT_1 截止,VT_2 导通,VT_2 的射极电流 i_{e2} 自下而上流经负载 R_L,在负载上得到上负下正的输出电压负半周,电流回路如图 8.7.2(a)所示的虚线。

由此,在输入信号的一个完整周期内,VT_1、VT_2 交替导通,电流 i_{e1} 和 i_{e2} 以正反方向流过负载电阻 R_L,在负载 R_L 上得到一个完整的交流信号输出。

(2)无输出变压器(OTL)的互补对称功率放大电路(单电源)

OCL 电路中无耦合电容,具有便于集成化等优点,但采用双电源供电,使用时会不方便。

如果采用单电源供电,电路如图 8.7.3 所示,当电路对称时,K 点的直流电位为 $\dfrac{V_{CC}}{2}$,故在电路输出端与负载之间接入一个大容量的电解电容 C_2,滤除电路中的直流量,向负载输出交流信号。这种电路称为无输出变压器(OTL)的功率放大电路,简称 OTL。

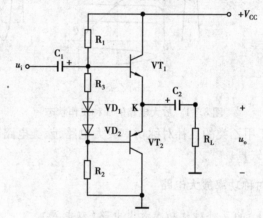

图 8.7.3 OTL 功率放大电路

电路的工作原理与 OCL 相似,不同之处在于当 u_i 正半周时 VT_1 导通时,电路中的电容 C_2 同时充电到 $\dfrac{V_{CC}}{2}$;u_i 为负半周时 VT_2 导通,因 VT_1 截止,V_{CC} 不能为电路提供能量,此时电容 C_2 放电为电路提供能量。

【思考与练习】

8.7.1 功率放大电路和电压放大电路的要求有什么不同?

8.7.2 OCL 和 OTL 电路在电路结构上有什么区别? 各有什么优点和缺点?

8.8 场效应管及其放大电路

场效应管较之半导体三极管有体积小、耗电省、质量小等特点,而且还有输入电阻高、功耗小、噪声低、热稳定性好、易于集成等优点,因此场效应管广泛应用于电子电路中。场效应管有结型场效应管和绝缘栅型场效应管,常用的是绝缘栅型场效应管。

8.8.1　绝缘栅型场效应管

绝缘栅场效应管由金属、氧化物和半导体制成,故称 MOS 管。MOS 管按工作状态分为增强型和耗尽型两类,每一类又分为 N 沟道和 P 沟道。下面以 N 沟道增强型场效应管为例讨论场效应管的结构、工作原理和特性。

（1）结构和电路符号

N 沟道增强型绝缘栅型场效应管的结构示意图如图 8.8.1 所示。它是以一块 P 型材料为衬底,在表面覆盖一层二氧化硅（SiO_2）的绝缘层,在二氧化硅上刻出两个窗口,再通过掺入高浓度的五价元素形成两个高掺杂的 N 区,用 N^+ 表示,并分别引出源极（s）和漏极（d）,然后在源极和漏极之间覆盖一层金属薄层,在金属薄层上引出栅极（g）,最后封装而构成。栅极和源极、漏极是绝缘的,故输入电阻（栅源电阻）可高达 $10^{14}\Omega$。增强型绝缘栅型场效应管 N 沟道和 P 沟道的电路符号如图 8.8.2 所示。

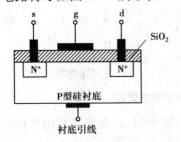

图 8.8.1　N 沟道增强型场效应管内部结构

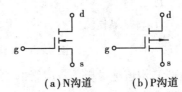

（a）N 沟道　　（b）P 沟道

图 8.8.2　增强型场效应管电路符号

（2）N 沟道增强型场效应管工作原理

①在 $u_{GS}=0$ 时,漏极和源极之间是两个背靠背的 PN 结,故漏极和源极之间无论加何种极性的电压,漏极电流都为零。

②在 $u_{DS}=0$,$u_{GS}>0$ 时,栅极金属薄层与衬底之间为绝缘层二氧化硅,它们构成一个电容器,u_{GS} 产生一个由栅极垂直指向于表面的电场,它将 P 型衬底中的电子吸引到表面层。当 $u_{GS}<U_{GS(th)}$ 时,吸引到表面层的电子数量少,并与 P 型中的空穴复合,形成不能导电的空间电荷区。只有当 $u_{GS}>U_{GS(th)}$ 时,吸引到表面层的电子在填满空穴后,多余的电子在 P 型衬底的表面层形成一个由自由电子占多数的 N 型层,称为反型层,即是漏极和源极之间的导电沟道。u_{GS} 增大到刚刚开始形成导电沟道的这个电压,称为开启电压,用 $U_{GS(th)}$ 表示。但因此时 $u_{DS}=0$,故漏极电流 $i_D=0$。

③当 $u_{GS}>U_{GS(th)}$ 时,在漏极和源极之间就可建立起导电的沟道,此时若 $u_{DS}>0$,则有漏极电流 $i_D\neq0$。u_{GS} 越大,吸引的电子数量越多,导电沟道越厚,沟道等效电阻越小。因这种场效应管必须依靠外加电压来形成导电沟道,故称增强型。

综上所述,在 $0\leqslant u_{GS}<U_{GS(th)}$ 时,漏极和源极间的导电沟道并未导通,$i_D=0$。只有当 $u_{GS}>U_{GS(th)}$ 时,漏极和源极间的导电沟道导通,栅源电压的变化使 i_D 也随之而变化。因此,绝缘栅场效应管是利用 u_{GS}（栅源电压）来控制漏极电流 i_D,即电压控制电流器件。

（3）N 沟道增强型场效应管特性曲线

当场效应管的漏源电压 u_{DS} 恒定不变时,漏极电流 i_D 与栅源电压 u_{GS} 之间的关系,称为转移特性,如图 8.8.3（a）所示。当 $u_{GS}<U_{GS(th)}$ 时,导电沟道尚未形成,i_D 为零。当 $u_{GS}=U_{GS(off)}$ 时,

导电沟道形成,且导电沟道随 u_{GS} 增大而变宽,漏极电流 i_D 随之增大。

当场效应管的栅源电压 u_{GS} 恒定时,漏极电流 i_D 与漏源电压 u_{DS} 之间的关系,称为输出特性。输出特性表明场效应管为非线性器件,并根据工作状态分为可变电阻区、恒流区和截止区,如图 8.8.3(b)所示。

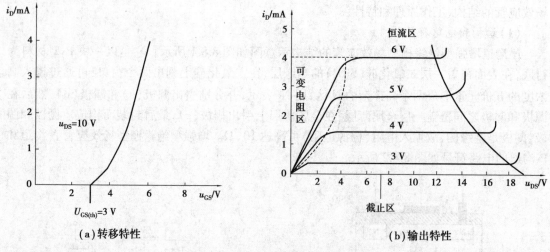

(a)转移特性　　　　　　　　　　　　(b)输出特性

图 8.8.3　N 沟道增强型场效应管特性曲线

增强型 P 沟道绝缘栅场效应管的工作原理与 N 沟道相似,只是要变换电源的极性,漏极电流的方向也相反。

(4)场效应管的主要参数

跨导 g_m 是在 u_{DS} 恒定的条件下,漏极电流与栅源电压的变化量之比,用于表征场效应管放大能力的参数,即

$$g_m = \frac{\Delta i_D}{\Delta u_{GS}}\bigg|_{u_{DS}=常数} \tag{8.8.1}$$

漏极击穿电压 $U_{(BR)DS}$、栅源击穿电压 $U_{(BR)GS}$ 和漏极最大允许耗散功率 P_{DM} 是场效应管的极限参数。在选用场效应管时,仍然遵循"尽限使用,留有余量"的原则。

8.8.2　场效应管放大电路

场效应管放大电路也有 3 种组态,即共源极、共漏极和共栅极(相对于三极管的共射极、共集电极和共基极)放大电路。场效应管放大电路静态工作点的设置方式也分为固定偏置和分压式偏置。对放大电路的分析仍然遵循"先静态,后动态"的顺序进行。本书以如图 8.8.4(a)所示的分压式偏置共源放大电路为例,分析场效应管放大电路的工作原理。

(1)静态分析

场效应管栅源之间的等效电阻 r_{gs} 非常大,栅极电流近似为零。静态栅源电压为

$$U_{GSQ} = \frac{R_{g1}}{R_{g1}+R_{g2}}V_{DD} - R_s I_{DQ} = U_{GQ} - R_s I_{DQ} \tag{8.8.2}$$

(2)动态分析

依据如图 8.8.4(b)所示的微变等效电路分析,计算电压放大倍数、输入电阻、输出电阻为

$$A_u = \frac{u_o}{u_i} = \frac{-R_L' i_d}{u_{gs}} = -g_m R_L' \qquad (u_{gs} = g_m i_d, R_L' = R_d /\!/ R_L) \tag{8.8.3}$$

$$R_i = (R_g + R_{g1} /\!/ R_{g2}) /\!/ r_{gs} \approx (R_g + R_{g1} /\!/ R_{g2}) \tag{8.8.4}$$

$$R_o = R_d \tag{8.8.5}$$

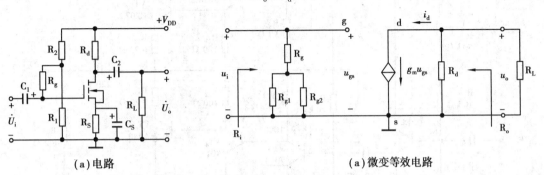

(a)电路　　　　　　　　　　(a)微变等效电路

图 8.8.4　分压式偏置共源放大电路

由上述可知,共源极放大电路与三极管共射放大电路的特性相似,对输入电压反相放大,但输入电阻更大一些。场效应管 3 种组态放大电路可与三极管 3 种组态放大电路对照学习。

【思考与练习】

8.8.1　场效应管与三极管比较各有什么特点?

8.8.2　依据线性模型,说明为什么三极管是电流控制元件,场效应管是电压控制元件?

8.9　综合应用举例

音频信号是指频率在 20~20 000 Hz 的正弦波信号。音频功率放大器能将微弱的音频信号进行放大,推动扬声器播放音乐信号。下面简单介绍音频功率放大器的电路组成和工作原理。

(1)电路组成

如图 8.9.1 所示为分立元件音频功率放大器。它由输入级、中间级和输出级三级放大电路连接而成。输入级和中间级采用阻容耦合方式,中间级和输出级采用直接耦合方式。该电路可将微弱的音频信号放大到足够的功率,可带动扬声器(负载)工作。

(2)工作原理

①输入级是共集放大电路,电压放大倍数小于 1,但接近 1。其电路作用是提高电路的输入阻抗。设电路的输入信号电压 u_i 约为 10 mV,则该级输出电压 u_{o1} 为 8~9 mV。该电路中电位器 R_1 用于调节输入级静态工作点。

②中间级是分压式偏置共发射极放大电路。其作用是放大信号电压,将 u_{o1} 不失真的放大,u_{o2} 为 2~2.8 V。

电位器 R_5 除了调节本级静态工作点及前后级之间的静态配合外,还有另外两个作用:一是调整输出级的"中点"K 的电位;二是调整输出信号电压对中间级的反馈,以提高整个放大电路工作的稳定性。

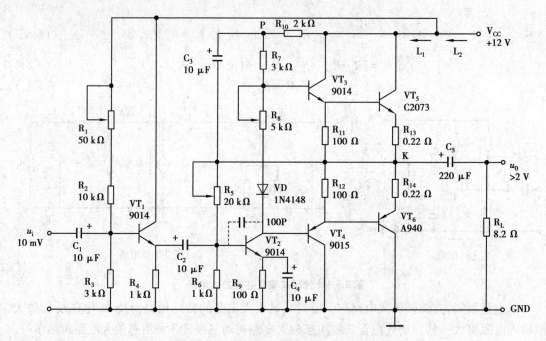

图 8.9.1　分立元件 OTL 低频功率放大器

③输出级采用甲乙类互补对称功率放大电路(OTL)。其作用是放大电流。电路中,VT₃和 VT₅ 组成 NPN 型的大功率复合管,VT₄ 和 VT₆ 组成 PNP 型的大功率复合管。大功率管的电流放大系数为两管的乘积,能将电流放大到足够大,使输出信号功率达到要求,以便驱动扬声器发声。电位器 R₈ 用于调节输出级静态工作点。

④C₅ 有两个作用:一是耦合信号作用;二是 u_i 负半周时给输出级做电源。电容 C₁ 的作用是滤掉直流电源的干扰成分。

⑤功率放大器中极易产生因焊接不良等因素引起的寄生高频振荡。可在中间级三极管的基极和集电极管脚之间接入电容,用于消除电路的高频振荡。

本章小结

1.半导体三极管是非线性器件,其输出特性曲线划分为放大、截止和饱和 3 个工作区。工作在放大区的三极管具有放大作用,工作在饱和区(开关闭合)和截止区(开关断开)的三极管具有开关作用。

2.三极管电路可分为共发射极、共集电极和共基极 3 种组态。共发射极放大电路常用于多级放大的中间级,共集电极放大电路常用于多级放大的输入级和输出级。

3.绝缘栅场效应管简称 MOS 场效应管,场效应管与半导体三极管功能是相同的,但场效应管的性能更好一些。

习　题

1. 测得放大电路中三极管的各电极电位如图 8.1 所示,试判断:

(1) 三极管的管脚,并在各电极上注明 e、b、c;

(2) 是 NPN 管还是 PNP 管,是硅管还是锗管。

(+3 V)(+9 V)(+3.3 V)

图 8.1　习题 1 的图

2. 试根据三极管各电极的实测对地电压数据,判断图 8.2 中各三极管的工作区域。

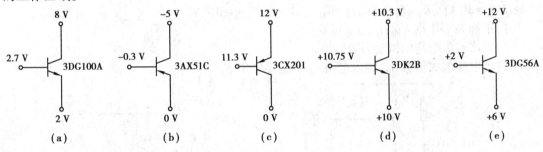

图 8.2　习题 2 的图

3. 在如图 8.3 所示的放大电路中 $\beta = 60$,若 R_b 可调,要使 $I_{CQ} = 2$ mA,应将 R_b 调整到多大?若要使 $U_{CEQ} = 6$ V,应将 R_b 调整到多大?

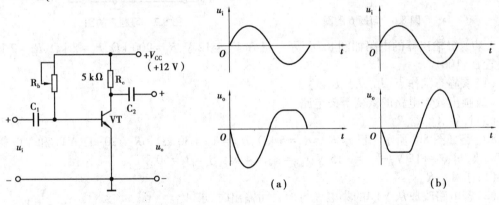

图 8.4　习题 3 和习题 4 的图

图 8.4　习题 4 的图

4. 在如图 8.3 所示的放大电路中,试分析电路并回答问题。

(1) 若改变 R_b,使得 $U_{CE} = 0.3$ V;若改变 R_b,使得 $U_{CE} \approx V_{CC}$,试分析三极管分别工作在什么区?

(2) 如果用示波器观察输出电压波形分别如图 8.4(a)、(b) 所示,试分别说明是什么性质的失真,应如何消除。

5. 在如图 8.5 所示的放大电路中,已知 $\beta = 40$,$U_{BEQ} = 0.6$ V。

(1) 求静态工作点 I_{BQ}、I_{CQ} 和 U_{CEQ};

(2) 画出放大电路的微变等效电路;

(3) 求电压放大倍数 A_u、输入电阻 R_i 和输出电阻 R_o。

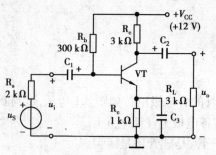

图 8.5　习题 5 的图

6.如图 8.6 所示为分压式偏置放大电路。已知 $V_{CC} = 24\ V$，$R_c = 3.3\ k\Omega$，$R_e = 1.5\ k\Omega$，$R_{b1} = 33\ k\Omega$，$R_{b2} = 10\ k\Omega$，$R_L = 5.1\ k\Omega$，$\beta = 66$，$r_{be} = 1\ k\Omega$，$U_{BEQ} = 0.7\ V$。

（1）求静态工作点 U_{BQ}、I_{CQ}、I_{BQ} 和 U_{CEQ}；

（2）画出放大电路的微变等效电路；

（3）求电压放大倍数 A_u、输入电阻 R_i 和输出电阻 R_o。

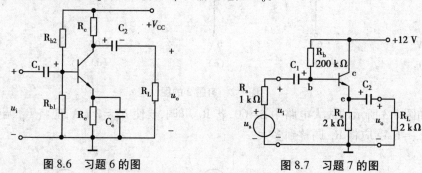

图 8.6　习题 6 的图　　　　　图 8.7　习题 7 的图

7.某射极输出器的电路如图 8.7 所示。已知 $V_{CC} = 12\ V$，$R_b = 200\ k\Omega$，$R_e = 2\ k\Omega$，$R_L = 2\ k\Omega$，三极管 $\beta = 100$。

（1）求静态工作点（I_{BQ}、I_{CQ}、U_{CEQ}）；

（2）画出放大电路的微变等效电路；

（3）计算 A_u、R_i、R_o。

8.电路如图 8.8 所示。已知 $R_1 = R_2 = 5\ k\Omega$，$R_{c1} = R_{c2} = 30\ k\Omega$，$R_e = 20\ k\Omega$，$VT_1$ 和 VT_2 管的性能一致，$+V_{CC} = +15\ V$，$-V_{EE} = -15\ V$；$r_{be1} = r_{be2} = 4\ k\Omega$，$\beta_1 = \beta_2 = 50$。

（1）求 A_{ud}、R_{id}；

（2）若电路改成从 VT_2 的集电极与地之间输出时，求 A_{ud}。

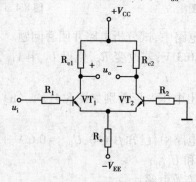

图 8.8　习题 8 的图

第 **9** 章
集成运算放大器及其应用

提要: 本章首先介绍集成运算放大器(简称集成运放)的组成、电压传输特性及主要参数,然后以集成运放为基础介绍反馈的概念、反馈类型的判别方法及负反馈对放大电路性能的影响,最后介绍集成运放在模拟运算和信号处理等电路中的应用。

9.1 集成运算放大器概述

前面讨论的放大电路是由各种单个元器件连接起来的电子电路,称为分立元件电路。将电路中的元器件以及相互之间的连接同时制作在一块半导体芯片上,组成一个不可分割的整体,称为集成电路。集成电路具有体积小、质量小、工作可靠等优点,近年来正在逐步取代分立元件电路。

集成电路有多种分类方式。依据集成程度,可分为小规模、中规模、大规模及超大规模集成电路;依据功能,可分为模拟集成电路和数字集成电路。常用的模拟集成电路有集成运算放大器、集成功率放大器和集成稳压电源等。本章主要讨论集成运算放大器及其应用。

集成运算放大器简称集成运放,是模拟集成电路最主要的器件之一。因它最早用于模拟计算机,完成对输入信号的加、减、积分、微分等数学运算,故称集成运算放大器。目前,集成运算放大器的应用已超出计算的范畴,被广泛应用于自动控制、精密测量和信号处理等领域。

9.1.1 组成及符号

集成运算放大器是通过直接耦合的具有高增益的多级放大电路。它通常由输入级、中间级、输出级及偏置电路 4 个单元组成,如图 9.1.1 所示。

输入级多采用差分放大电路,要求输入电阻高,有效抑制零点漂移和共模干扰信号。

中间级一般由共发射极放大电路构成。其主要任务是提供足够大的电压放大倍数,同时向输出级提供较大的推动电流。

输出级一般由功率放大电路组成。其主要作用是提供足够大的输出功率,以满足负载的功率需求,同时要求有较强的带负载能力。

偏置电路一般由恒流源电路组成。其作用是为各级放大电路提供合适的静态工作点。

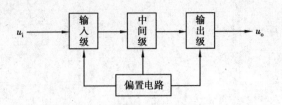

图 9.1.1　集成运放的框图

集成运放的符号如图 9.1.2(a)所示。A 表示放大器,在电路中若有多个放大器时,则用下标区分,如 A_1、A_2 等。集成运放的输入级通常是差分放大电路,因此,集成运放具有两个输入端:一个称为同相输入端,即输出信号与输入信号同相,用符号"+"标注;另一个称为反相输入端,即输出信号与输入信号反相,用符号"−"标注。同相输入端、反相输入端以及输出端对地电压分别用 u_+、u_- 和 u_o 表示,两输入端的电流用 i_+ 和 i_- 表示。

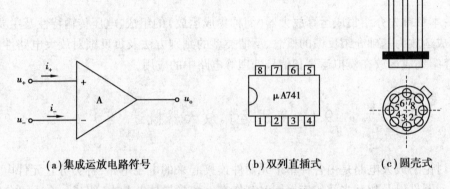

(a)集成运放电路符号　　　　(b)双列直插式　　　　(c)圆壳式

图 9.1.2　集成运放电路符号和外形

在应用集成运放时,更加关注的是集成运放的引脚用途和主要参数。如图 9.1.2(b)、(c)所示为常用集成运放 μA741(μA 对应美国飞兆半导体公司)的外形图。其对应的引脚分别是,1、5 为外接调零电位器的两个引脚,2 为反相输入端,3 为同相输入端,4 为负电源($-V_{CC}$)接入端,6 为输出端,7 为正电源($+V_{CC}$)接入端,8 为空脚。

9.1.2　主要技术指标

(1)开环差模电压放大倍数 A_{od}

它是没接反馈电路时的差模电压放大倍数。它体现运放的放大能力,一般为 $10^4 \sim 10^7$。

(2)开环共模电压放大倍数 A_{oc}

它是在没接反馈电路时的共模电压放大倍数。它反映运放抗温漂和抗共模干扰的能力。

(3)共模抑制比 K_{CMR}

开环差模电压放大倍数 A_{od} 与开环共模电压放大倍数 A_{oc} 之比,称为共模抑制比。若以分贝(dB)为单位,则定义为

$$K_{CMR} = 20\lg \left| \frac{A_{od}}{A_{oc}} \right| \tag{9.1.1}$$

共模抑制比是综合衡量集成运放的放大和抗温漂、抗共模干扰的能力的参数。其值越大越好,一般为 80~160 dB。

162

（4）差模输入电阻 r_{id}

它是在差模信号下集成运放输入电压与输入电流的比值。它是集成运放对信号源索取电流的标志。其值越大，向信号源索取的电流越小，即

$$r_{id} = \frac{\Delta u_{id}}{\Delta i_{id}} \tag{9.1.2}$$

r_{id} 越大越好，一般的运放 r_{id} 可达到兆欧级。

（5）输出电阻 r_o

输出电阻 r_o 是在开环条件下，集成运放等效为电压源时的等效动态电阻。r_o 越小越好，实际 r_o 一般为 $100\ \Omega \sim 1\ k\Omega$。

（6）最大差模输出电压 U_{odm}

在额定电源电压和额定输出电流的条件下，运放输出端所能输出的最大不失真峰值电压。其值一般不低于电源电压 2 V。例如，集成运放的电源电压为 ±15V 时，则输出最大不失真电压一般不超过 ±13 V。

总之，集成运放具有开环差模电压放大倍数高、输入电阻高、输出电阻低（几百欧左右）、共模抑制比高等优点，因此，被广泛应用于电子技术领域中。

9.1.3　电压传输特性

集成运放的传输特性是指输出电压 u_o 与输入电压 $u_+ - u_-$ 之间的函数关系。它是分析集成运放电路的关键。

（1）实际集成运放的传输特性

如图 9.1.3(a) 所示为实际运放的传输特性。它分为线性区和非线性区。

1）线性区

图 9.1.3 中虚线框内为集成运放的线性工作区。在线性区，输出电压 u_o 与输入电压 $u_+ - u_-$ 成正比，比例系数为开环电压放大倍数 A_{od}，即

$$u_o = A_{od}(u_+ - u_-) \tag{9.1.3}$$

式中，$u_+ - u_-$ 称为净输入量，常用 u_{id} 表示。一般集成运放的开环电压放大倍数非常大，故线性区非常窄。因此，集成运放要工作在线性区，需引入深度负反馈（见 9.2 节）。

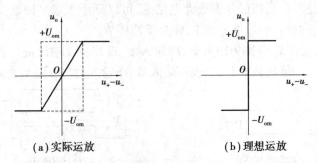

（a）实际运放　　　　　　（b）理想运放

图 9.1.3　集成运放的电压传输特性

2）非线性区

图 9.1.3(a) 中虚线框以外的部分为集成运放的非线性区。非线性区又称饱和区，饱和区有正向饱和区（输出电压 $+U_{om}$）和负向饱和区（输出电压 $-U_{om}$）。

在非线性区,输出电压与输入电压不再呈线性关系,输出与输入的大小无关,输出只有两种情况,即正向饱和区 $u_o = +U_{om}$ 和负向饱和区 $u_o = -U_{om}$。

（2）理想集成运放的电压传输特性

理想集成运放的条件主要有:开环差模电压放大倍数 $A_{od} \rightarrow \infty$;差模输入电阻 $r_{id} \rightarrow \infty$;输出电阻 $r_o = 0$;共模抑制比 $K_{CMR} \rightarrow \infty$。

理想运放在线性工作区有以下两个特点:

①理想集成运放具有输入电阻 $R_i \rightarrow \infty$,因此,对于集成运放的同相输入端和反相输入端而言,可认为开路,称为"虚断",即

$$i_+ = i_- \approx 0 \tag{9.1.4}$$

②理想运放的开环电压放大倍数 $A_{od} \rightarrow \infty$,而 u_o 小于电源电压(一般为十几伏)为有限值,故在非线性区 $u_+ - u_- \approx 0$,即

$$u_+ \approx u_- \tag{9.1.5}$$

由此可认为,集成运放同相输入端与反相输入端短路,称为"虚短"。

"虚断"和"虚短"是分析集成运放电路的两个重要概念。合理使用可使集成运放电路的分析得到简化。

理想集成运放在开环或正反馈条件下工作在非线性工作区。

【思考与练习】

9.1.1 集成运放的同相输入端和反相输入端的意义是什么?

9.1.2 什么是"虚断"? 什么是"虚短"?

9.2 放大电路中的反馈

9.2.1 反馈的基本概念

将放大电路的输出量(输出电压或输出电流)的全部或一部分,通过一定的方式送回到输入回路,称为反馈。不含反馈和含反馈的放大电路框图如图 9.2.1 所示。含反馈的放大电路包含两部分:一部分是不带反馈的基本放大电路 A,可以是单级或多级放大电路;另一部分是连接放大电路的输出和输入的反馈电路 F,称为反馈环节。

图 9.2.1 中,x_i、x_{id}、x_f、x_o 分别为输入量、净输入量、反馈量及输出量。它们既可以是电压,也可以是电流。其中,$\otimes$ 是比较环节,它表示输入量、净输入量与反馈量之间的运算关系。

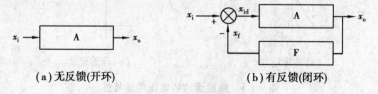

(a)无反馈(开环)　　　　　　　　(b)有反馈(闭环)

图 9.2.1 放大电路的框图

9.2.2 反馈的分类

（1）依据反馈的极性分类

由反馈极性的不同，将反馈分为正反馈和负反馈。若反馈信号的引入削弱了外加输入信号的作用，使净输入量减小的反馈，称为负反馈；若反馈信号的引入增强了外加输入信号的作用，使净输入量增大的反馈，称为正反馈。

瞬时极性法是判断正反馈和负反馈的基本方法。以"地"为参考零电位点，电路中某点的瞬时电位若高于零电位点，则该点瞬时极性为正，用符号"⊕"表示；反之，若低于零电位点，则该点瞬时极性为负，用符号"⊖"表示。

在图 9.2.2（a）中，反馈电阻 R_F 跨接在输出端与反向输入端。设输入端的瞬时极性为"⊕"，输入信号从同相端输入，输出同相为"⊕"，可理解为输出端电位高于公共地（"地"电位等于零），由此可判断电路中 A、B 两点的电位也高于"地"电位，对应瞬时极性也为正，如图 9.2.2（a）所示。在输入端对 3 个电压量列写 KVL 方程，得 $u_{id}=u_i-u_f$，净输入量在有反馈（较无反馈）时减小了，故为负反馈。

在图 9.2.2（b）中，反馈电阻 R_F 跨接在输出端与同向输入端，设输入端的瞬时极性为"⊕"，输入信号从反相端输入，输出反相为"⊖"，可理解为输出端电位低于零电位。由此可判断电路中 A 点的电位也低于零电位，对应瞬时极性也为"⊖"，如图 9.2.2（b）所示。在输入端对 3 个电压量列写 KVL 方程，得 $u_{id}=u_i-(-u_f)=u_i+u_f$，净输入量在有反馈时（较无反馈时）增大了，故为正反馈。

由上述分析可知，在集成运放单级反馈中，若反馈信号回到反向输入端，即为负反馈；若反馈信号回到同相输入端，即为正反馈。注意，在跨级反馈中该结论不成立。

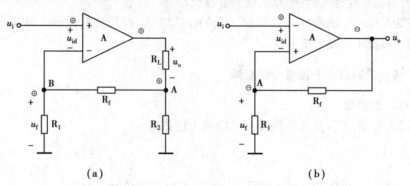

（a）　　　　　　　　　　　　　　（b）

图9.2.2　电路中的反馈

（2）依据反馈在输出端的取样方式分类

根据反馈信号在输出端的取样方式，可将反馈分为电压反馈和电流反馈。如果反馈信号取自输出电压，即 $x_f \propto u_o$，称为电压反馈，即当 $u_o=0$ 时，必有 $u_f=0$（或 $i_f=0$）；如果反馈信号取自输出电流，即 $x_f \propto i_o$，称为电流反馈，即当 $i_o=0$ 时，必有 $u_f=0$（或 $i_f=0$），这种判断方法称为短路、开路法。

如图 9.2.2（a）所示，由电路分析 $u_f=R_1 i_f$，假设 $u_o=0$，由电路分析可得 $i_o \neq 0$，则有 $u_f=R_1 i_f \neq 0$，故为电流反馈。如图 9.2.2（b）电路，由电路分析可得 $u_f=\dfrac{R_1}{R_1+R_f}u_o$，假设 $u_o=0$，则有

$u_f = 0$，故为电压反馈。

由上述分析可知，在集成运放电路中，若反馈信号从输出端直接引回，即为电压反馈；若反馈信号从负载近地端引回，即为电流反馈。

（3）依据反馈在输入端的接入方式分类

根据反馈网络与输入端的接入方式，可分为串联反馈和并联反馈。如果反馈信号和输入信号在输入回路以电压形式比较，即依据 KVL 比较，称为串联反馈；如果反馈信号和输入信号在输入回路以电流形式比较，即依据 KCL 比较，称为并联反馈。

如图 9.2.3（a）所示，由电路可判断在输入回路中，反馈信号与输入信号以电压形式比较，且 $u_{id} = u_i - u_f$，则该反馈为串联负反馈。如图 9.2.3（b）所示，由电路可判断在输入回路中，反馈信号与输入信号以电流形式比较，且 $i_{id} = i_i - i_f$，则该反馈为并联负反馈。

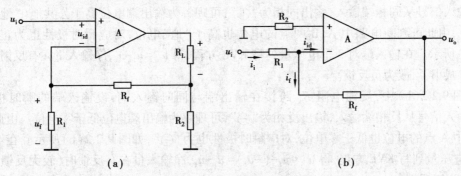

（a）　　　　　　　　　　　　　　　　（b）

图 9.2.3　串联反馈和并联反馈

由上述分析可知，在集成运放电路中，若反馈信号与输入信号分别接在输入的两个端，则为串联反馈；若都接在输入的同一端，则为并联反馈。

根据反馈在输出端的取样方式和输入端的接入方式，可构成反馈的 4 种类型，即电压串联、电压并联、电流串联及电流并联。

9.2.3　负反馈对放大电路性能的影响

（1）降低放大倍数

由图 9.2.1 可知，不含负反馈的放大电路放大倍数为

$$A = \frac{x_o}{x_{id}} \tag{9.2.1}$$

含负反馈的放大电路的净输入信号 x_{id}、反馈系数 F 和放大倍数为

$$x_{id} = x_i - x_f \tag{9.2.2}$$

$$F = \frac{x_f}{x_o} \tag{9.2.3}$$

$$A_f = \frac{x_o}{x_i} = \frac{x_o}{x_{id} + x_f} = \frac{A}{1 + AF} \tag{9.2.4}$$

式中，$1 + AF$ 为反馈深度，AF 为环路增益。由式（9.2.4）得负反馈使放大电路放大倍数降低。当 $1 + AF \gg 1$ 时，称为深度负反馈。集成运放在深度负反馈的条件下，则

$$A_f = \frac{A}{1 + AF} \approx \frac{A}{AF} = \frac{1}{F} \tag{9.2.5}$$

在深度负反馈的条件下,闭环增益只与反馈系数 F 有关。一般集成运放的开环增益非常大,$1+AF \gg 1$ 是比较容易实现的。因此,在后续电路中,当电路引入了负反馈,都可认为是深度负反馈。在深度负反馈条件下,集成运放工作在线性区 $x_o = A_f x_i$。

(2)提高放大倍数的稳定性

放大电路在工作中,通常由于环境温度变化、器件老化、电源电压波动及负载变化等引起电压放大倍数 A_u 发生变化,即放大电路的放大倍数不稳定,最终可导致放大电路不能正常工作。在加入负反馈后,由 $A_f = \dfrac{A}{1+AF}$,两边微分并整理,可得

$$\frac{dA_f}{A_f} = \frac{1}{1+AF} \frac{dA}{A} \tag{9.2.6}$$

可知,引入负反馈后,放大电路以损失一定的放大倍数而换来了放大倍数的稳定。

(3)对输入、输出电阻的影响

1)对输入电阻的影响

从如图 9.2.4(a)所示电路的输入端看,输入电阻是集成运放输入等效电阻与反馈电路等效电阻的串联。因此,串联负反馈使输入电阻增大。

从如图 9.2.4(b)所示电路的输入端看,输入电阻是集成运放输入等效电阻与反馈电路等效电阻的并联。因此,并联负反馈使输入电阻减小。

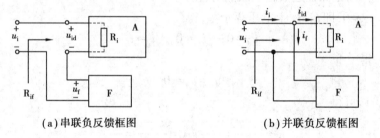

(a)串联负反馈框图　　　　　　　　(b)并联负反馈框图

图 9.2.4　负反馈对输入电阻的影响框图

2)对输出电阻的影响

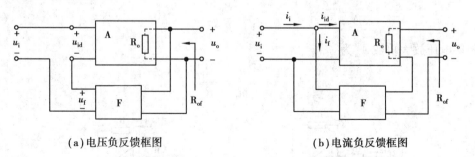

(a)电压负反馈框图　　　　　　　　(b)电流负反馈框图

图 9.2.5　负反馈对输出电阻的影响框图

从如图 9.2.5(a)所示电路的输出端看,等效输出电阻等于运放端输出电阻与反馈电路等效电阻并联。因此,电压负反馈使输出电阻减小。输出电阻越小,输出电压越稳定,因此,电压负反馈具有稳定输出电压的作用,即具有恒压特性。

从如图 9.2.5(b)所示电路的输出端看,等效输出电阻等于运放端输出电阻与反馈电路等效电阻串联,因此,电流负反馈使输出电阻增大。输出电阻越大,输出电流越稳定,因此,电流

负反馈具有稳定输出电流的作用,即具有恒流特性。

【思考与练习】

9.2.1　如何判断反馈是正反馈还是负反馈?

9.2.2　如何判断反馈是电压反馈还是电流反馈?

9.2.3　在交流放大电路中,若想稳定输出电流、减小输入电阻,应引入哪种类型的负反馈?

9.3　集成运算放大器在信号运算方面的应用

以集成运算放大器为核心器件,外加深度负反馈电路,可构成对模拟信号的比例、加法、减法及微积分等运算电路。

9.3.1　比例运算电路

(1)反相比例运算电路

反相比例运算电路如图 9.3.1 所示。输入信号经输入端电阻 R_1 送到反相输入端,反馈电阻 R_F 跨接在输出端和反相输入端之间,同相输入端通过电阻 R_2 接"地",R_2 为平衡电阻,且 $R_2 = R_1 /\!/ R_f$。其作用是保证运放输入级的对称性。

由"虚断",$i_+ \approx 0$,即在 R_2 上电压等于零,得

$$u_+ = 0; \quad i_- \approx 0, \quad i_i \approx i_f$$

由"虚短",得

$$u_- = u_+ \approx 0$$

根据图 9.3.1,可得

$$i_i = \frac{u_i - u_-}{R_1} = \frac{u_i}{R_1}, \quad i_f = \frac{u_- - u_o}{R_f} = -\frac{u_o}{R_f}$$

由于 $i_i \approx i_f$,得

$$u_o = -\frac{R_F}{R_1} u_i \tag{9.3.1}$$

闭环电压放大倍数 A_{uf} 为

$$A_{uf} = \frac{u_o}{u_i} = -\frac{R_F}{R_1} \tag{9.3.2}$$

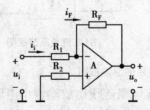
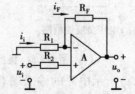

图 9.3.1　反相比例运算电路　　　　图 9.3.2　同相比例运算电路

由上述可知,输出信号与输入信号呈比例关系,相位相反,电路实现反相比例运算。由式(9.3.2)可知,闭环放大倍数与运放本身无关,只由外接电路 R_1 和 R_f 的大小决定。

在反相比例运算电路中,当 $R_F = R_1$ 时,$u_o = -u_i$,为反相器。

（2）同相比例运算电路

同相比例运算电路如图 9.3.2 所示。输入信号 u_i 经输入端电阻 R_2 从同相输入端输入,反馈电阻 R_F 跨接在输出端和反相输入端之间,反相输入端通过电阻 R_1 接"地",R_2 是平衡电阻,且 $R_2 = R_1 /\!/ R_f$。

由图 9.3.2 所示电路可知

$$i_i = \frac{0 - u_-}{R_1}, \quad i_f = \frac{u_- - u_o}{R_F}$$

依据"虚断"可得 $i_i = i_f$,即

$$\frac{-u_-}{R_1} = \frac{u_- - u_o}{R_F}$$

$$u_o = \left(1 + \frac{R_f}{R_1}\right) u_- \tag{9.3.3}$$

根据"虚短",有 $u_- = u_+$;依据"虚断",$i_+ = 0$,得 $u_+ = u_i$。式(9.3.3)可写为

$$u_o = \left(1 + \frac{R_f}{R_1}\right) u_+ = \left(1 + \frac{R_f}{R_1}\right) u_i \tag{9.3.4}$$

电压放大倍数为

$$A_{uf} = \frac{u_o}{u_i} = 1 + \frac{R_F}{R_1} \tag{9.3.5}$$

由式(9.3.4)可知,输出信号与输入信号呈线性比例关系,且相位相同,电路实现同相比例运算。电压放大倍数由外接电路 R_1 和 R_f 的大小决定。

当 $R_F = 0$ 或 $R_1 = \infty$ 时,$A_{uf} = 1$,$u_o = u_i$,电路的输出电压与输入电压具有"跟随"的关系,称为电压跟随器,如图 9.3.3 所示。

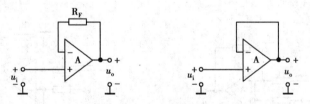

图 9.3.3　电压跟随器

同相比例运算电路采用了深度的电压串联负反馈,输入电阻很高,输出电阻很低,有较强的带负载能力。

【例 9.3.1】　由理想集成运放构成的电路如图 9.3.4 所示。已知 $R_F = 50\ \text{k}\Omega$,$R_1 = 2\ \text{k}\Omega$,$R_2 = 2\ \text{k}\Omega$,输入电压为 $u_i = 0.2 \sin \omega t$ V。试计算输出电压 u_o。

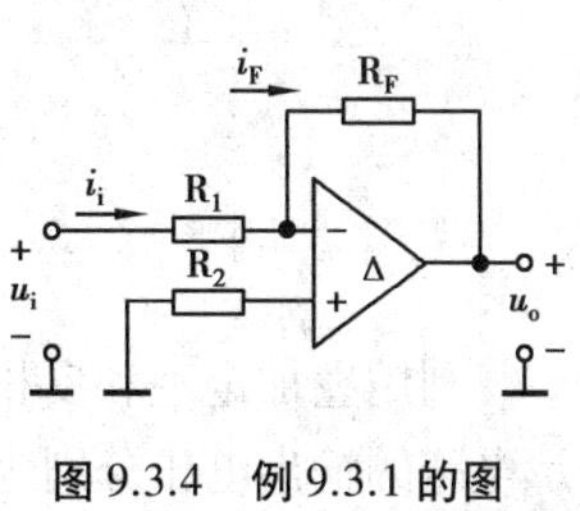

图 9.3.4　例 9.3.1 的图

解　如图 9.3.4 所示电路为反相比例运算电路。

电压放大倍数 $A_{uf} = \frac{u_o}{u_i} = -\frac{R_F}{R_1}$,故

$$u_o = -\frac{R_F}{R_1} u_i = -\frac{50}{2} \times 0.2 \sin \omega t \text{ V} = -5 \sin \omega t \text{ V}$$

9.3.2 加法、减法运算电路

（1）加法运算电路

如果在集成运放的反相输入端加多路输入信号，则构成反相输入加法运算电路，如图 9.3.5（a）所示。为保证集成运放两个输入端对地的平衡，要求 $R_4 = R_{i1} /\!/ R_{i2} /\!/ R_{i3} /\!/ R_F$。

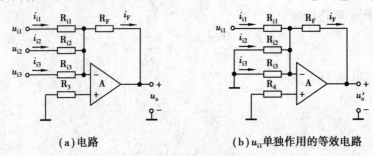

（a）电路　　　　　　　　　　（b）u_{i1}单独作用的等效电路

图 9.3.5　反相加法运算电路

应用叠加定理和反相比例运算电路的结论分析电路可知，输出电压为

$$u_o = u'_o + u''_o + u'''_o = -\left(\frac{R_F}{R_{i1}} u_{i1} + \frac{R_F}{R_{i2}} u_{i2} + \frac{R_F}{R_{i3}} u_{i3} \right) \tag{9.3.6}$$

当 $R_{i1} = R_{i2} = R_{i3} = R_F = R$ 时，则

$$u_o = -(u_{i1} + u_{i2} + u_{i3}) \tag{9.3.7}$$

可知，输出电压 u_o 是各输入电压按一定的比例相加所得。该电路能实现多路信号的加法运算。反相加法电路的特点是各路输入比例的调节相互独立，故调节灵活方便。

（2）减法运算电路

如果在集成运放的反相输入端和同相输入端分别输入信号 u_{i1}、u_{i2}，则构成输入信号的减法运算电路，如图 9.3.6 所示。

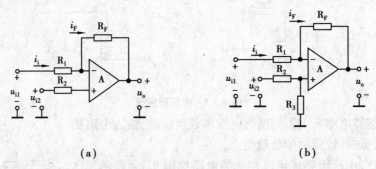

（a）　　　　　　　　　　（b）

图 9.3.6　减法运算电路

利用叠加定理和反相比例、同相比例电路的结论分析电路，如图 9.3.6（a）和图 9.3.6（b）所示电路的输出电压分别为

$$u_o = u'_o + u''_o = -\frac{R_f}{R_1} u_{i1} + \left(1 + \frac{R_f}{R_1} \right) u_{i2} \tag{9.3.8}$$

$$u_o = u'_o + u''_o = -\frac{R_f}{R_1} u_{i1} + \left(1 + \frac{R_f}{R_1} \right) \frac{R_3}{R_2 + R_3} u_{i2} \tag{9.3.9}$$

当 $R_1 = R_2 = R_3 = R_F = R$ 时,则

$$u_o = u_{i2} - u_{i1} \qquad (9.3.10)$$

当电路对称时,电路实现了两个输入信号的减法运算。因此,该电路称为减法运算电路。减法运算电路对电路的对称性要求较高,如果元件不对称,则会给计算带来误差。

【**例 9.3.2**】　如图 9.3.7 所示为两级运算电路,试求输出 u_o。

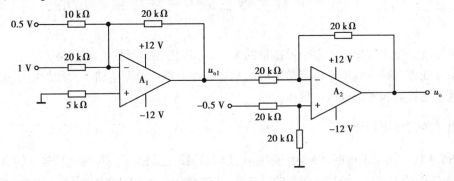

图 9.3.7　例 9.3.3 的图

解　A_1 级是加法运算电路。由式(9.3.5),可得

$$u_{o1} = -\left(\frac{20}{10} \times 0.5 + \frac{20}{20} \times 1\right) \text{ V} = -2 \text{ V}$$

A_2 级是减法运算电路。由式(9.3.8),可得

$$u_o = -\frac{20}{20} \times (-2) \text{ V} + \left(1 + \frac{20}{20}\right) \times \frac{20}{20+20} \times (-0.5) \text{ V} = 2 \text{ V} - 0.5 \text{ V} = 1.5 \text{ V}$$

9.3.3　微积分运算电路

(1)积分运算电路

积分运算电路如图 9.3.8 所示。用电容 C_F 代替反相比例运算电路中的 R_F 作为反馈元件,则为积分运算电路。为了保证输入端对地的平衡,使 $R_2 = R_1$,u_o 的计算公式为

$$u_o = -\frac{1}{R_1 C} \int u_i \, dt \qquad (9.3.11)$$

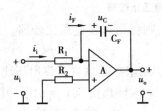

图 9.3.8　积分运算电路

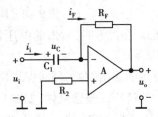

图 9.3.9　微分运算电路

(2)微分运算电路

将积分运算电路中反相输入端的电阻和反馈电容调换位置,则为微分运算电路。如图 9.3.9所示,积分运算电路 u_o 的计算公式为

$$u_o = -R_F C_1 \frac{du_i}{dt} \qquad (9.3.12)$$

【思考与练习】

9.3.1 如图9.3.1所示的电路,若要实现$u_o = -3u_i$,求R_F、R_1和R_2。

9.3.2 若要实现$u_o = -2u_{i1} - 5u_{i2}$的运算,设计运算电路,并计算电路中的元件参数。

9.4 集成运算放大器在信号处理方面的应用

电压比较器是比较两个或多个模拟量的大小,并将比较结果输出的电路。它是一种常见的模拟信号处理电路。电压比较器是集成运放非线性应用的典型电路。常用的电压比较器有单门限电压比较器和滞回电压比较器。

9.4.1 单门限电压比较器

如图9.4.1(a)所示的电路,参考电压U_{REF}(比较量)接在反相输入端,输入信号u_i(被比较量)经R_1接在同向输入端(R_1保证外围电路平衡)。由于集成运放处于开环状态,工作在非线性区,因此,当$u_i > U_{REF}$,即$u_+ - u_- > U_{REF}$时,有$u_o = +U_{om}$;当$u_i < U_{REF}$,即$u_+ - u_- < U_{REF}$时,有$u_o = -U_{om}$。电压传输特性如图9.4.1(b)所示。

由电压传输特性可知,输入电压u_i由小到大或由大到小的变化过程中,其值在经过U_{REF}时,输出的电压发生跳变。将比较器输出状态跳变时对应的输入电压,称为门限电压(或阈值电压),用U_{TH}表示。图9.4.1(a)电路的门限电压$U_{TH} = U_{REF}$。因电路只有一个门限电压,故称单门限电压比较器。

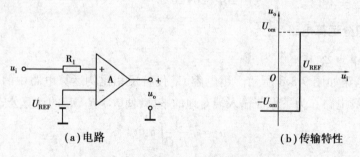

(a)电路   (b)传输特性

图9.4.1 同相单门限电压比较器

当输入电压u_i在过零时,输出的电压发生跳变,则称为过零电压比较器。过零电压比较器的门限电压$U_{TH} = 0$。

为了适应更多的输出需要,同时保护集成运放的输出端,通常在过零电压比较器的输出端接入两只背靠背的稳压二极管限幅,如图9.4.2所示,此时输出电压$u_o = \pm U_Z$。电路中的R_3为稳压二极管限流电阻。该电路可将正弦波变换为$u_o = \pm U_Z$的方波,输入、输出波形如图9.4.2(c)所示。

需要说明的是,单门限电压比较器根据需要也可采用反相输入方式,门限电压可根据电路要求任意设置。

由上述可知,在电压比较器中输入模拟信号(正弦波),可输出数字信号(矩形波),电路实现了从模拟信号到数字信号的变换。因此,可认为比较器是模拟电路和数字电路的"接口"。

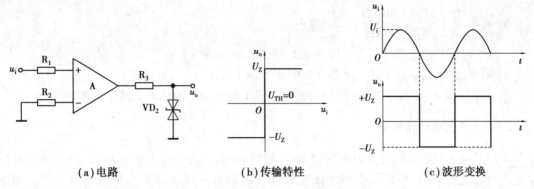

（a）电路　　　　　　　（b）传输特性　　　　　　　（c）波形变换

图 9.4.2　带限幅的过零电压比较器及应用

【**例 9.4.1**】　电路及元件参数如图 9.4.3 所示。输入电压为 $u_i = 0.5 \sin\omega t$ V，$U_Z = \pm 6$ V。

（1）试问集成运放 A_1、A_2 各组成何种电路？

（2）分别画出 u_{o1} 和 u_o 的波形，并标出幅值。

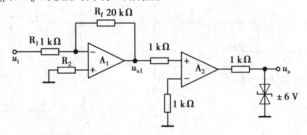

图 9.4.3　例 9.4.1 的图

解　（1）集成运放 A_1 组成反相比例运算电路，运算放大器 A_2 组成同相输入过零电压比较器。

（2）u_{o1} 和 u_o 的波形如图 9.4.4 所示。

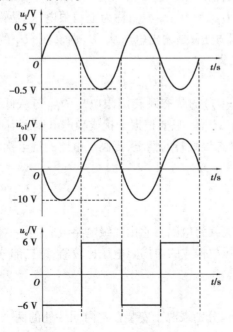

图 9.4.4　例 9.4.1 的波形图

$$A_1\text{ 放大},A_u=-\frac{R_f}{R_1}=-\frac{20\text{ k}\Omega}{1\text{ k}\Omega}=-20,\text{则}$$

$$u_{o1}=A_u u_i=-10\sin\omega t\text{ V}$$

A_2 同相比较，当 $u_{o1}>0$ 时，$u_o=U_Z=6\text{ V}$；当 $u_{o1}<0$ 时，$u_o=-U_Z=-6\text{ V}$。

由上述分析可知，如图 9.4.3 所示的电路实现了输入信号的放大和波形变换功能。

9.4.2 滞回电压比较器

单门限电压比较器的优点是电路简单、灵敏度高；其缺点是抗干扰能力差。为了克服单门限电压比较器的缺点，可采用滞回电压比较器。滞回电压比较器又称施密特触发器。如图 9.4.5(a) 所示的电路是反相输入的滞回电压比较器，输入电压接在反相输入端，基准电压 U_{REF} 接在同相输入端，输出有稳压二极管限幅。此外，通过 R_f 引入了正反馈电路，集成运放工作在非线性区。输出特性如图 9.4.5(b) 所示。

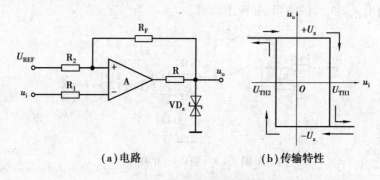

（a）电路　　　　　　　　　　（b）传输特性

图 9.4.5　滞回电压比较器

由于正反馈电路的存在，输入电压会受输出电压的影响，因此，对应输出 $+U_Z$ 和 $-U_Z$ 时电路有两个门限电压，分别为 U_{TH1} 和 U_{TH2}。U_{TH1} 称为上门限电压，是输出电压从 $+U_Z$ 跳转到 $-U_Z$ 的门限电压；U_{TH2} 称为下门限电压，是输出电压从 $-U_Z$ 跳转到 $+U_Z$ 的门限电压。两个门限电压之差，称为门限宽度或回差，即

$$\Delta U_{TH}=U_{TH1}-U_{TH2} \tag{9.4.1}$$

电路从高（$+U_Z$）到低（$-U_Z$）的状态跳转门限电压 U_{TH1} 与从低到高的状态跳转门限电压 U_{TH2} 之间相差一个回差电压 ΔU_{TH}。只要根据干扰或噪声电压适当调整 U_{TH1} 和 U_{TH2} 值，就可避免在门限电压处出现多次状态误翻转的情况，提高了电路的抗干扰能力。

9.4.3 应用举例

（1）电路组成

如图 9.4.6 所示为一火灾报警电路。它由 3 级电路组成：第一级是由集成运放构成的减法运算电路；第二级是由集成运放构成的单门限电压比较器；第三部分是由发光二极管和蜂鸣器为核心的声光报警电路。

（2）工作原理

电路的输入信号 u_{i1} 和 u_{i2} 分别来源于安装在室内同一处的两个温度传感器。u_{i1} 来源于金属板上的传感器，u_{i2} 来源于塑料盒内部的传感器。

①无火灾发生时,两个传感器感受的温度是相同的,故产生的信号 $u_{i1} = u_{i2}$,电路的净输入量 $u_+ - u_- = u_{i1} - u_{i2} = 0$。在电路对称的条件下,输出 $u_{o2} = 0$,发光二极管不亮,蜂鸣器静默。

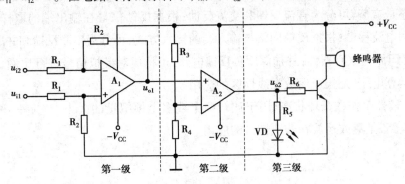

图9.4.6　火灾报警电路

②有火灾发生时,安装在金属板上的传感器因金属升温速度远大于塑料盒内的温度传感器,使信号 $u_{i1} > u_{i2}$。第一级减法运算电路的输入为 $u_{i1} - u_{i2}$,输出为

$$u_{o1} = \frac{R_2}{R_1}(u_{i1} - u_{i2})$$

第二级单门限电压比较器的输入信号为

$$u_+ = u_{o1} = \frac{R_2}{R_1}(u_{i1} - u_{i2}), u_- = \frac{R_4}{R_3 + R_4}V_{CC}$$

当两个温度传感器的温差大于某一值时,第一级的输出 $u_{o1} > \frac{R_4}{R_3 + R_4}V_{CC}$ 时,第二级电路输出 $u_{o2} = +U_{om}$,第三级的二极管导通而发光报警,同时三极管 VT 导通,蜂鸣器鸣叫,实现声光同时报警。

【思考与练习】

9.4.1　电压比较器中的运算放大器工作在线性区还是非线性区?

9.4.2　由理想运放电路构成的电路如图9.4.7(a)和(b)所示。电源电压为 ±15 V,运放最大输出电压幅值为 ±12 V,稳压管 $U_Z = \pm 6$ V,求 U_{O1} 和 U_{O2}。

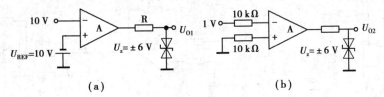

（a）　　　　　　　　　　　　　（b）

图9.4.7　思考与练习9.4.2 的图

本章小结

1.集成运放是通过直接耦合的具有高增益的多级放大电路。其电压传输特性分为线性区和非线性区。分析电路时,可将实际运放视为理想运放,理想运放在线性工作区有两个特点,

分别为虚断($i_+=i_-\approx0$)和虚短($u_+\approx u_-$)。

2.电子电路中的反馈有多种分类方式。根据反馈极性,可分为正反馈和负反馈;根据反馈信号为直流还是交流,可分为直流反馈和交流反馈;根据反馈信号在输出端的取样方式,可分为电压反馈和电流反馈;根据反馈网络与输入端的接入方式,可分为串联反馈和并联反馈。

3.以集成运放为核心器件,外加深度负反馈电路,可构成对模拟信号进行比例、加法、减法及微积分等运算电路,是集成运放在线性区的应用。

4.电压比较器工作在开环状态,用于比较两个或多个模拟量的大小。它是一种常见的模拟信号处理电路,是集成运放在非线性区的应用。

习 题

1.在如图 9.1 所示的电路中,试分析 R_{F1}、R_{F2}、R_{F3} 的反馈类型。

2.电路如图 9.2 所示,集成运算放大器输出电压的最大幅值 $U_{om}=\pm12$ V,$R_F=20$ kΩ,$R_1=2$ kΩ,$R_2=2$ kΩ。当 u_i 为 0.5 V、1 V、1.5 V 时,求 u_o 的值。

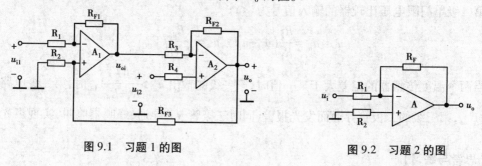

图9.1 习题1的图   图9.2 习题2的图

3.在如图 9.3 所示的电路中,$u_i=0.5$ V,$R_1=1$ kΩ,$R_F=10$ kΩ,$R_2=R_3=2$ kΩ。求 u_o,并说明该电路中的反馈为何种类型。

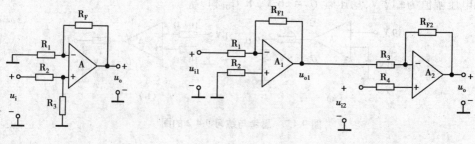

图9.3 习题3的图   图9.4 习题4的图

4.在如图 9.4 所示的电路中,$u_{i1}=0.5$ V,$u_{i2}=0.7$ V,$R_1=R_3=2$ kΩ,$R_4=2$ kΩ,$R_{F1}=R_{F2}=10$ kΩ,求 u_{o1}、u_o。

5.电路如图 9.5 所示。已知 $R_1=10$ kΩ,$R_2=20$ kΩ,$R_F=100$ kΩ,$u_{i1}=0.5$ V,$u_{i2}=1$ V,求 u_o。

6.电路如图 9.6 所示。A_1、A_2、A_3 均为理想集成运放,其最大输出电压为 ±12 V。若输入信号 $u_i = 10 \sin \omega t$ V。

（1）计算 u_{o1}、u_{o2} 和 u_{o3};

（2）画出 u_{o1}、u_{o2} 和 u_{o3} 的波形。

7.在如图 9.7 所示的电路中,$u_{i1} = 0.3$ V,$u_{i2} = 0.1$ V,$u_{i3} = -1$ V,$R_1 = R_2 = R_3 = R_5 = 1$ kΩ,$R_{F1} = R_{F2} = 5$ kΩ。若集成运放的饱和值为 13 V,稳压管的稳压值为 6 V。求 u_{o1}、u_{o2}、u_o。

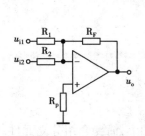

图 9.5　习题 5 的图

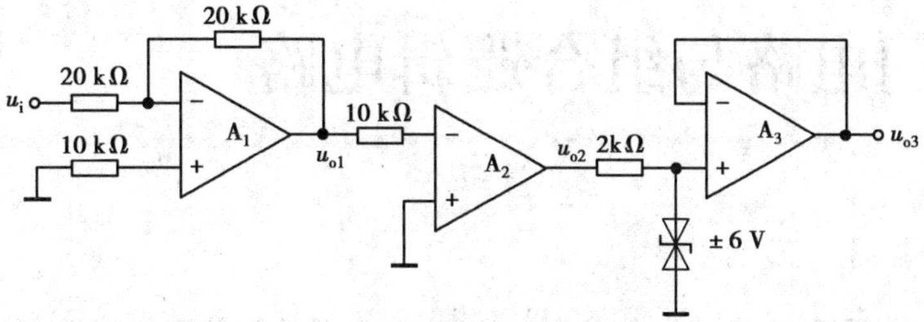

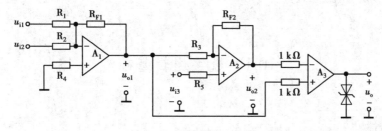

图 9.6　习题 6 的图

图 9.7　习题 7 的图

第 **10** 章
门电路与组合逻辑电路

提要:本章首先介绍数字逻辑基础和晶体管的开关特性,在此基础上,简要介绍分立元件门电路,重点讨论 TTL 集成逻辑门电路、组合逻辑电路的分析和设计方法以及常用组合逻辑器件。

10.1 数字逻辑基础

10.1.1 概述

(1)数字信号

1)数字信号的概念

电子电路中的电信号(电压、电流)按其变化规律分为模拟信号和数字信号两类。在时间和数值上连续变化的信号,称为模拟信号。声音、压力、温度等物理量转换后的电压、电流等电信号都是模拟信号。如图 10.1.1 所示为两种常见的模拟信号波形:正弦波和三角波。

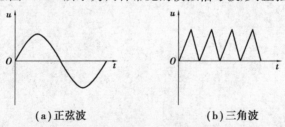

(a)正弦波　　　　　　　　(b)三角波

图 10.1.1　模拟信号

在时间和数值上离散(不连续)的信号,称为数字信号。如图 10.1.2 所示为两种常见的数字信号波形:矩形波和尖顶波。在数字系统中,信息中的文字符号、数字符号等都用数字信号表示。

2)脉冲波形的主要参数

作用时间很短、跃变的电压、电流,称为脉冲信号。数字信号实质上是脉冲信号。如图10.1.2(a)所示为理想矩形波。脉冲信号波形的上升时间和下降时间为 0,而实际的脉冲信号波形均有上升时间和下降时间。实际矩形波如图 10.1.3 所示。

（a）矩形波　　　　（b）尖顶波

图 10.1.2　数字信号　　　　　　　图 10.1.3　脉冲波形的参数

下面介绍如图 10.1.3 所示实际矩形波的主要参数。

①脉冲幅度 U_m：脉冲电压波形的幅值。

②脉冲宽度 t_w：脉冲上升沿的 $0.5U_m$ 到下降沿的 $0.5U_m$ 所需的时间。

③脉冲上升时间 t_r：脉冲波形从 $0.1U_m$ 上升到 $0.9U_m$ 所需的时间。

④脉冲下降时间 t_f：脉冲波形从 $0.9U_m$ 下降到 $0.1U_m$ 所需的时间。

⑤脉冲周期 T：相邻两个脉冲波形重复出现所需的时间。

⑥脉冲频率 f：每秒钟脉冲出现的次数。

⑦占空比 q：脉冲宽度与脉冲周期的比值，即

$$q = \frac{t_w}{T}$$

（2）数字电路

工作在数字信号下的电子电路，称为数字电路。数字电路中的二极管、三极管、MOS 管通常工作在开关状态，故数字电路又称开关电路。由于数字电路研究的是输入和输出之间的逻辑关系，故称逻辑数字电路。由于数字信号便于存储、传输、分析，数字电路具有便于集成、抗干扰能力强等优点。

常用的数字电路是集成电路。能实现二进制数的逻辑运算、数据传输、状态转换、数据存储的集成电路，称为数字集成电路。数字集成电路有多种分类方式。按集成度不同，可分为小规模、中规模、大规模及超大规模 4 类；按内部所用的有源器件不同，可分为 TTL 型和 CMOS型；按功能，可分为基本门电路、集成组合电路、集成触发器及集成计数电路等。

10.1.2　数制和码制

（1）常用的数制

常用的数制有十进制、二进制、八进制及十六进制。在使用时，用下标 10、2、8、16 或在数后面加英文字母 D、B、O、H 表示某个数是十进制、二进制、八进制、十六进制。

1）十进制

在日常生活中，十进制是人们最熟悉的计数体制。其计数规律是逢十进一。十进制的基数为 10，包含 0~9 这 10 个数码。当数码所处的位置不同，所代表的数值也不同。

例如，$(12.34)_{10} = 1 \times 10^1 + 2 \times 10^0 + 3 \times 10^{-1} + 4 \times 10^{-2}$，其中 10^i 为第 i 位的权，各位数所表示的数值是该位数码与相应的权的乘积。因此，任意一个十进制数整数都可写成按权展开式

$$(M)_{10} = \sum K_i \times 10^i \tag{10.1.1}$$

式中，K_i 为第 i 位的系数，是 0～9 这 10 个数字符号中的一个；10^i 为第 i 位的权。如果以 N 代替式（10.1.1）中的 10，即可得到任意进制（N 进制）的按权展开式

$$(M)_N = \sum K_i \times N^i \qquad\qquad (10.1.2)$$

2）二进制

二进制是数字电路中应用最广的计数体制。其计数规律是逢二进一。二进制的基数为 2，只有 0 和 1 两个数码。各位数的权是 2 的幂，式（10.1.2）中将 N 用 2 代替就是二进制整数 $(M)_2$ 的按权展开式。

3）八进制

八进制数的计数规律为逢八进一。八进制的基数为 8，有 0～7 这 8 个数码。各位数的权是 8 的幂。

4）十六进制

在书写计算机程序时，经常使用十六进制。十六进制的计数规律是逢十六进一。十六进制的基数为 16，有 16 个不同的数码，分别为 0、1、2、3、4、5、6、7、8、9、A、B、C、D、E、F。各位数的权是 16 的幂。

（2）不同数制之间的转换

1）二进制、八进制、十六进制数转换为十进制数

任意进制数按权展开后相加就转换为对应的十进制数。

【例 10.1.1】 求 $(101.11)_2$，$(234)_8$，$(9F)_{16}$ 所对应的十进制数。

解
$$(101.11)_2 = (1\times2^2 + 0\times2^1 + 1\times2^0 + 1\times2^{-1} + 1\times2^{-2})_{10} = (5.75)_{10}$$
$$(234)_8 = (2\times8^2 + 3\times8^1 + 4\times8^0)_{10} = (128+24+4)_{10} = (156)_{10}$$
$$(9F)_{16} = (9\times16^1 + 15\times16^0)_{10} = (159)_{10}$$

2）十进制数转换为二进制、八进制、十六进制数

将十进制数转换为二进制、八进制和十六进制数时，对整数部分，分别采用"除 2（或除 8、除 16）取余法"；对小数部分，分别采用"乘 2（或乘 8、乘 16）取整法"。

以十进制数转换为二进制数为例，将十进制整数用 2 连除，直至商为 0，每除一次记下余数，把所得的余数从后向前排列，即为二进制数整数部分；将十进制小数乘以 2，每乘一次记下乘积的整数，直至乘积的整数位数达到要求为止，把所得乘积的整数从前向后排列，即为二进制数小数部分。

【例 10.1.2】 将十进制整数 $(39.635)_{10}$ 换成二进制数，要求小数点后面保留 3 位。

解 （1）转换整数部分

2	39	……………………………… 余1 ……… k_0 ……………………… 最低位
2	19	……………………………… 余1 ……… k_1
2	9	……………………………… 余1 ……… k_2
2	4	……………………………… 余0 ……… k_3
2	2	……………………………… 余0 ……… k_4
2	1	……………………………… 余1 ……… k_5 ……………………… 最高位
	0	

（2）转换小数部分

$0.635 \times 2 = 1.270$ .... 整数部分为1 .... k_0 .... 最高位

$0.270 \times 2 = 0.540$ .... 整数部分为0 .... k_1 .... ↓

$0.540 \times 2 = 1.080$ .... 整数部分为1 .... k_2 .... 最低位

转换结果为

$$(39.635)_{10} = (100111.101)_2$$

3）二进制与八进制、十六进制之间的转换

二进制数转换为八进制数时，整数部分从低位开始分组，每 3 位二进制数为一组，最后一组若不足 3 位，在前面补 0，补足 3 位为止；小数部分从高位开始分组，每 3 位二进制数为一组，最后一组若不足 3 位，在后面补 0；然后每 3 位二进制数用对应的 1 位八进制数代替。八进制数转换为二进制数时，将每位八进制数用 3 位二进制数代替即可。

二进制数与十六进制数之间的转换方法与二进制数与八进制数的转换方法类似，只是在分组时每 4 位二进制数分为一组。

【例 10.1.3】 将二进制整数 $(1011011.10101)_2$ 转换成对应的八进制数。

解 $(1011011.10101)_2 = (001\ 011\ 011.101\ 010)_2 = (133.52)_8$

【例 10.1.4】 将八进制数 $(731.24)_8$ 转换成对应的二进制整数。

解 $(731.24)_8 = (111\ 011\ 001.010\ 100)_2$

【例 10.1.5】 将二进制数 $(1111011011.1011101)_2$ 转换成对应的十六进制数。

解 $(111101011.10110101)_2 = (0001\ 1110\ 1011.1011\ 0101) = (1EB.B5)_{16}$

【例 10.1.6】 将十六进制数 $(3E.72)_{16}$ 转换成对应的二进制数。

解 $(3E.72)_{16} = (00111110.01110010)_2$

（3）二进制代码

在数字电路中，通常用一定位数的二进制数码来表示特定的信息。用于表示不同信息的若干个二进制数码，称为代码。

1）二-十进制代码

表示一位十进制数 0～9 的 4 位二进制数码，称为二-十进制代码（Binary Coded Decimal Codes），简称 BCD 码。4 位二进制代码有 $2^4 = 16$ 种组合状态，若从中选取 10 种组合表示一位十进制数，可以有多种方式，因此，有多种 BCD 码。表 10.1.1 是几种常用的 BCD 码。

表 10.1.1 几种常用的二-十进制码

十进制数	8421 码	2421 码	5421 码	余 3 码
0	0 0 0 0	0 0 0 0	0 0 0 0	0 0 1 1
1	0 0 0 1	0 0 0 1	0 0 0 1	0 1 0 0
2	0 0 1 0	0 0 1 0	0 0 1 0	0 1 0 1
3	0 0 1 1	0 0 1 1	0 0 1 1	0 1 1 0
4	0 1 0 0	0 1 0 0	0 1 0 0	0 1 1 1
5	0 1 0 1	1 0 1 1	1 0 0 0	1 0 0 0

续表

十进制数	8421 码	2421 码	5421 码	余 3 码
6	0 1 1 0	1 1 0 0	1 0 0 1	1 0 0 1
7	0 1 1 1	1 1 0 1	1 0 1 0	1 0 1 0
8	1 0 0 0	1 1 1 0	1 0 1 1	1 0 1 1
9	1 0 0 1	1 1 1 1	1 1 0 0	1 1 0 0
权	8421	2421	5421	无权

8421BCD 码是应用最广泛的一种代码。8421BCD 码选取的是 4 位二进制数的前 10 个。这种代码每一位的权是固定不变的,称为恒权码;从高位到低位的权值分别是 8、4、2、1,故称 8421 码。

2421BCD 从高位到低位的权值分别是 2、4、2、1,故称 2421 码。5421BCD 从高位到低位的权值分别是 5、4、2、1,故称 5421 码。代码中出现 1 的各位权值之和就是它所表示的十进制数。

余 3 码是无权码。余 3 码与 8421BCD 码对应的二进制数之差为 3(0011),余 3 码由此得名。

2)格雷码

格雷码(Gray Code)又称循环码。它是一种无权码,见表 10.1.2。其特点是相邻两个代码只有一位数字不同,而且首尾(0 和 15)两个代码也仅有一个数字不同。格雷码常用于模拟量的转换。当模拟量的微小变化引起数字量发生变化时,格雷码只有一位改变,减少出错的可能性。

表 10.1.2 四位格雷码表

十进制数	循环码	十进制数	循环码
0	0 0 0 0	8	1 1 0 0
1	0 0 0 1	9	1 1 0 1
2	0 0 1 1	10	1 1 1 1
3	0 0 1 0	11	1 1 1 0
4	0 1 1 0	12	1 0 1 0
5	0 1 1 1	13	1 0 1 1
6	0 1 0 1	14	1 0 0 1
7	0 1 0 0	15	1 0 0 0

10.1.3 逻辑函数及其表示方法

所谓逻辑关系,是指条件和结果之间的关系。用于反映和处理这种逻辑关系的数学工具就是逻辑代数。逻辑代数又称布尔代数,有输入变量(自变量)和输出变量(因变量),并用英文字母 $A,B,C,\cdots$ 表示。但在逻辑代数中,变量的取值只有 0 和 1,并且 0 和 1 不再表示变量具体的数量大小,而是表示事物两种相反的状态。若定义电位的高(高电平)为 1,电位的低(低电平)为 0,则称为正逻辑;电位的高为 0,电位的低为 1,则称为负逻辑。本书在讨论中采用正逻辑。

逻辑函数及其表示方法如下:

(1)常用的逻辑运算

在逻辑代数中,基本的逻辑运算有与、或、非 3 种。

1)与运算

"决定事件发生的几个条件全部具备时,事件才会发生"。这种因果关系称为与逻辑关系。用以实现与逻辑关系的电路,称为与门。与门逻辑符号如图 10.1.4(b)所示。

如图 10.1.4(a)所示的串联开关电路,若以开关的闭合为条件具备,灯亮为事件发生,则只有 A、B 开关都闭合时,灯 Y 才会亮,有一个开关断开,灯都不会亮。这里开关 A、B 的闭合与灯亮的关系为与逻辑关系,对应的运算为与运算。与运算可表示为

$$Y = A \cdot B \tag{10.1.3}$$

式中,符号"·"表示逻辑乘,读作"与"。为了书写方便,常将"·"省略,写为 $Y = AB$。

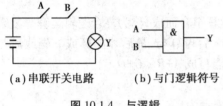

(a)串联开关电路　　(b)与门逻辑符号

图 10.1.4　与逻辑

表 10.1.3　与逻辑真值表

A	B	Y
0	0	0
0	1	0
1	0	0
1	1	1

如果设开关闭合为 1,断开为 0,灯亮为 1,灯灭为 0,则 A、B 的全部状态组合与 Y 之间的对应关系见表 10.1.3,该表为与逻辑真值表。由与逻辑真值表可将与逻辑关系概括为:有 0 出 0,全 1 出 1。

2)或运算

"决定事件发生的几个条件中只要有一个条件具备,事件便会发生"。这种逻辑关系称为或逻辑关系。实现或逻辑关系的电路,称为或门。或门逻辑符号如图 10.1.5(b)所示。

如图 10.1.5(a)所示的并联开关电路,只要有一个开关闭合,灯就亮。当两个开关全部断开时,灯才会灭。这里开关的闭合与灯亮的关系为或逻辑关系,对应的运算为或运算。或运算可表示为

$$Y = A + B \tag{10.1.4}$$

式中,符号"+"表示逻辑加,读作"或"。或逻辑真值表见表 10.1.4。或逻辑关系可概括为:有 1 出 1,全 0 出 0。

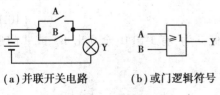

(a)并联开关电路　　(b)或门逻辑符号

图 10.1.5　或逻辑

表 10.1.4　或逻辑真值表

A	B	Y
0	0	0
0	1	1
1	0	1
1	1	1

3）非运算

决定事件发生的条件只有一个,当条件具备时事件不发生,条件不具备时事件反而发生。这种逻辑关系,称为非逻辑关系。实现非逻辑关系的电路,称为非门。其逻辑符号如图10.1.6(b)所示。

如图10.1.6(a)所示的电路,当开关闭合时灯灭,而当开关断开时灯反而亮。这里开关闭合与灯亮是非逻辑关系。对应的运算为非运算。非运算可表示为

$$Y=\bar{A}$$ (10.1.5)

式中,字母上面的符号"—"读作"非"或"反"。非逻辑真值表见表10.1.5。

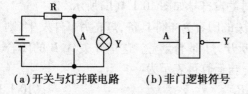

(a)开关与灯并联电路　　(b)非门逻辑符号

图10.1.6　非逻辑

表10.1.5　非逻辑真值表

A	Y
0	1
1	0

实际的逻辑运算往往较复杂,但可用基本逻辑运算组合而成,称为复合逻辑运算。复合逻辑运算顺序与普通代数一样,首先算括号里的内容,然后再算与,最后才能算或。先或后与的运算式,或运算要加括号。例如,$(A+B)\cdot(C+D)$不能写成$A+B\cdot C+D$。

4）与非运算

先与运算后非运算组合成与非运算。与非运算表示为

$$Y=\overline{A\cdot B}$$ (10.1.6)

与非逻辑真值表见表10.1.6。与非逻辑关系可概括为:有0出1,全1出0。

与非门逻辑符号如图10.1.7所示。

表10.1.6　与非逻辑真值表

A	B	Y
0	0	1
0	1	1
1	0	1
1	1	0

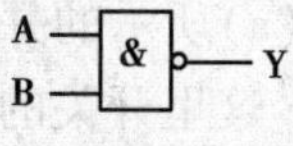

图10.1.7　与非门逻辑符号

5）或非运算

先或后非运算组成或非运算。或非运算表示为

$$Y=\overline{A+B}$$ (10.1.7)

或非逻辑真值表见表10.1.7。或非逻辑关系可概括为:有1出0,全0出1。或非门逻辑符号如图10.1.8所示。

6）与或非运算

按照与或非顺序,将与运算、或运算、非运算组合起来,就能实现与或非逻辑运算。与或非运算表示为

$$Y=\overline{A \cdot B} + \overline{C \cdot D} \qquad (10.1.8)$$

与或非门逻辑符号如图 10.1.9 所示。

表 10.1.7　或非逻辑真值表

A	B	Y
0	0	1
0	1	0
1	0	0
1	1	0

图 10.1.8　或非门逻辑符号

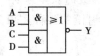

图 10.1.9　与或非门逻辑符号

7）异或运算

"决定事件的发生有两个条件,两个条件相异时,事件就会发生;两个条件相同时,事件不会发生"。这种因果关系称为异或逻辑关系。异或运算表示为

$$Y=\overline{A} \cdot B + A \cdot \overline{B} \qquad (10.1.9)$$

通常写作 $Y=A \oplus B$,符号"$\oplus$"表示异或逻辑运算。异或逻辑真值表见表 10.1.8。异或逻辑关系可概括为:相异出 1,相同出 0。异或门逻辑符号如图 10.1.10 所示。

表 10.1.8　异或逻辑真值表

A	B	Y
0	0	0
0	1	1
1	0	1
1	1	0

图 10.1.10　异或门逻辑符号

8）同或运算

"决定事件的发生有两个条件,两个条件相同时,事件就会发生;两个条件不同时,事件不会发生"。这种因果关系称为同或逻辑关系。同或运算表示为

$$Y=\overline{A} \cdot \overline{B} + A \cdot B \qquad (10.1.10)$$

通常记为 $Y=A \odot B$。符号"$\odot$"表示"同或"逻辑运算。逻辑真值表见表 10.1.9。同或逻辑关系可概括为:相同出 1,相异出 0。同或门逻辑符号如图 10.1.11 所示。

表 10.1.9　同或逻辑真值表

A	B	Y
0	0	1
0	1	0
1	0	0
1	1	1

图 10.1.11　同或门逻辑符号

比较表 10.1.8 和表 10.1.9 还可知,异或运算和同或运算是互为相反的运算,即

$$\overline{\overline{A} \cdot B + A \cdot \overline{B}} = \overline{A} \cdot \overline{B} + A \cdot B$$

也可记为

$$\overline{A \oplus B} = A \odot B$$

(2)逻辑函数的表示方法

数字电路讨论的各种逻辑关系可描述为

$$Y = F(A, B, C, \cdots) \tag{10.1.11}$$

式中,A、B、C 为输入变量,Y 为输出变量。输入变量与输出变量之间的关系是一种函数关系,这种函数关系称为逻辑函数。逻辑函数有多种表示方法。常用的有逻辑函数式、真值表、逻辑图、波形图等。下面举例说明。

例如,如图 10.1.12 所示的电路,若以开关闭合为条件具备,灯亮为事件发生,试用逻辑函数式、真值表、逻辑图、波形图表示该电路的逻辑关系。

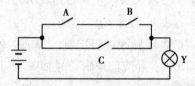

图 10.1.12 逻辑函数表示方法举例电路

1)逻辑函数式

用常用的逻辑运算来表示输入变量与输出变量之间的因果关系式,称为逻辑函数式。如图 10.1.12 所示电路灯亮的逻辑函数式为

$$Y = AB + C$$

一个逻辑函数的表达式可以有多种形式。最常用的是与或式。例如,$Y = AB + C$ 就是与或式。

2)逻辑状态表

将输入变量的全部取值组合与对应的函数值排列成表格,即为真值表。若输入变量为 n 个,每个输入变量有 0、1 两个取值,则输入变量共用 2^n 个取值组合。如图 10.1.12 所示的电路有 A、B、C 3 个开关,即 3 个输入变量。因此,输入变量共有 $2^3 = 8$ 种取值组合。设开关闭合为 1,断开为 0,灯亮为 1,灯灭为 0,则将输入变量的 8 种取值组合及对应的函数值列成的真值表见表 10.1.10。

表 10.1.10 如图 10.1.12 所示电路的真值表

A	B	C	Y
0	0	0	0
0	0	1	1
0	1	0	0
0	1	1	1
1	0	0	0
1	0	1	1
1	1	0	1
1	1	1	1

真值表表示了逻辑函数值与逻辑输入变量各种取值之间的对应关系。由真值表写出的逻辑函数式,称为标准与或式。逻辑函数的标准与或式是唯一的。书写标准与或式的步骤如下:

a.找出真值表中逻辑函数值为 1 的输入变量的组合。

b.每一组输入变量组合对应一个与组合,组合中取值为 1 的用原变量表示,取值为 0 的用反变量表示(变量上面有非号的变量,称为反变量;无非号的变量,称为原变量)。

c.将这些与组合进行或运算,就得到逻辑函数式。

由表 10.1.10 写出的标准与或式为

$$Y=\bar{A}\,\bar{B}C+\bar{A}BC+AB\,\bar{C}+ABC$$

3)逻辑图

用常用门电路的逻辑符号将对应逻辑关系表示出来就是逻辑图。如图 10.1.12 所示电路的逻辑图如图 10.1.13 所示。

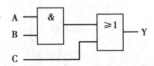

图 10.1.13　如图 10.1.12 所示电路的逻辑图

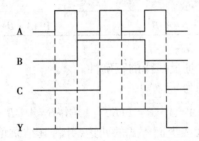

图 10.1.14　如图 10.1.12 所示电路的波形图

4)波形图

输入变量组合与对应的函数值随时间变化的图形为逻辑函数的波形图,波形图又称时序图。如图 10.1.12 所示的电路,依据输入变量 A、B、C 的波形画出的输出端 Y 的波形如图 10.1.14所示。波形图能直观表达输入变量和函数值之间随时间变化的规律。因此,在数字电路的分析、设计中应用较多。

10.1.4　逻辑函数的化简

同一个逻辑函数可写成繁简不同的逻辑式。逻辑函数式越简单,画出的逻辑电路图越简单,就可用最少的电子器件实现逻辑函数,不但可降低成本,还可提高电路的可靠性。只有熟练掌握化简方法,才能在实际工作中正确分析和设计数字电路。因此,逻辑函数的化简具有重要的意义。

不同形式的逻辑式有不同的最简形式。在与或逻辑式中,若乘积项最少并且每个乘积项中的变量最少,则称此逻辑式为最简与或式。其他形式的最简式大多可通过最简与或式变换得到。本节介绍两种常见的与或式化简方法。

(1)逻辑函数的代数化简法

代数化简法也称公式化简法,就是依据逻辑代数的公式和规则,消除逻辑函数式中多余的乘积项和乘积项中多余的变量,求得逻辑函数最简形式(与或式)的化简方法。

1)逻辑代数的基本公式和规则

①逻辑代数的基本公式

逻辑代数的基本公式是逻辑代数的基础,利用这些公式可化简逻辑函数。表 10.1.11 列出了常用逻辑代数基本公式。

表 10.1.11　逻辑代数的基本公式

0-1 律	$(1)A \cdot 1=A$ $(3)A \cdot 0=0$	$(2)A+0=A$ $(4)A+1=1$
交换律	$(5)A \cdot B=B \cdot A$	$(6)A+B=B+A$
结合律	$(7)A \cdot (B \cdot C)=(A \cdot B) \cdot C$	$(8)A+(B+C)=(A+B)+C$
分配律	$(9)A \cdot (B+C)=A \cdot B+A \cdot C$	$(10)A+(B \cdot C)=(A+B)(A+C)$
互补律	$(11)A \cdot \bar{A}=0$	$(12)A+\bar{A}=1$
重叠律	$(13)A \cdot A=A$	$(14)A+A=A$
反演律	$(15)\overline{A \cdot B}=\bar{A}+\bar{B}$	$(16)\overline{A+B}=\bar{A}\ \bar{B}$
还原律	$(17)\bar{\bar{A}}=A$	
吸收律	$(18)A+\bar{A} \cdot B=A+B$	$(19)A \cdot B+\bar{A} \cdot C+BC=AB+\bar{A}C$

【例 10.1.7】　用真值表验证反演律的正确性。

解　已知反演律公式分别为

$$Y=\overline{A \cdot B}=\bar{A}+\bar{B}, \quad Y=\overline{A+B}=\bar{A} \cdot \bar{B}$$

将 A、B 的各种取值组合代入上面等式的两边,并将其结果填入真值表 10.1.12 中,等式两边的值相等,所以等式成立。

反演律又称摩根定理。在逻辑函数的推演变换中,经常用到反演律。例如,将与或式逻辑函数 $Y=AB+CD$ 转变为与非一与非式,可首先依据公式 $\bar{\bar{A}}=A$ 将逻辑函数二次求反,然后用反演律将下面的非号断开,便得到与非一与非式,即

$$Y=AB+CD=\overline{\overline{AB+CD}}=\overline{\overline{AB} \cdot \overline{CD}}$$

表 10.1.12　反演律的证明

A	B	$\overline{A \cdot B}$	$\bar{A}+\bar{B}$	$\overline{A+B}$	$\bar{A} \cdot \bar{B}$
0	0	1	1	1	1
0	1	1	1	0	0
1	0	1	1	0	0
1	1	0	0	0	0

【例 10.1.8】　证明吸收律的正确性。

$(1)A+\bar{A} \cdot B=A+B$;

$(2)A \cdot B+\bar{A} \cdot C+BC=AB+\bar{A}C$。

证明　$(1)A+\bar{A} \cdot B=(A+\bar{A}) \cdot (A+B)=A+B$

$$（2）A \cdot B + \overline{A} \cdot C + BC = AB + \overline{A}C + ABC + \overline{A}BC$$
$$= AB(1+C) + \overline{A}C(1+B)$$
$$= AB + \overline{A}C$$

②逻辑代数的基本规则

A.代入规则

任何一个逻辑等式中的某一变量,用另一个逻辑式代替,则等式仍然成立。这个规则称为代入规则。

【例 10.1.9】　已知 $\overline{A \cdot B \cdot C} = \overline{A} + \overline{B} + \overline{C}$,证明用 CD 代替 C 后,等式仍然成立。

证明　　　　　　等式左边 $= \overline{A \cdot B \cdot (CD)} = \overline{A} + \overline{B} + \overline{CD} = \overline{A} + \overline{B} + \overline{C} + \overline{D}$
　　　　　　　　等式右边 $= \overline{A} + \overline{B} + \overline{CD} = \overline{A} + \overline{B} + \overline{C} + \overline{D}$

利用代入规则可把常用公式推广为多变量的形式。

B.反演规则

对任意一个函数表达式 Y,若将其中所有的"·"换成"+","+"换成"·";"0"换成"1","1"换成"0";原变量换成反变量,反变量换成原变量,所得到的表达式就是 Y 的反函数 $\overline{Y}$,这个规则称为反演规则。

反演规则常用于求已知函数的反函数。应用反演规则时应注意:原变量和反变量之间互换时只对单个变量有效,不属于单个变量上的非号则不变。另外,需要强调的是,变换前后的逻辑式运算优先顺序应不变,必要时可加括号表明运算的优先顺序。

【例 10.1.10】　求 $Y = \overline{A} \cdot B + \overline{C} \cdot D$ 的反函数 $\overline{Y}$。

解　根据反演规则,可写出结果为

$$\overline{Y} = (\overline{\overline{A}} + \overline{B}) \cdot (\overline{\overline{C}} + \overline{D})$$

2）逻辑函数的代数化简方法

①并项法

利用公式 $AB + A\overline{B} = A$ 可把两项合并为一项,并消去一个变量。

【例 10.1.11】　化简函数 $Y = AB\overline{C} + ABC$。

解　　　　　　　　$Y = AB\overline{C} + ABC = AB(\overline{C} + C) = AB$

②吸收法

利用公式 $A + AB = A$,可消去多余的乘积项。

【例 10.1.12】　化简函数 $Y = ABC + B + BC\overline{D}$。

解　　　　　　　$Y = ABC + B + BC\overline{D} = B(AC + 1 + B\overline{D}) = B$

③消去法

利用公式 $A + \overline{A}B = A + B$ 消去多余因子 $\overline{A}$。

【例 10.1.13】　化简函数 $Y = BC + \overline{B}D + \overline{C}D$。

解　　　　　　$Y = BC + \overline{B}D + \overline{C}D = BC + (\overline{B} + \overline{C})D = BC + D$

④配项法

利用公式 $A + A = A, A + \overline{A} = 1$ 及 $AB + \overline{A}C + BC = AB + \overline{A}C$,可消除函数式中某一多余项。

【例 10.1.14】　化简函数 $Y = \overline{A}\,\overline{B}\,\overline{C} + AB\overline{C} + A\,\overline{B}\,\overline{C}$。

解 在函数中，重复加入 $A\bar{B}\bar{C}$(利用公式 $A+A=A$)，即可得

$$Y = \bar{A}\,\bar{B}\,\bar{C} + AB\,\bar{C} + A\,\bar{B}\,\bar{C}$$

$$= (\bar{A}\,\bar{B}\,\bar{C} + A\,\bar{B}\,\bar{C}) + (AB\,\bar{C} + A\,\bar{B}\,\bar{C})$$

$$= \bar{B}\,\bar{C} + A\,\bar{C}$$

在化简逻辑函数式的过程中，往往需要综合应用上述化简方法，只要灵活应用逻辑代数公式和定理，就能使函数式化为最简。

【例 10.1.15】 化简函数 $Y = AB + \bar{A}\,\bar{B} + \bar{B}\,\bar{C} + AC\,\bar{D} + CD$。

解
$$Y = AB + \bar{A}\,\bar{B} + \bar{B}\,\bar{C} + AC\,\bar{D} + CD$$

$$= AB + \bar{B}(\bar{A} + \bar{C}) + C(A\,\bar{D} + D)$$

$$= AB + \bar{B}\,\overline{AC} + C(A + D)$$

$$= AB + \bar{B}\,\overline{AC} + AC + CD$$

$$= AB + \bar{B} + AC + CD$$

$$= A + \bar{B} + CD$$

(2)逻辑函数的卡诺图化简法

卡诺图化简法也称图解化简法，是将逻辑函数在卡诺图上表示出来，消除多余变量，求得逻辑函数最简形式(与或式)的化简方法。

1)逻辑函数的卡诺图

①最小项及其性质

设逻辑函数含有 n 个变量，如果乘积项包含所有的变量，且每个变量仅出现一次(以原变量或反变量形式出现)，这个乘积项就称为逻辑函数的最小项。n 个变量最多可构成 2^n 个最小项。例如，两个变量 A、B 可构成 4 个最小项：$\bar{A}\cdot\bar{B}$，$\bar{A}\cdot B$，$A\cdot\bar{B}$，$A\cdot B$。

表 10.1.13 三变量最小项状态表

序号	A B C	最小项	编号
0	0 0 0	$\bar{A}$ $\bar{B}$ $\bar{C}$	m_0
1	0 0 1	$\bar{A}$ $\bar{B}$ C	m_1
2	0 1 0	$\bar{A}$ B $\bar{C}$	m_2
3	0 1 1	$\bar{A}$ B C	m_3
4	1 0 0	A $\bar{B}$ $\bar{C}$	m_4
5	1 0 1	A $\bar{B}$ C	m_5
6	1 1 0	A B $\bar{C}$	m_6
7	1 1 1	A B C	m_7

为便于书写，常用符号 m_i 表示最小项，其中 i 为最小项的编号。最小项的编号方法为：把最小项中的原变量取值为 1，反变量取值为 0，则得到最小项对应的一组二进制数，与该二进制数对应的十进制数就是该最小项的编号。三变量全部最小项的编号见表 10.1.13。

由表 10.1.13 的三变量全体最小项，可归纳出最小项的性质如下：

a.对任何一个最小项 m_i，只有一组变量的取值使它的值为 1。

b.任意两个最小项的乘积恒等于零。

c.n 个变量的 2^n 个最小项之和等于 1。

②逻辑函数的最小项表达式

若逻辑函数式是一组最小项之和的形式,则称该逻辑函数式为标准与或式,也称最小项表达式。任何一个逻辑函数,都可写成最小项表达式形式。

【例 10.1.16】　将逻辑函数 $Y = A \cdot \overline{B} + \overline{B} \cdot C$ 变换为最小项表达式。

解　利用配项法,将每一个乘积项变换为最小项,就可得到逻辑函数标准与或式为

$$Y = A \cdot \overline{B}(C + \overline{C}) + \overline{B} \cdot C(A + \overline{A})$$
$$= A \cdot \overline{B} \cdot C + A \cdot \overline{B} \cdot \overline{C} + A \cdot \overline{B} \cdot C + \overline{A} \cdot \overline{B} \cdot C$$
$$= A \cdot \overline{B} \cdot C + A \cdot \overline{B} \cdot \overline{C} + \overline{A} \cdot \overline{B} \cdot C$$
$$= m_1 + m_4 + m_5$$
$$= \sum m(1,4,5)$$

③逻辑函数用卡诺图表示

卡诺图是逻辑函数的一种图示方法。将 n 变量的全部最小项各用一个小方块表示,并按一定的规则排列起来所形成的图形,称为 n 变量最小项的卡诺图。

画卡诺图的规则是:逻辑相邻的最小项几何位置也相邻。所谓的逻辑相邻项,是指只有一个变量不同,其余变量都相同的最小项,如三变量最小项中的 ABC 和 $\overline{A}BC$ 就是逻辑相邻项。二变量、三变量、四变量卡诺图如图 10.1.15 所示。可知,任一行或任一列的两头是相邻的,对折起来后位置重合的方格也是相邻的。

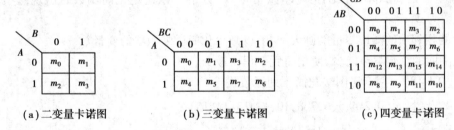

(a)二变量卡诺图　　　(b)三变量卡诺图　　　(c)四变量卡诺图

图 10.1.15　二至四变量卡诺图

由于任何一个逻辑函数都可写成最小项之和形式。因此,用卡诺图表示逻辑函数就是将最小项表示在卡诺图上。其具体方法如下:

①根据逻辑函数包含的变量个数,画出相应的变量卡诺图。

②函数中包含的最小项对应的方格中填 1,不包含的最小项在对应的方格中填 0 或不填,所得图形就是逻辑函数的卡诺图。

【例 10.1.17】　用卡诺图表示下列函数:

(1) $Y_1 = \overline{A}B + A\overline{B}$;

(2) $Y_2 = A\overline{B}C + AB\overline{C} + ABC$。

解　(1) $Y_1 = \overline{A}B + A\overline{B} = m_1 + m_2 = \sum m(1,2)$

(2) $Y_2 = A\overline{B}C + AB\overline{C} + ABC = \sum m(5,6,7)$

画出 Y_1、Y_2 的卡若图如图 10.1.16 所示。

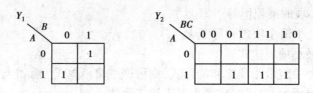

图 10.1.16   例 10.1.17 卡诺图

2）用卡诺图化简逻辑函数

卡诺图中的最小项的排列原则是逻辑相邻的最小项在几何位置上也相邻。用卡诺图化简实际就是反复用公式 $AB+A\overline{B}=A(B+\overline{B})=A$ 合并最小项，从而得到最简与或式。

①合并最小项的原则

在卡诺图中，只有几何位置相邻的最小项才可以合并。两个相邻的最小项合并为一项同时消去一个变量，4 个相邻的最小项合并为一项同时消去两个变量，2^n 个最小项合并为一项同时消去 n 个变量。

②用卡诺图化简的步骤

用卡诺图化简的步骤一般可分为以下 3 个：

a.根据变量数目，画出逻辑函数的卡诺图。

b.把相邻的最小项用包围圈圈起来。

c.消去相异的变量，保留相同的变量，每个圈可得到一个乘积项，将各乘积项相加，就是化简后的最简与或表达式。

使用卡诺图合并最小项时，应注意以下 3 点：

a.先圈无几何相邻项的最小项（即孤立的"1"方格），以避免化简函数时出现漏项。圈内"1"的个数为 2^n 个。

b.合并相邻项的圈应尽可能画大一些，以减少化简后乘积项的变量数。

c.包围圈的个数尽可能少，使化简后乘积项最少。

【例 10.1.18】   用卡诺图法化简下列函数式：

（1）$Y_1 = \sum m(0,2,4,5,6,7,8,10,12,13,14,15)$；

（2）$Y_2 = m_0+m_2+m_3+m_5+m_6+m_{11}+m_{14}$；

（3）$Y_3 = m_0+m_2+m_5+m_7+m_8+m_{10}+m_{13}+m_{15}$。

解   首先画出三变量卡诺图，如图 10.1.17 所示。然后将函数式中所包含的最小项，在卡诺图对应的方格中填 1；最后画包围圈，消去相异，保留相同变量，得到最简与或式。

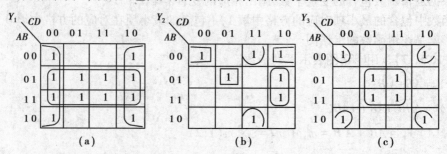

图 10.1.17   例 10.1.18 卡诺图

（1）图 10.1.17（a）化简的逻辑函数式为

$$Y_1 = B + \overline{D}$$

（2）图 10.1.17（b）化简的逻辑函数式为

$$Y_2 = \overline{A} \cdot B \cdot \overline{C} \cdot D + \overline{A} \cdot \overline{B} \cdot \overline{D} + \overline{B} \cdot C \cdot D + B \cdot C \cdot \overline{D}$$

（3）图 10.1.17（c）化简的逻辑函数式为

$$Y_3 = \overline{B} \cdot \overline{D} + BD$$

3）具有无关项的逻辑函数的化简

在数字系统中，与所讨论的逻辑问题无关的最小项，称为无关项。无关项包含两种情况：一种是由于逻辑变量之间具有一定的约束关系，使这些变量的取值不可能出现，如 8421BCD 码中，1010—1111 这 6 个代码是不允许出现的，是受到约束的，故称约束项；另一种是某些变量的取值无论是 1 还是 0 皆可，并不影响电路的功能，通常称为任意项。

化简具有无关项的逻辑函数的基本原则如下：

①在卡诺图中，无关项"×"在函数卡诺图中既可看成 1，也可看成 0。

②为使函数式达到最简，即所画圈数最少，可把某些与最小项相邻的无关项当成 1 处理，画入圈内，未被圈入的约束项则当成 0 处理。

【例 10.1.19】　化简下列具有无关项的函数式：

（1）$Y_1 = \sum m(0,4,8,12,13) + \sum d(3,5,7,11)$；

（2）$Y_2 = \sum m(2,5,6,8,11,14) + \sum d(0,4,7,9,10,12,13,15)$。

解　画出四变量逻辑函数卡诺图，如图 10.1.18 所示。再将函数式中所包含的最小项，在卡诺图对应的方格中填"1"；在无关项方格中填"×"，依据具有无关项逻辑函数卡诺图的化简原则画包围圈，然后写出最简与或式。

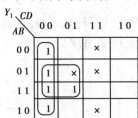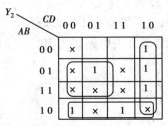

图 10.1.18　例 10.1.19 卡诺图

（1）$Y_1 = \overline{C} \cdot \overline{D} + B \cdot \overline{C}$。

（2）$Y_2 = B \overline{C} + C \overline{D} + A \overline{B}$。

在逻辑函数的化简过程中，代数化简法没有固定的步骤，需要灵活运用逻辑代数的基本公式和规则。而卡诺图法有固定的步骤和化简规律，比较容易掌握，但变量多时比较麻烦。采用何种化简方法要根据实际情况而定。

10.2　门电路

逻辑门电路是构成数字电路的基本单元。本节首先介绍二极管、三极管、MOS 管的开关特性,在此基础上简要介绍分立元件门电路,然后着重讨论 TTL 集成逻辑门电路和 CMOS 集成逻辑门电路的工作原理、逻辑功能、使用方法及注意事项。

10.2.1　分立元件门电路

(1)二极管、三极管和 MOS 管的开关特性

1)二极管的开关特性

理想开关在闭合时,其两端电压差应为 0;断开时流过开关的电流为 0,且理想开关在闭合和断开两种状态间的转换是瞬时完成的。

由二极管与电压源串联的电路模型如图 10.2.1(a)所示。当外加电压大于 0.7 V 时,二极管导通,同时产生 0.7 V 的压降。此时,二极管可视为一个闭合的开关。二极管导通时理想等效电路如图 10.2.1(b)所示;当外加电压小于 0.5 V 时,二极管截止,流过的电流为零。截止时的二极管可视为一个断开的开关。二极管截止时理想等效电路如图 10.2.1(c)所示。

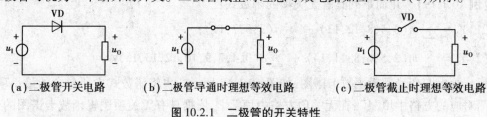

(a)二极管开关电路　　(b)二极管导通时理想等效电路　　(c)二极管截止时理想等效电路

图 10.2.1　二极管的开关特性

2)三极管的开关特性

在数字电路中,三极管通常工作在饱和导通或截止这两种状态,并在这两种工作状态之间进行快速转换。三极管开关电路如图 10.2.2(a)所示,电源电压为 5 V。

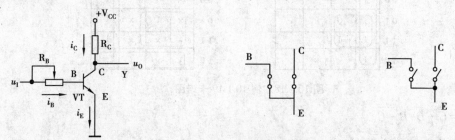

(a)共发射极NPN型三极管开关电路　　(b)三极管饱和时理想等效电路　　(c)三极管截止时理想等效电路

图 10.2.2　三极管的开关特性

①三极管工作在饱和状态

三极管临界饱和时,$u_{CE} = U_{CES}$,$i_C = I_{CS}$,$i_B = I_{BS}$。根据如图 10.2.2(a)所示的电路,可得

$$I_{CS} = \frac{V_{CC} - U_{CES}}{R_C} \approx \frac{V_{CC}}{R_C}, \quad I_{BS} = \frac{I_{CS}}{\beta} \approx \frac{V_{CC}}{\beta R_C}$$

若三极管基极电流 i_B 大于临界饱和时的电流数值 I_{BS}，则可判断三极管已进入饱和区，故三极管饱和导通的条件即为

$$i_B \geq I_{BS}$$

硅三极管饱和后，有 $u_{BE} = 0.7$ V，$u_{CE} = U_{CES} = 0.3$ V，三极管集电极和发射极之间如同闭合的开关。饱和时理想等效电路如图 10.2.2(b) 所示。

②三极管工作在截止状态

当硅三极管的发射结两端电压小于 0.5 V 时，三极管工作在截止区。因此，在数字电路的分析估算中，常把 $u_{BE} < 0.5$ V 作为三极管的截止条件。三极管截止时，$i_B \approx 0$，$i_C \approx 0$，如同断开的开关，截止时理想等效电路如图 10.2.2(c) 所示。

3) MOS 管的开关特性

在 CMOS 集成电路中，以 MOS 管为开关器件。MOS 管是由栅源电压 u_{GS} 控制其工作状态的开关元件。如图 10.2.3(a) 所示为一个 N 沟道增强型 MOS 管开关电路，输入电压是 u_I，输出电压是 u_O。下面以该电路为例介绍 MOS 管开关特性。

①截止条件和截止时的特性

当 MOS 管栅源电压 u_{GS} 小于开启电压 U_{TN}（$U_{TN} = 2$ V）时，处于截止状态。其等效电路如图 10.2.3(b) 所示。截止时，$i_D = 0$，MOS 管等效为一个断开的开关，$u_O = V_{DD}$。

②导通条件和导通时的特性

当 MOS 管栅源电压 u_{GS} 大于开启电压 U_{TN} 时，工作在导通状态。其等效电路如图 10.2.3(c) 所示。导通状态下 MOS 管的导通电阻 R_{ON} 只有几百欧姆，可等效为一个有一定导通电阻的闭合的开关。此时，$u_O = \dfrac{R_{ON}}{R_{ON} + R_D} \cdot V_{DD}$，由于 $R_{ON} \ll R_D$，$u_O \approx 0$，因此，输出为低电平。

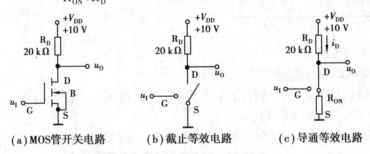

(a) MOS管开关电路　　　(b) 截止等效电路　　　(c) 导通等效电路

图 10.2.3　MOS 管的开关特性

对 P 沟道增强型 MOS 管，其开启电压 $U_{TP} = -2$ V。当 $u_{GS} > U_{TP}$ 时，MOS 管工作在截止状态，$u_{GS} < U_{TP}$ 时，MOS 管工作在导通状态。截止导通特性和 N 沟道增强型 MOS 管一样。

(2) 分立元件门电路

1) 二极管与门电路

由二极管组成的与门电路如图 10.2.4 所示。设两个输入端为 A、B，一个输出端为 Y。下面分析电路的逻辑功能。

当 $u_A = u_B = 0$ V 时，二极管 VD_A、VD_B 导通，$u_Y = 0.7$ V。

当 $u_A = 0$ V，$u_B = 3$ V 时，二极管 VD_A 先导通，$u_Y = 0.7$ V；VD_B 截止。

当 $u_A = 3$ V，$u_B = 0$ V 时，二极管 VD_B 先导通，$u_Y = 0.7$ V；VD_A 截止。

当 $u_A = u_B = 3$ V 时，二极管 VD_A、VD_B 导通，$u_Y = 3 + 0.7 = 3.7$ V。

整理结果可得真值表,见表 10.2.1。该电路实现了与门逻辑功能。

表 10.2.1　二极管与门电路真值表

A	B	Y
0	0	0
0	1	0
1	0	0
1	1	1

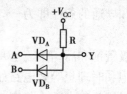

图 10.2.4　二极管与门电路

2)二极管或门电路

由二极管组成的或门电路如图 10.2.5 所示。

当 $u_A = u_B = 0$ V 时,二极管 VD_A、VD_B 导通,$u_Y = -0.7$ V。

当 $u_A = 0$ V,$u_B = 3$ V 时,二极管 VD_B 先导通,$u_Y = 3-0.7 = 2.3$ V;VD_A 截止。

当 $u_A = 3$ V,$u_B = 0$ V 时,二极管 VD_A 先导通,$u_Y = 3-0.7 = 2.3$ V;VD_B 截止。

当 $u_A = u_B = 3$ V 时,二极管 VD_A、VD_B 导通,$u_Y = 3-0.7 = 2.3$ V。

整理结果可得真值表,见表 10.2.2。该电路实现了或门逻辑功能。

表 10.2.2　二极管或门电路真值表

A	B	Y
0	0	0
0	1	1
1	0	1
1	1	1

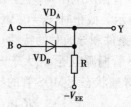

图 10.2.5　二极管或门电路

3)三极管非门电路

由三极管组成的非门电路如图 10.2.2(a)所示。

当 $u_1 = 5$ V 时,只要 R_B、R_C 选择适当,三极管 VT 饱和,$u_0 = U_{CES} = 0.3$ V。

当 $u_1 = 0$ V 时,三极管 VT 截止,$u_0 = V_{CC} = 5$ V。

整理结果可得真值表,见表 10.2.3。该电路实现了非门逻辑功能。

表 10.2.3　三极管非门电路真值表

A	Y
0	1
1	0

　　分立元件的与门、或门、非门电路进行组合可得到其他功能的门电路。如图 10.2.6 所示,由二极管与门串级连接一个三极管非门就构成了与非门;如图 10.2.7 所示,由二极管或门串级连接一个三极管非门就构成了或非门,其中负电源是为了保证三极管可靠截止。

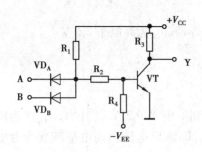

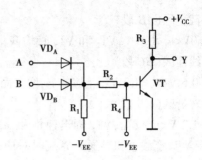

图 10.2.6　二极管和三极管组成的与非门　　　图 10.2.7　二极管和三极管组成的或非门

10.2.2　TTL 集成逻辑门电路

TTL 集成逻辑门电路的含义是输入为三极管 VT、输出为三极管 VT 的集成逻辑门电路,基本的 TTL 集成逻辑门电路是与非门,其他功能的门电路都是以与非门为基础构成。现以 TTL 与非门为例介绍 TTL 集成逻辑门电路的基本知识。

（1）TTL 与门

1）电路工作原理

典型的 TTL 与非门电路如图 10.2.8 所示。电源电压为 5 V。该电路可分为 3 部分:输入级、中间级和输出级。其中,VT_1 为多发射极晶体三极管,可对输入 A、B、C 实现与逻辑功能。

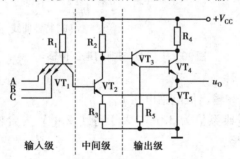

图 10.2.8　TTL 与非门电路

①输入端至少有一个为低电平

设 u_A 为低电平($u_A = 0.3$ V),u_B、u_C 为高电平,那么 VT_{1A} 的发射结由 V_{CC} 和 R_1 置于正偏,这时 $u_{B1} = 0.3$ V+0.7 V = 1 V,VT_2、VT_5 截止,$u_{B3} \approx 5$ V,足以使 VT_3、VT_4 导通,输出 $u_O \approx 5$ V$-u_{BE3}-u_{BE4} = 3.6$ V,为高电平,即实现有 0 出 1 的功能。

②输入端全为高电平(3.6 V)

设 A、B、C 端都为高电平(3.6 V),这时 VT_2、VT_5 饱和导通,VT_1 发射极反向偏置,集电结正向偏置,处于倒置状态。VT_2 的集电极电位 $u_{C2} = u_{CES2}+u_{BE5} \approx 0.3$ V+0.7 V = 1 V,该电压值不可以使 VT_3、VT_4 导通。因此,输出 u_O 为低电平,即实现全 1 出 0 的功能。

可知,如图 10.2.8 所示电路实现的是与非逻辑关系。

2）电压传输特性

TTL 与非门电压传输特性是指在空载的条件下,输入电压 u_I 与输出电压 u_O 之间的关系曲线。如图 10.2.9(a)、(b)所示为电压传输特性测试电路和特性曲线。

①截止区(*AB* 段)

当 0V<u_I<0.6 V,VT_2 和 VT_5 管均截止,VT_3、VT_4 导通,u_O 为高电平 3.6 V。

②线性区(*BC* 段)

当 0.6 V<u_I<1.2 V,u_O 随着 u_I 增大而线性地降低。

③转折区(*CD* 段)

当 1.2 V<u_I<U_{TH},VT_5 管迅速饱和,u_O 急剧下降到低电平 0.3 V 。其中,U_{TH} 称为阈值电压,是指 VT_5 管截止和导通分界线时对应的输入电压,即输出电压由高电平转变为低电平所对应的输入电压。TTL 与非门的阈值电压约为 1.4 V。

④饱和区(*DE* 段)

当 u_I>U_{TH} 以后继续增加,VT_5 管的饱和深度加深,u_O 已基本不变。

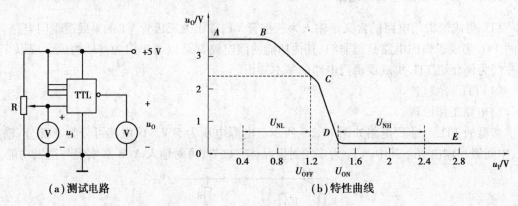

(a)测试电路　　　　　(b)特性曲线

图 10.2.9　TTL 与非门电压传输

3)TTL 与非门的使用特性

①输出高电平电压 U_{OH} 和输出低电平电压 U_{OL}

TTL 与非门输出高电平典型值为 3.6 V,大于等于 2.4 V 为合格;输出低电平典型值为 0.3 V,小于等于 0.4 V 为合格。

②输入噪声容限

输入噪声容限是说明与非门抗干扰能力的参数。噪声容限电压值越大,与非门的抗干扰能力越强。

A.低电平噪声容限电压 U_{NL}

保证输出为高电平电压所允许叠加在输入低电平电压上的最大干扰电压。U_{NL}越大,说明门电路输入低电平时抗正向干扰的能力越强,即

$$U_{NL} = U_{OFF} - U_{IL}$$

式中,U_{OFF} 称为关门电平,是输出电压为高电平下限值时所对应的输入电压。

B.高电平噪声容限电压 U_{NH}

保证输出为低电平电压所允许叠加在输入高电平电压上的最大干扰电压。U_{NH}越大,说明门电路输入高电平时抗负向干扰的能力越强,即

$$U_{NH} = U_{IH} - U_{ON}$$

式中,U_{ON} 称为开门电平,是输出电压为低电平上限值时所对应的最小输入电压。

③输入高电平电流 I_{IH} 和输入低电平电流 I_{IL}

当某一输入端接高电平,其余输入端接低电平时,流入该输入端的电流,称为高电平输入电流 $I_{IH}(\mu A)$。

当某一输入端接低电平,其余输入端接高电平时,流出该输入端的电流,称为低电平输入电流 $I_{IL}(mA)$。

④输入负载特性

在实际应用中,门电路的输入端常经过一个电阻接地,这个电阻称为输入电阻 R_I。保证输出为标准高电平 U_{SH} 时所对应的输入端外接电阻 R_I 的最大值,称为关门电阻。一般选关门电阻 $R_I \leqslant 0.9\ k\Omega$;保证输出为标准低电平 U_{SL} 时所对应的输入端外接电阻的最小值,称为开门电阻,用 R_{ON} 表示。在实际应用中,一般选开门电阻 $R_{ON} \geqslant 2.5\ k\Omega$。

⑤扇出系数 N_O

它是指一个与非门能带同类门的最大数目,是表示与非门带负载的能力参数。对 TTL 与非门,$N_O \geqslant 8$。

⑥平均传输延迟时间 t_{pd}

规定从输入电压上升到高电平的 50% 开始到输出电压下降到高电平的 50% 的时间间隔,称为导通传输延时时间 t_{PHL};从输入电压下降到高电平的 50% 开始到输出电压上升到高电平的 50% 的时间间隔,称为截止传输延时时间 t_{PLH}。平均传输延迟时间 t_{pd} 为

$$t_{pd} = \frac{t_{PHL} + t_{PLH}}{2}$$

如图 10.2.10 所示为 TTL 与非门延迟时间的输入输出电压波形。TTL 与非门的 t_{pd} 在 10~40 ns,此值越小越好。

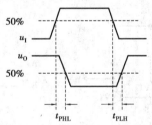

图 10.2.10　TTL 与非门输入输出电压波形

4)TTL 与非门的应用举例

①控制脉冲信号传输

【例 10.2.1】　已知与非门电路两个信号输入端 A、B 的波形如图 10.2.11 所示,试画出与非门输出 $Y = \overline{AB}$ 的波形。

解　画输出波形时,对应输入波形 A、B 的变化分段讨论,运用对应逻辑关系得出结果。

当 $B = 0$ 时,$Y = \overline{A \cdot B} = \overline{A \cdot 0} = 1$,即 Y 恒为 1,A 信号不能通过,与非门关闭;当 $B = 1$ 时,$Y = \overline{A \cdot B} = \overline{A \cdot 1} = \overline{A}$,输出 Y 的波形与 $\overline{A}$ 相同,即与非门开门,$\overline{A}$ 信号能顺利通过与非门,从 Y 输出。因此,可得输出 Y 的波形如图 10.2.11 所示。

图 10.2.11 中,A 端为信号输入端,B 端为控制端。由上述分析可知,与非门除能完成一定的逻辑功能外,还可作为控制元件,控制信号的通断。

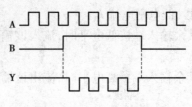

图 10.2.11　例 10.2.1 图

②组成其他功能的门电路

由与非门可组成其他功能的门电路,如图 10.2.12 所示。此外,还可用与非门组成异或门和同或门。

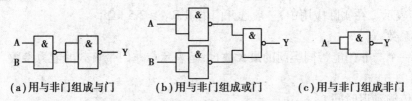

（a）用与非门组成与门　　（b）用与非门组成或门　　（c）用与非门组成非门

图 10.2.12　用与非门组成其他功能的门电路

（2）其他类型的 TTL 与非门

1）集电极开路的与非门（OC 门）

两个或多个普通与非门的输出端直接相连,相当于将这些输出信号相与,称为线与。线与连接时,TTL 与非门电路将可能出现输出级电流过大的危险。因此,不允许 TTL 与非门电路输出直接线与连接。为解决两个或多个门电路输出端线与的问题,可将输出级改为集电极开路的三极管结构,做成集电极开路门电路,简称 OC 门。

①OC 门的电路结构

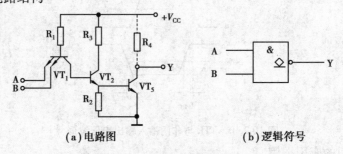

（a）电路图　　　　　　　　（b）逻辑符号

图 10.2.13　集电极开路的与非门

如图 10.2.13（a）所示为一个典型的集电极开路与非门电路。它与普通的 TTL 与非门的主要区别在于用外接电阻 R_4 代替由 VT_3、VT_4 组成的复合管。如图 10.2.13（b）所示为 OC 门的逻辑符号。

②OC 门的应用

A.实现线与

用若干个集电极开路与非门接成线与的逻辑电路如图 10.2.14 所示。R_C 为外接共用电阻。当其中一个 OC 门,如 OC_1 门的输入端 A_1 和 B_1 都为 1,而 OC_2、OC_3 都有输入端为 0 时,则 OC_1 的输出管 VT_5 导通,OC_2、OC_3 的输出管都截止,负载电流将全部流入 OC_1 的 VT_5,但只要 R_C 足够大,OC_1 的 VT_5 就可以饱和,Y_1 即为低电平,Y 也为低电平。

若如图 10.2.14 所示电路中的每个 OC 门的输入都有低电平时,它们的输出管均截止,Y 为高电平。综上所述,可得 $Y=Y_1 \cdot Y_2 \cdot Y_3$,即实现了线与。

B.控制执行机构

利用 OC 门可控制一些较大电流的执行机构,用 OC 门和三极管 VT 控制电动机的电路,如图 10.2.15 所示。当 OC 门输入为 1 时,其输出为 0,这时 VT 处于饱和导通状态,继电器线圈得电,触点闭合,电动机处于运转状态;当 OC 门输入为时 0,其输出为 1,VT 截止,继电器线圈失电,触点断开,电动机处于停止状态。线圈两端并联的二极管起保护作用。

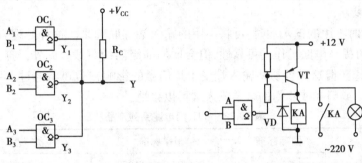

图 10.2.14　OC 门实现线与　　　　图 10.2.15　OC 门驱动控制机构

2)三态输出与非门

三态门的输出除了有一般门电路的两种状态(即高电平和低电平状态)外,还具有高阻态。

①三态门的工作原理

如图 10.2.16(a)所示的电路是三态与非门。它的逻辑符号如图 10.2.16(b)所示,EN 为控制端,又称使能端,A、B 为输入端,Y 为输出端。

当 $EN=0$ 时,二极管 VD 处于导通状态,VT_3 的基极电位被二极管 VD 箝位在 1 V 左右,VT_2、VT_5、VT_3、VT_4 均截止,这时输出端呈高阻状态或称悬空状态。$EN=1$ 时,二极管 VD 截止,三态门与普通 TTL 与非门的工作情况相同,输出和输入之间逻辑关系为

$$Y=\overline{AB}$$

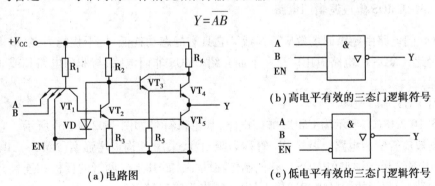

(a)电路图　　　　　　　　　　(c)低电平有效的三态门逻辑符号

图 10.2.16　三态输出与非门

另一种三态门在控制端 EN 为高电平时禁止,为低电平时正常工作。逻辑符号如图 10.2.16(c)所示。其中,EN 端的小圆圈表示使能端低电平有效。

②三态门的应用

三态门主要用于总线传输。例如,有 3 路数据 D_1、D_2、D_3 经三态门与总线连接,如图

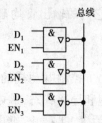

图 10.2.17 三态门应用于总线

10.2.17所示。当某一路数据(D_1)需要传输到总线上时,对应的三态门的使能端 EN_1 加有效电平高电平,而其他三态门的 EN 端则加低电平,使它们的输出处于高阻状态,不与总线产生电信号联系,从而保证 D_1 在总线上传输。

(3)TTL 集成电路分类

TTL 集成逻辑门使用时,应注意电源电压及电源干扰的消除。电源电压的变化对 54 系列应满足 5 V±10%、对 74 系列应满足 5 V±5%的要求。

有多余或暂时不用的输入端时,可将不用的输入端并联起来。这种处理方法不会影响电路的逻辑功能,可提高电路工作的可靠性,但会增加前级门的负载。此外,与门和与非门多余的输入端可以悬空(但这样容易使输入端受干扰信号的影响),也可将通过 1 kΩ 的限流电阻接至电源 V_{CC} 上。或门和或非门的多余输入端可以接地。

表 10.2.4 TTL 门电路系列产品

	国际标准	国家标准	类 型
TTL 系列	54/74	CT54/74 （CT1000）	标准型
	54/74L	CT54/74L(CT2000)	低功耗
	54/74S	CT54/74S(CT3000)	肖特基
	54/74LS	CT54/74LS(CT4000)	低功耗肖特基
	54/74AS		先进肖特基
	54/74ALS		先进低功耗肖特基
	54/74F		快速

10.2.3 CMOS 集成逻辑门电路

CMOS 门电路由绝缘栅场效应管组成。它具有静态功耗低、抗干扰能力强、扇出系数大等优点。因此,CMOS 门电路应用广泛。下面介绍 CMOS 非门电路、与非门电路和或非门电路的工作原理。

(1)CMOS 非门电路

如图 10.2.18(a)所示为 CMOS 非门电路,其逻辑符号如图 10.2.18(b)所示。它是一种互补对称场效应管集成电路。其中,B_1 管称为驱动管,采用 N 沟道增强型(NMOS),B_2 管称为负载管,采用 P 沟道增强型(PMOS),它们制作在同一片硅片上。两管的栅极相连接并引出一端作为输入端 A,两管的漏极也相连接,引出一端作为输出端 Y。

A 端输入高电平时,B_1 管导通,B_2 管截止,Y 端输出低电平。A 端输入低电平,则 B_1 管截止,B_2 管导通,Y 端便输出高电平。因此,如图 10.2.18(a)所示电路具有非逻辑功能。其逻辑符号如图 10.2.18(b)所示。

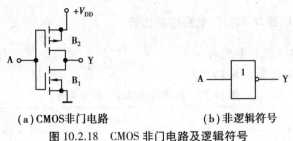

（a）CMOS非门电路　　　　（b）非逻辑符号

图 10.2.18　CMOS 非门电路及逻辑符号

（2）CMOS 与非门电路

如图 10.2.19（a）所示为 CMOS 与非门电路，其逻辑符号如图 10.2.19（b）所示。其中，B_4 与 B_3 并联，B_1 与 B_2 串联。当 AB 都是高电平时，B_1 与 B_2 同时导通，B_4 与 B_3 同时截止，输出 Y 为低电平；当 AB 中有一个是低电平时，B_1 与 B_2 中有一个截止，B_4 与 B_3 中有一个导通，输出 Y 为高电平。

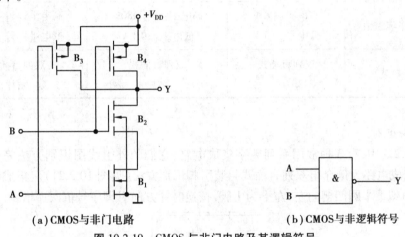

（a）CMOS与非门电路　　　　（b）CMOS与非逻辑符号

图 10.2.19　CMOS 与非门电路及其逻辑符号

（3）CMOS 或非门电路

如图 10.2.20（a）所示为 CMOS 或非门电路，其逻辑符号如图 10.2.20（b）所示。AB 中有一个是高电平时，B_1 与 B_2 中有一个导通，B_4 与 B_3 中有一个截止，输出 Y 为低电平；当 AB 都是低电平时，B_1 与 B_2 同时截止，B_4 与 B_3 同时导通；输出 Y 为高电平。

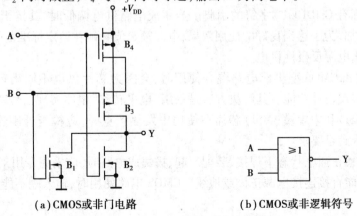

（a）CMOS或非门电路　　　　（b）CMOS或非逻辑符号

图 10.2.20　CMOS 或非门电路及逻辑符号

10.2.4 CMOS 门电路与 TTL 门电路性能比较

（1）数字集成电路性能分类列表

数字集成电路性能分类见表 10.2.5。

表 10.2.5　数字集成电路性能分类表

名称及特征	74LS 系列	74HC 系列	CC4000、CC4500 系列
芯片类型	TTL 型	CMOS 型	CMOS 型
芯片内有源器件	双结型晶体管	NMOS、PMOS 晶体管	NMOS、PMOS 晶体管
信号驱动方式	电流驱动型	电压驱动型	电压驱动型
基本性能	高速、低功耗	高速、微功耗	微功耗、抗干扰强
集成电路电源供电	V_{CC}:5 V±0.5	V_{CC}:2~6 V	V_{DD}:3~18 V
逻辑电平典型值	高电平:3.6 V 低电平:0.3 V	高电平:>V_{CC}×80% 低电平:<0.1 V	高电平:>V_{DD}×80% 低电平:<V_{DD}×10%
外形封装	双列直插式 贴片	双列直插式 贴片	双列直插式 贴片

（2）引脚识别

在表 10.2.5 中,有 3 种常用系列数字集成电路,它们的外引线图识别方法完全相同。以 14 脚 TTL 集成电路为例介绍双列直插式封装引脚识别方法(见图 10.2.21)。集成电路引脚对称排列,正面朝上半圆凹槽向左,左下为 1 脚,按逆时针方向引脚序号依次递增。

图 10.2.21　14 脚 TTL 集成电路封装图

（3）重要使用规则

①集成电路电源供电值见表 10.2.5。电源连接方式:电源正极连接标有 $V_{CC}(V_{DD})$ 字符的引脚,负极连接标有 GND(V_{EE})字符的引脚。当集成电路供电偏低时,其抗干扰能力将下降,偏高时功耗将增加,为了达到良好的使用效果,电源额定值必须在给定标准范围内。电源极性连接应正确,禁止电源反极性供电。

②当 TTL 型和 CMOS 型集成电路混合使用时,会因为芯片供电不同出现电平配合的问题,使电路无法实现设计功能。其解决方法是采用"电平转移"电路实现信号匹配。

③小规模(SSI)和中规模(MSI)芯片在使用中发热严重时,应检查外围连线连接是否正确,电源供电是否满足要求。

④集成电路禁止通电状态下焊接、装配。起、拔集成电路时,应采用专用工具。

⑤输出端不能直接连接电源正极或地线。CMOS 电路使用时,输入端不能悬空。

10.3　组合逻辑电路的分析和设计

数字电路可分为组合逻辑电路和时序逻辑电路两大类。组合逻辑电路的特点是：任何时刻的输出状态，仅与该时刻的输入状态有关，与电路原来的状态无关。因此，组合逻辑电路无记忆功能。在电路结构上，组合逻辑电路的基本单元是门电路。

10.3.1　组合逻辑电路的分析

组合逻辑电路的分析是根据已有的逻辑电路，找出它的输出信号和输入信号之间的逻辑关系，从而确定电路的逻辑功能。组合逻辑电路的分析步骤如下：

①由逻辑电路图写出逻辑函数式并进行化简。

②列出最简逻辑函数的真值表。

③分析逻辑功能。

【例 10.3.1】　写出如图 10.3.1 所示电路的逻辑函数式，并分析电路的逻辑功能。

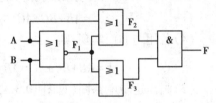

图 10.3.1　例 10.3.1 逻辑图

解　（1）由逻辑图写出逻辑函数式并化简。

从输入到输出依次写出各个门的逻辑函数式，最后写出输出变量 F 的逻辑函数式。

$$F_1 = \overline{A+B}$$

$$F_2 = F_1 + A = \overline{A+B} + A$$

$$F_3 = F_1 + B = \overline{A+B} + B$$

$$F = F_2 \cdot F_3 = (\overline{\overline{A+B}+A})(\overline{\overline{A+B}+B})$$

$$= (\overline{A} \cdot \overline{B} + A)(\overline{A} \cdot \overline{B} + B) = \overline{A}\,\overline{B} + AB$$

表 10.3.1　例 10.3.1 真值表

A	B	F
0	0	1
0	1	0
1	0	0
1	1	1

（2）依据最简逻辑函数式列真值表（见表 10.3.1）。

（3）分析逻辑功能。

由真值表可知，输入变量相同时输出为 1，否则，输出为 0。说明该电路完成的是同或功能。

10.3.2　组合逻辑电路的设计

根据给出的实际逻辑问题，求出实现这一逻辑功能的最简逻辑电路，称为组合逻辑电路的设计。最简组合逻辑电路标准是门的数目及每个门的输入端数目都最少。

组合逻辑电路的设计步骤如下：

①由题意抽象出输入变量和输出变量,并给变量赋值。

在进行逻辑抽象时,首先要分析事件的因果关系,确定逻辑变量。通常把引起事件的原因定为输入变量,而把事件的结果作为输出变量。其次,用0、1两种状态分别表示输入、输出变量的两种状态。这里的0和1的具体含义由设计者设定。

②列出真值表。

③由真值表写逻辑函数式并进行化简。

④根据化简后的逻辑函数式画出逻辑图。

【例10.3.2】 某产品有 A、B、C 3 项指标,只要有任意两项指标满足要求,产品就合格,用与非门设计一个产品质量检验电路。

解 (1)设产品的3个指标为输入变量 A、B、C,指标满足要求为状态1,不满足要求为状态0;产品是否合格设为输出变量,用 F 表示,合格为状态1,不合格为状态0。

(2)列真值表(见表10.3.2)。

(3)依据真值表,写出逻辑函数式,并用如图10.3.2所示的卡诺图化简法化简。

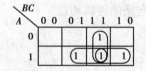

图 10.3.2　例 10.3.2 卡诺图

$$F = \overline{A}BC + A\,\overline{B}C + AB\,\overline{C} + ABC$$
$$= AB + BC + AC$$

(4)若用与非门实现,则

$$F = \overline{\overline{AB + BC + AC}} = \overline{\overline{AB} \cdot \overline{BC} \cdot \overline{AC}}$$

(5)画出逻辑电路图(见图10.3.3)。

表 10.3.2　例 10.3.2 真值表

A	B	C	F
0	0	0	0
0	0	1	0
0	1	0	0
0	1	1	1
1	0	0	0
1	0	1	1
1	1	0	1
1	1	1	1

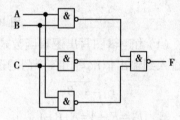

图 10.3.3　例 10.3.2 逻辑图

10.4　常用组合逻辑器件

在数字系统中,经常使用一些组合逻辑电路,如加法器、编码器、译码器、数据选择器、数据分配器及数值比较器等。因此,将这些电路制成了集成电路产品(组合逻辑器件),用以完成部分相对独立的逻辑功能。本节介绍上述几种常用的组合逻辑器件工作原理及使用方法。

10.4.1　加法器

（1）一位加法器

1）半加器

不考虑低位输入的进位，而只进行本位两个二进制数相加，称为半加。实现半加运算的电路，称为半加器。设两个二进制数为 A、B，S 为半加和，C 为向高位的进位，根据两个二进制数相加的情况，可列出真值表 10.4.1。由表 10.4.1 得半加和 S 及进位 C 的逻辑函数式

$$S=\bar{A}B+A\bar{B}=A\oplus B \tag{10.4.1}$$

$$C=AB \tag{10.4.2}$$

由函数式画出逻辑电路图，如图 10.4.1（a）所示。图 10.4.1（b）是半加器的逻辑符号。

表 10.4.1　半加器真值表

A	B	S	C
0	0	0	0
0	1	1	0
1	0	1	0
1	1	0	1

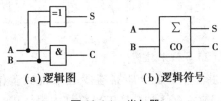

（a）逻辑图　　　　（b）逻辑符号

图 10.4.1　半加器

2）全加器

如相加时考虑来自低位的进位及向高位的进位，则称为全加。实现全加运算的电路，称为全加器。用 A_i、B_i 表示两个加数，C_{i-1} 表示来自低位的进位，C_i 表示向高位的进位，S_i 表示本位和，全加运算的真值表见表 10.4.2。由状态表可得逻辑函数式并进行整理得

$$\begin{aligned}S_i &=\bar{A}_i\bar{B}_iC_{i-1}+\bar{A}_iB_i\bar{C}_{i-1}+A_i\bar{B}_i\bar{C}_{i-1}+A_iB_iC_{i-1}\\&=A_i\oplus B\oplus C_{i-1}\end{aligned} \tag{10.4.3}$$

$$\begin{aligned}C_i &=\bar{A}_iB_iC_{i-1}+A_i\bar{B}_iC_{i-1}+A_iB_i\bar{C}_{i-1}+A_iB_iC_{i-1}\\&=A_iB_i+(A_i\oplus B_i)C_{i-1}\end{aligned} \tag{10.4.4}$$

由逻辑函数式画出逻辑电路图，如图 10.4.2（a）所示。图 10.4.2（b）为全加器的逻辑符号。

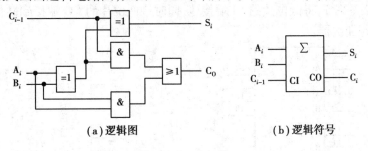

（a）逻辑图　　　　　　　　（b）逻辑符号

图 10.4.2　全加器

表 10.4.2　全加器真值表

A_i	B_i	C_{i-1}	S_i	C_i
0	0	0	0	0
0	0	1	1	0
0	1	0	1	0
0	1	1	0	1
1	0	0	1	0
1	0	1	0	1
1	1	0	0	1
1	1	1	1	1

（2）多位加法器

将多个一位全加器连接起来构成多位加法器,用以完成两个多位二进制数相加,如图 10.4.3所示。这种结构的电路称为串行进位加法器。由于每一位的相加结果都必须等到低一位的进位产生后才能计算出来。因此,串行进位加法器的运算速度慢。

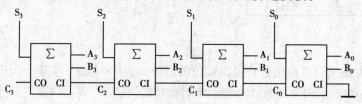

图 10.4.3　四位串行进位加法器

为了加快运算速度,人们把串行进位改成超前进位(快速进位)。超前进位就是每一位全加器的进位信号直接由并行输入的被加数、加数以及外部输入进位信号 C_i 同时决定,不再需要逐级等待低位送来的进位信号。用超前进位方式构成的加法器,称为超前进位加法器。如图 10.4.4 所示为集成 4 位二进制超前进位加法器 74LS283 的逻辑符号。74LS283 芯片的进位输入端 CI 和进位输出端 CO 主要用于级联,扩大加法器字长。例如,取两片 74LS283(低四位片和高四位片各一片),将低位片的 CI 端接地,同时将低位片的 CO 端接到高位片的 CI 端,就扩展成八位并行加法器。

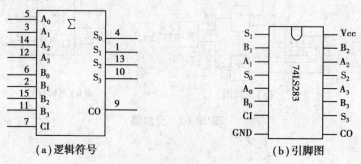

（a）逻辑符号　　　　　（b）引脚图

图 10.4.4　4 位二进制超前进位加法器 74LS283

（3）加法器应用举例

【例 10.4.1】　试用四位加法器完成 8421BCD 码到余 3 码的转换。

解　对一个十进制数，余 3 码比相应的 8421BCD 码多 3，故要
实现 8421BCD 码到余 3 码的转换，只要将 8421BCD 码加 3（0011）
就转换为对应的余 3 码。用 74LS283 实现该转换的逻辑电路图如
图 10.4.5 所示。

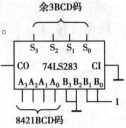

图 10.4.5　例 10.4.1 逻辑图

10.4.2　编码器

为了区别不同的信号，在数字系统中，用二进制数码 0 和 1 按一定的规律组成二进制代码
分配给不同的信号，称为编码。用于编码的电路，称为编码器。常用的编码器有普通编码器和
优先编码器两类。

（1）普通编码器

普通编码器有二进制编码器和二-十进制编码器。用 n 位二进制代码表示 $N=2^n$ 个对象
的电路为二进制编码器，用 4 位二进制代码表示 0、1、2、3、4、5、6、7、8、9 这 10 个阿拉伯数字的
电路为二-十进制编码器。下面以二进制编码器为例介绍普通编码器的编码过程。

【例 10.4.2】　设计一二进制编码器，需要对 I_0—I_7 8 个信号进行编码，3 位二进制代码
为 $Y_2 Y_1 Y_0$。

解　（1）依据题意列写编码表见表 10.4.3。

表 10.4.3　3 位二进制编码器真值表

输入								输出		
I_7	I_6	I_5	I_4	I_3	I_2	I_1	I_0	Y_2	Y_1	Y_0
0	0	0	0	0	0	0	1	0	0	0
0	0	0	0	0	0	1	0	0	0	1
0	0	0	0	0	1	0	0	0	1	0
0	0	0	0	1	0	0	0	0	1	1
0	0	0	1	0	0	0	0	1	0	0
0	0	1	0	0	0	0	0	1	0	1
0	1	0	0	0	0	0	0	1	1	0
1	0	0	0	0	0	0	0	1	1	1

（2）依据编码表写出逻辑函数式

$$Y_0 = I_1 + I_3 + I_5 + I_7 = \overline{\overline{I_1} \cdot \overline{I_3} \cdot \overline{I_5} \cdot \overline{I_7}}$$

$$Y_1 = I_2 + I_3 + I_6 + I_7 = \overline{\overline{I_2} \cdot \overline{I_3} \cdot \overline{I_6} \cdot \overline{I_7}}$$

$$Y_3 = I_4 + I_5 + I_6 + I_7 = \overline{\overline{I_4} \cdot \overline{I_5} \cdot \overline{I_6} \cdot \overline{I_7}}$$

（3）依据逻辑函数式画出逻辑图

3 位二进制编码器逻辑图如图 10.4.6 所示。由真值表可知，当某一个输入信号为高电平 1
时，3 个输出端 Y_2、Y_1、Y_0 的值组成与该信号对应的一组 3 位二进制代码，这种状态也称高电平
有效。例如，当 $I_4 = 1$，其余为 0 时，输出为 100。需要指出，图中对 I_0 的编码是隐含的，即当
I_1—I_7 均为 0 时，输出 000 就是 I_0 的编码。因此，图中没有画出 I_0 对应的非门。

由于输入为 8 个信号,输出为 3 位二进制代码,因此为二进制编码器,又称 8 线-3 线编码器。同理,2 位、4 位二进制编码器又称 4 线-2 线、16 线-4 线编码器。

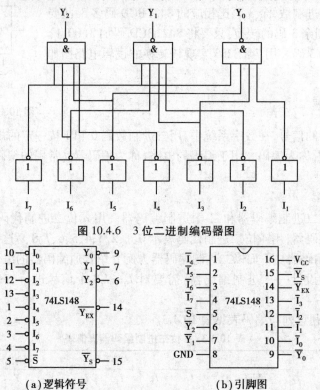

图 10.4.6　3 位二进制编码器图

(a)逻辑符号　　　　**(b)引脚图**

图 10.4.7　优先编码器 74LS148

（2）优先编码器

普通编码器同一时刻只允许有一个信号请求编码,输入信号之间是互相排斥的。而优先编码器同一时刻允许多个信号请求编码,但编码器只对优先级别最高的信号进行编码,信号的优先级别根据实际需要来确定。常用的集成优先编码器有 74LS148（8 线-3 线优先编码器）和 74LS147（10 线-4 线优先编码器）。74LS148 的逻辑符号和外引线图如图 10.4.7 所示。

表 10.4.4　74LS148 功能表

输入									输出				
$\bar{S}$	$\bar{I}_7$	$\bar{I}_6$	$\bar{I}_5$	$\bar{I}_4$	$\bar{I}_3$	$\bar{I}_2$	$\bar{I}_1$	$\bar{I}_0$	$\bar{Y}_2$	$\bar{Y}_1$	$\bar{Y}_0$	$\bar{Y}_{EX}$	$\bar{Y}_S$
1	×	×	×	×	×	×	×	×	1	1	1	1	1
0	1	1	1	1	1	1	1	1	1	1	1	1	0
0	0	×	×	×	×	×	×	×	0	0	0	0	1
0	1	0	×	×	×	×	×	×	0	0	1	0	1
0	1	1	0	×	×	×	×	×	0	1	0	0	1
0	1	1	1	0	×	×	×	×	0	1	1	0	1
0	1	1	1	1	0	×	×	×	1	0	0	0	1
0	1	1	1	1	1	0	×	×	1	0	1	0	1
0	1	1	1	1	1	1	0	×	1	1	0	0	1
0	1	1	1	1	1	1	1	0	1	1	1	0	1

74LS148 功能表见表 10.4.4。由表 10.4.4 可知：

①输入信号为低电平有效，输出的是该信号对应的反码。$\bar{I}_7$ 为最高优先级，$\bar{I}_0$ 为最低优先级。当 $\bar{I}_7=0$ 时，不管其他输入端是 0 还是 1，输出只对 $\bar{I}_7$ 编码，且输出是该信号对应的反码 $\bar{Y}_2\bar{Y}_1\bar{Y}_0=000$，原码为 111。其余类推……只有当 $\bar{I}_7$—$\bar{I}_1$ 都为 1，$\bar{I}_0=0$ 时，输出才对 $\bar{I}_0$ 编码，对应输出为 $\bar{Y}_2\bar{Y}_1\bar{Y}_0=111$。

②输入使能端 $\bar{S}=0$，编码器正常工作，$\bar{S}=1$ 编码器不工作；输出使能端 $\bar{Y}_S$ 用于电路扩展。

③输出有效标志端 $\bar{Y}_{EX}=0$ 时，编码器输出有效。第 1 行、第 2 行和最后一行，输出状态 $\bar{Y}_2\bar{Y}_1\bar{Y}_0$ 都是 111，但由 $\bar{Y}_{EX}$ 指明最后一行表示的输出 111 有效，是对 0 信号的编码，而第 1 行和第 2 行表示输出无效。

利用编码器的使能端可进行电路功能扩展。例如，图 10.4.8 用两片 8 线-3 线编码器组成 16 线-4 线编码器，在图中 4 位输出为 B_3—B_0。

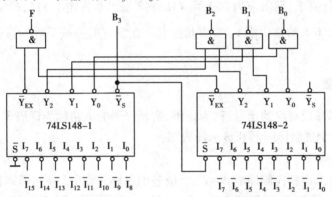

图 10.4.8　两片 74LS148 组成 16 线-4 线编码器

当输入数据线 8~15 均无输入（均为 1）时，其高 8 位芯片 $\bar{Y}_S=0$，B_3 为 0，同时又使低 8 位芯片的 $\bar{S}=0$，允许低 8 位芯片工作。当低 8 位芯片的输入数据线 0~7 中有一个为低电平时，其输出经反相器作为 B_2—B_0。

如数据输入线 8~15 中有一个为低电平，则高 8 位芯片 $\bar{Y}_S=1$，B_3 为 1，同时使低 8 位芯片的 $\bar{S}=1$，禁止低 8 位芯片工作。高 8 位芯片输出经反相器作为 B_3—B_0 中的低 3 位。F 作为整个电路的输出有效标志位，高电平有效。

（3）编码器应用举例

优先编码器的应用非常广泛，常用于优先中断系统和键盘编码等。下面举例说明。

【例 10.4.3】　某医院有 7 个病房，室内设有紧急呼叫开关，1 号病房的优先级别最高，其控制开关为 K_1，其他病房的级别依次递减，7 号病房的优先级别最低，其控制开关为 K_7。

解　该电路采用 8 线-3 线优先编码器 74LS148 编码。74LS148 的 7 号数据端优先级别最高，0 号优先级别最低，并且输入端低电平有效，输出的是反码。因此，各病房的呼叫开关应设计成按下输出低电平 0，断开输出高电平 1，并且把 1 号病房的开关信号接到编码器的 6 号输入端，编码输出为 001，其余类推，7 号病房的开关信号接到编码器的 0 号输入端，编码输出为 111。当 7 个病房中有若干个请求呼叫开关合上时，编码器的输出为当前相对优先级别最高的病房的代码，完成优先权的要求。其电路如图 10.4.9 所示。

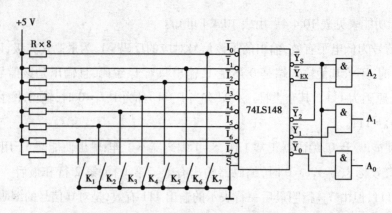

图 10.4.9　例 10.4.3 逻辑图

由于 74LS148 的输出端 $\overline{Y}_S$ 为 1 表示有输入,0 表示没有输入。在本例中没有病房按下呼叫按钮时,按照设计要求,编码应为 000,而 74LS148 编码器将输出 111,产生错误代码。因此,利用与门配合 74LS148 的输出端 $\overline{Y}_S$ 实现此控制。在没有病房按下呼叫按钮时,$\overline{Y}_S$ 输出 0,电路编码输出为 000。

10.4.3　译码器

将二进制代码译成对应的信号,称为译码,实现译码的电路称为译码器。常用的译码器有二进制译码器、二-十进制译码器和显示译码器。

(1)二进制译码器

将输入的 n 位二进制代码译成 $N = 2^n$ 个信号的电路,称为二进制译码器。常用的集成二进制译码器有双 2 线-4 线译码器 74LS139、3 线-8 线译码器 74LS138 及 4 线-16 线译码器 SN74154。如图 10.4.10 所示为集成 3 线-8 线译码器 74LS138 的逻辑符号和引脚图。该译码器有 3 个使能端 S_1、$\overline{S}_2$ 和 $\overline{S}_3$。当 $S_1 = 1$ 且 $\overline{S}_2 + \overline{S}_3 = 0$ 时,译码器处于工作状态。

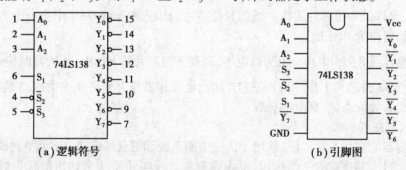

(a)逻辑符号　　　　　　　　　(b)引脚图

图 10.4.10　3 线-8 线译码器 74LS138

74LS138 功能表见表 10.4.5。需要说明的是,由于 n 个输入端最多可组成 2^n 个不同状态,并且都是最小项的形式,故把输入为 n 位代码,输出为 2^n 个信号的译码器称为完全译码器。因此,二进制译码器又称完全译码器,也称最小项译码器。译码器工作时,选出对应的输出称为"译中",若"译中"的输出端为高电平,其余输出端为低电平,称为高电平有效;反之,称为低电平有效。而 TTL 与非门输出为高电平时,功耗较大。因此,74LS138 采用输出低电平有效,可降低整个电路的功耗。

表 10.4.5　译码器 74LS138 功能表

输入					输出							
S_1	$\overline{S_2}+\overline{S_3}$	A_2	A_1	A_0	$\overline{Y_0}$	$\overline{Y_1}$	$\overline{Y_2}$	$\overline{Y_3}$	$\overline{Y_4}$	$\overline{Y_5}$	$\overline{Y_6}$	$\overline{Y_7}$
×	1	×	×	×	1	1	1	1	1	1	1	1
0	×	×	×	×	1	1	1	1	1	1	1	1
1	0	0	0	0	0	1	1	1	1	1	1	1
1	0	0	0	1	1	0	1	1	1	1	1	1
1	0	0	1	0	1	1	0	1	1	1	1	1
1	0	0	1	1	1	1	1	0	1	1	1	1
1	0	1	0	0	1	1	1	1	0	1	1	1
1	0	1	0	1	1	1	1	1	1	0	1	1
1	0	1	1	0	1	1	1	1	1	1	0	1
1	0	1	1	1	1	1	1	1	1	1	1	0

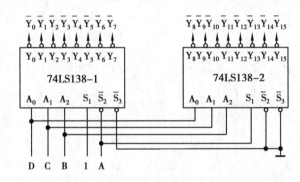

图 10.4.11　两片 74LS138 组成 4 线-16 线译码器

利用译码器的使能端可扩大译码器的使用范围。例如,图 10.4.11 是用两片 3 线-8 线译码器构成 4 线-16 线译码器。其中,A 为最高位,D 为最低位。当 $A=0$ 时,选中第 1 片 74LS138,将 ABCD 的 0000~0111 这 8 个代码译为相应的 $\overline{Y_0}$—$\overline{Y_7}$ 低电平信号。而当 $A=1$ 时,选中第 2 片 74LS138,将 ABCD 的 1000~1111 代码译为相应的 $\overline{Y_8}$—$\overline{Y_{15}}$ 低电平信号。

（2）二-十进制译码器

二-十进制译码器的逻辑功能是将 10 个 BCD 代码翻译成对应的 10 个信号。由于 BCD 码通常都是由 4 位二进制代码组成,构成 4 个输入信号,因此,二-十进制译码器又称 4 线-10 线译码器。如图 10.4.12 所示为二-十进制译码器 74LS42 的逻辑符号和外引脚排列图。

74LS42 的功能表见表 10.4.6。可知,74LS42 输出为低电平有效。它能自动拒绝伪码,即当输入的代码为 1010~1111 这 6 种状态时,电路不予响应,输出全为 1,输出端均处于无效状态。

213

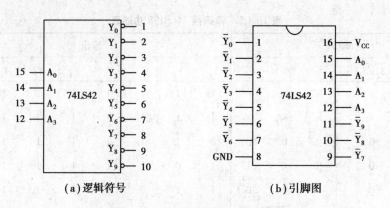

（a）逻辑符号 （b）引脚图

图 10.4.12 4 线-10 线译码器 74LS42

表 10.4.6 4 线-10 线译码器 74LS42 功能表

序号	输　入				输　出									
	A_3	A_2	A_1	A_0	$\overline{Y}_0$	$\overline{Y}_1$	$\overline{Y}_2$	$\overline{Y}_3$	$\overline{Y}_4$	$\overline{Y}_5$	$\overline{Y}_6$	$\overline{Y}_7$	$\overline{Y}_8$	$\overline{Y}_9$
0	0	0	0	0	0	1	1	1	1	1	1	1	1	1
1	0	0	0	1	1	0	1	1	1	1	1	1	1	1
2	0	0	1	0	1	1	0	1	1	1	1	1	1	1
3	0	0	1	1	1	1	1	0	1	1	1	1	1	1
4	0	1	0	0	1	1	1	1	0	1	1	1	1	1
5	0	1	0	1	1	1	1	1	1	0	1	1	1	1
6	0	1	1	0	1	1	1	1	1	1	0	1	1	1
7	0	1	1	1	1	1	1	1	1	1	1	0	1	1
8	1	0	0	0	1	1	1	1	1	1	1	1	0	1
9	1	0	0	1	1	1	1	1	1	1	1	1	1	0
伪码	1	0	1	0	1	1	1	1	1	1	1	1	1	1
	1	0	1	1	1	1	1	1	1	1	1	1	1	1
	1	1	0	0	1	1	1	1	1	1	1	1	1	1
	1	1	0	1	1	1	1	1	1	1	1	1	1	1
	1	1	1	0	1	1	1	1	1	1	1	1	1	1
	1	1	1	1	1	1	1	1	1	1	1	1	1	1

（3）显示译码器

在数字系统中,经常要将测量或处理的结果显示出来。显示译码器输入的是二进制代码,输出的是一组信号,用于驱动显示器件将译码器译出的结果显示出来。目前,广泛使用的显示器件是七段数字显示器,包括发光二极管（LED）和液晶显示器（LCD）两种。

1）七段数字显示器

七段 LED 数码管是由 7 个发光二极管（若加小数点则为 8 个）组成。七段 LED 数码管有共阴极和共阳极两种结构,如图 10.4.13 所示。共阴极 LED 数码管的 7 个发光二极管的阴极连接在一起接地,阳极电位为高电平时则该段发光;共阳极 LED 数码管的 7 个发光二极管的阳极连接在一起接+5V 电源,阴极电位为低电平时则该段发光。如图 10.4.14 所示为 LED 数码管外引线排列图。

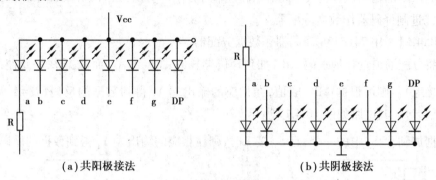

（a）共阳极接法　　　　　　　　（b）共阴极接法

图 10.4.13　半导体数码管的接法

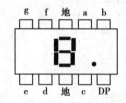

图 10.4.14　七段 LED 数码管

2）七段显示译码器

七段显示译码器输出低电平有效时,应选用共阳极接法的数码显示器;输出高电平有效时,应选用共阴极接法的数码显示器。常用于驱动共阳极七段显示器的集成译码器为74LS47。驱动共阴极七段显示器的集成译码器为 74LS48。74LS47 的逻辑符号和引脚图如图10.4.15 所示。其中,DCBA 是 8421BCD 码的输入信号,a—g 是译码器的 7 个输出。

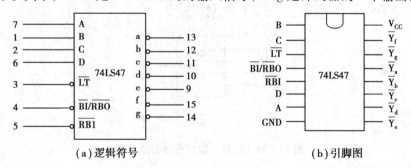

（a）逻辑符号　　　　　　　　（b）引脚图

图 10.4.15　显示译码器 74LS47

（4）译码器应用举例

1）用二进制译码器实现组合逻辑函数

二进制译码器的用途很广。由于它的每个输出端都与某一个最小项相对应,因此,只要加上适当的门电路就可利用它实现组合逻辑函数。

【例 10.4.4】　试用译码器 74LS138 实现逻辑函数: $F(A,B,C) = \sum m(2,4,6,7)$。

解
$$F = m_2 + m_4 + m_6 + m_7 = \overline{\overline{m_2 + m_4 + m_6 + m_7}}$$

$$= \overline{\overline{m_2} \cdot \overline{m_4} \cdot \overline{m_6} \cdot \overline{m_7}} = \overline{\overline{Y}_2 \cdot \overline{Y}_4 \cdot \overline{Y}_6 \cdot \overline{Y}_7}$$

将 74LS138 的输出 $\overline{Y}_2$、$\overline{Y}_4$、$\overline{Y}_6$、$\overline{Y}_7$ 经一个与非门后便可实现,如图 10.4.16 所示。

2)用二进制译码器作数据分配器

【例 10.4.5】 用 74LS138 译码器作数据分配器。

解 将分配通道选择地址码 ABC 加到译码器输入端 $A_2 A_1 A_0$,而数据 D 加到使能控制端 S_1($\overline{S}_2$、$\overline{S}_3$ 接地)。则可根据 ABC 取值,在相应的输出端 Y_i 得到数据的反码($D = 1$,则 $Y_i = 0$;$D = 0$,则 $Y_i = 1$)。其电路如图 10.4.17 所示。

当数据加到 $\overline{S}_2$、$\overline{S}_3$ 中的一个,且 S_1 接 1 时,则在相应的输出端 Y_i 得到数据的原码。

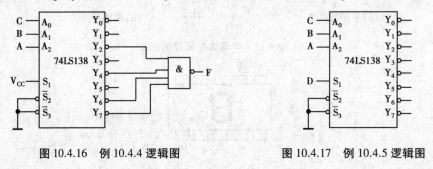

图 10.4.16 例 10.4.4 逻辑图   图 10.4.17 例 10.4.5 逻辑图

10.4.4 数据选择器

数据选择器的功能是从多路数据中选择一路传输到输出端,其作用相当于一个多路开关。常见的有四选一、八选一、十六选一数据选择器等。如图 10.4.18 所示为四选一数据选择器示意图。

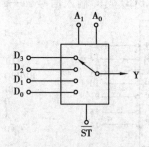

图 10.4.18 四选一数据选择器示意图

(1)四选一数据选择器

74LS153 为集成双四选一数据选择器。图 10.4.19(a)为其中一个四选一数据选择器的逻辑图,10.4.19(b)为 74LS153 的逻辑符号。在逻辑图中 D_0—D_3 为数据输入端,$A_1 A_0$ 是地址输入端,$\overline{ST}$ 是使能端。根据地址码的要求选择 D_0—D_3 中的一路传输到输出端 Y。

由逻辑图 10.4.19(a)可写出四选一数据选择器的逻辑函数式

$$Y = (\overline{A}_1 \, \overline{A}_0 D_0 + \overline{A}_1 A_0 D_1 + A_1 \, \overline{A}_0 D_2 + A_1 A_0 D_3) \overline{ST}$$

当$\overline{ST}=1$ 时,数据选择器不工作。

当$\overline{ST}=0$ 时, $Y=\overline{A}_1\,\overline{A}_0 D_0+\overline{A}_1 A_0 D_1+A_1\,\overline{A}_0 D_2+A_1 A_0 D_3$。

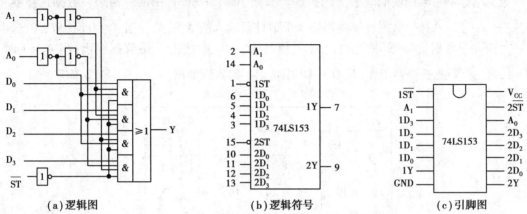

(a)逻辑图　　　　　　　(b)逻辑符号　　　　　　(c)引脚图

图 10.4.19　四选一数据选择器 74LS153

74LS153 的状态表见表 10.4.7。

表 10.4.7　四选一数据选择器状态表

输　入							输　出
A_1	A_0	$\overline{ST}$	D_3	D_2	D_1	D_0	Y
×	×	1	×	×	×	×	0
0	0	0	×	×	×	D_0	D_0
0	1	0	×	×	D_1	×	D_1
1	0	0	×	D_2	×	×	D_2
1	1	0	D_3	×	×	×	D_3

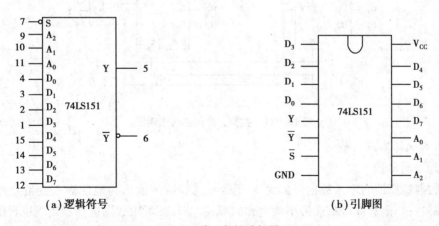

(a)逻辑符号　　　　　　　　　　(b)引脚图

图 10.4.20　八选一数据选择器 74LS151

(2)八选一数据选择器

如图 10.4.20 所示为八选一数据选择器 74LS151 的逻辑符号和引脚图。它有 8 个数据输

217

入端 D_0—D_7，3 个地址码输入端 $A_2A_1A_0$，两个输出端输出原码和反码两种信号。根据地址码的要求，选择 D_0—D_7 中的一路传输到输出端 Y。74LS151 的状态表见表 10.4.8。

数据选择器可利用使能端来实现扩展。如图 10.4.21 所示，用两片四选一数据选择器实现八选一功能。八选一数据选择器需要 3 个地址码输入端 $A_2A_1A_0$。当 $A_2 = 0$ 时，$\overline{ST} = 0$，选中第一片四选一数据选择器，根据 A_1、A_0 取值从 D_0—D_3 中选出一路数据输出；当 $A_2 = 1$ 时，$\overline{ST} = 1$，第二片数据选择器工作，从 D_4—D_7 中选出一路数据输出。

表 10.4.8　74LS151 状态表

输　入					输　出	
$\overline{S}$	A_2	A_1	A_0	D	Y	$\overline{Y}$
1	×	×	×	×	0	1
0	0	0	0	D_0	D_0	$\overline{D_0}$
0	0	0	1	D_1	D_1	$\overline{D_1}$
0	0	1	0	D_2	D_2	$\overline{D_2}$
0	0	1	1	D_3	D_3	$\overline{D_3}$
0	1	0	0	D_4	D_4	$\overline{D_4}$
0	1	0	1	D_5	D_5	$\overline{D_5}$
0	1	1	0	D_6	D_6	$\overline{D_6}$
0	1	1	1	D_7	D_7	$\overline{D_7}$

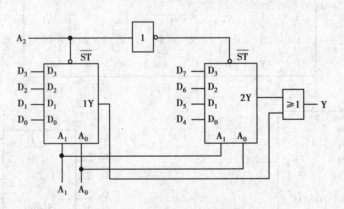

图 10.4.21　数据选择器扩展逻辑图

（3）数据选择器应用举例

1）实现逻辑函数

如果数据选择器的输入数据全部为 1，则数据选择器的输出为地址输入变量全部最小项之和，而任何一个函数都可写成最小项之和的形式。因此，可用数据选择器实现逻辑函数。

【例 10.4.6】　用八选一数据选择器实现函数 $F = AB + AC$。

解　（1）将函数式变换成最小项形式

$$F = AB + AC = A\overline{B}C + AB\overline{C} + ABC$$

（2）写出八选一数据选择器正常工作时的逻辑函数式

$$Y=\overline{A_2}\,\overline{A_1}\,\overline{A_0}D_0+\overline{A_2}\,\overline{A_1}A_0D_1+\overline{A_2}A_1\overline{A_0}D_2+\overline{A_2}A_1A_0D_3+A_2\overline{A_1}\,\overline{A_0}D_4+$$

$$A_2\overline{A_1}A_0D_5+A_2A_1\overline{A_0}D_6+A_2A_1A_0D_7$$

（3）F 与 Y 比较，将函数中出现的地址码最小项对应的数据取 1，函数中没有出现的地址码最小项对应的数据取 0，则有

$$D_0=D_1=D_2=D_3=D_4=0,\quad D_5=D_6=D_7=1$$

（4）画逻辑图（见图 10.4.22）。

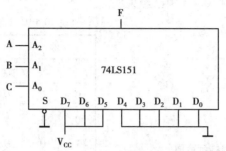

图 10.4.22　例 10.4.6 逻辑图

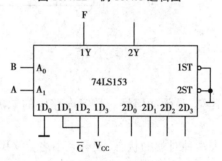

图 10.4.23　10.4.7 逻辑图

【例 10.4.7】　用四选一数据选择器实现函数 $F=\overline{A}B\,\overline{C}+A\,\overline{B}\,\overline{C}+AB\,\overline{C}+ABC$。

解　（1）将函数整理后得

$$F=(\overline{A}B)\overline{C}+(A\,\overline{B})\overline{C}+AB\cdot 1$$

（2）写出四选一数据选择器正常工作时的逻辑函数式

$$Y=\overline{A_1}\,\overline{A_0}D_0+\overline{A_1}A_0D_1+A_1\overline{A_0}D_2+A_1A_0D_3$$

（3）F 与 Y 比较，则有

$$D_1=D_2=\overline{C},\quad D_0=0,\quad D_3=1$$

（4）画逻辑图（见图 10.4.23）。

2）用数据选择器形成序列信号发生器

在数字系统中，通常需要一些周期性的不规则的序列信号作为控制信号。例如，要重复产生 01011100 序列信号，可用八选一数据选择器实现。把序列信号 01011100 分别加在数据选择器的 D_0—D_7 端；地址输入 A_0—A_2 分别加时钟信号、二分频时钟信号、四分频时钟信号，则在数据选择器的输出端便可得到序列信号 01011100 等。

10.4.5　数据分配器

将一路数据分配到多条通路的装置,称为数据分配器。从哪一路输出,依据地址码的要求。1线-4线数据分配器示意图如图 10.4.24 所示。其中,D 为数据输入端,A_1、A_0 为地址码输入端,Y_3、Y_2、Y_1、Y_0 为输出端。根据地址码 A_1、A_0 的不同组合,输入 D 被分配到地址码指定的输出端。1线-4线数据分配器的状态表见表 10.4.9。

由于带使能端的译码器都可作为数据分配器,因此,工厂不专门生产数据分配器。用译码器作数据分配器的方法在例 10.4.5 中已经说明。

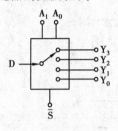

图 10.4.24　数据分配器示意图

表 10.4.9　1 线-4 线数据分配器状态表

输　入			输　出			
A_1	A_0	D	Y_3	Y_2	Y_1	Y_0
0	0	D	0	0	0	D
0	1	D	0	0	D	0
1	0	D	0	D	0	0
1	1	D	D	0	0	0

本章小结

1.数字信号的特点是不连续,是脉冲信号。数字电路中的二极管、三极管、MOS 管工作在开关状态。

2.逻辑 1 和逻辑 0 仅代表两种对立的状态,没有大小之分。用 1 表示高电位(高电平),用 0 表示低电位(低电平)称为正逻辑;反之,称为负逻辑。

3.常用的数制有二进制、十进制、十六进制等,各数制之间可相互转换。

4.3 种基本的逻辑关系为与、或、非,实现这 3 种逻辑关系的电路为与门、或门、非门。门电路是组成各种复杂逻辑电路的基础。目前,广泛使用的是 TTL 和 CMOS 集成逻辑门电路。它们功能相同,性能有区别。学习门电路重点应放在它们输出与输入之间的逻辑关系和外部特性上,如电压传输特性、输入负载特性等。

5.组合逻辑电路由若干个基本逻辑门电路组成。组合逻辑电路的分析方法是根据逻辑电路图逐级写出逻辑函数式并进行化简,在最简逻辑表达式的基础上分析出电路的逻辑功能。组合逻辑电路设计时,可用门电路实现,也可用译码器和数据选择器实现。需根据实际情况,灵活应用上述两种方法。

6.学习加法器、编码器、译码器等经常使用的组合逻辑电路,应注重掌握其逻辑功能(即外部特性),并能正确使用,而对内部电路结构只需一般了解。

习　题

1.将下列二进制数转换为十六进制数和十进制数：

(1)$(10010111)_2$　　(2)$(1101101)_2$　　(3)$(0.01011111)_2$　　(4)$(11.001)_2$

2.将下列十六进制数转换为二进制数和十进制数：

(1)$(8C)_{16}$　　　(2)$(3D.BE)_{16}$　　　(3)$(8F.FF)_{16}$　　　(4)$(10.00)_{16}$

3.将下列十进制数转换为二进制数。要求二进制数保留小数点后 4 位有效数字。

(1)$(17)_{10}$　　　(2)$(127)_{10}$　　　(3)$(0.39)_{10}$　　　(4)$(25.7)_{10}$

4.已知或门电路 3 个输入端 A、B、C 输入信号的波形如图 10.1 所示,试画出输出端 Y 的波形。

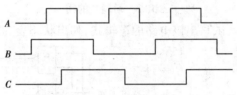

图 10.1　习题 4 的图

5.依据下列各逻辑表达式,画出逻辑图,并列出逻辑状态表。

(1)$Y=B(A+C)$　　　　　　　　(2)$Y=\overline{\overline{AB}+A\,\overline{B}}$

(3)$Y=(\overline{A}+B)(A+\overline{B})$　　　　　(4)$Y=(A+B)\oplus\overline{AB}$

6.试写出如图 10.2 所示电路的逻辑表达式。

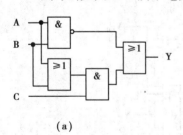　　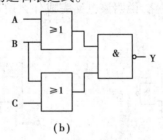　　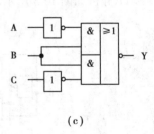

(a)　　　　　　　　　　(b)　　　　　　　　　　(c)

图 10.2　习题 6 的图

7.用代数化简法将下列逻辑函数化为最简与或形式：

(1)$Y=A\,\overline{B}+B+\overline{A}B$　　　　　　(2)$Y=A\,\overline{B}C+\overline{A}+B+\overline{C}$

(3)$Y=\overline{\overline{\overline{ABC}}+A\,\overline{B}}$　　　　　　(4)$Y=A\,\overline{B}CD+ABD+A\,\overline{C}D$

(5)$Y=A\,\overline{B}(\overline{ACD}+\overline{AD+\overline{BC}})(\overline{A}+B)$　　(6)$Y=AC(\overline{CD}+\overline{AB})+BC(\overline{\overline{B}+AD+CE})$

8.用卡诺图化简法将下列函数化为最简与或形式：

(1)$Y=\overline{A}\,\overline{B}C+\overline{A}BC+A\,\overline{B}\,\overline{C}+A\,\overline{B}C+ABC+AB\,\overline{C}$

(2)$Y=A\,\overline{B}+\overline{A}C+BC+\overline{A}+B+ABC$

（3）$Y=\overline{A}\ \overline{B}+B\ \overline{C}+\overline{A}+\overline{B}+ABC$

（4）$Y(A,B,C)=\sum m(m_0,m_1,m_2,m_3,m_5,m_6,m_7)$

（5）$Y(A,B,C,D)=\sum m(m_0,m_1,m_2,m_5,m_8,m_9,m_{10},m_{12},m_{14})$

（6）$Y(A,B,C,D)=\sum m(0,2,3,4,11,12)+\sum d(1,5,10,14)$

9.电路如图 10.3（a）、（b）、（c）、（d）所示,试找出电路中的错误,并说明为什么。

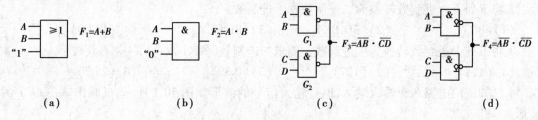

（a）　　　　　　（b）　　　　　　（c）　　　　　　（d）

图 10.3　习题 9 的图

10.电路如图 10.4 所示,试写出该电路的逻辑式,列出状态表,并分析逻辑功能。

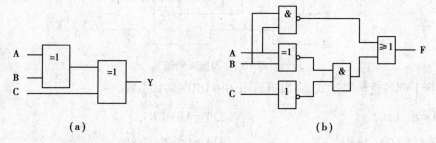

（a）　　　　　　　　　　　　　（b）

图 10.4　习题 10 的图

11.分析如图 10.5 所示的电路,说明该电路完成什么逻辑功能。

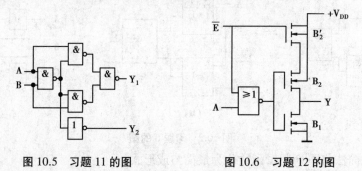

图 10.5　习题 11 的图　　　　　图 10.6　习题 12 的图

12.分析如图 10.6 所示电路的工作原理。

13.电路如图 10.7 所示。若 u 为正弦电压,其频率 f 为 50 Hz,试分析七段 LED 数码管显示的图案,并画出七段半导体数码管的字形结构图。

14.某车间有 3 台电动机,要求:3 台电动机至少开两台。如果满足上述条件,指示灯亮;如果不满足上述条件,则指示灯熄灭。设电动机开机为"1",否则为"0";指示灯亮为"1",灭为"0"。试设计完成此功能的逻辑电路,用与非门实现。

15.某拳击比赛中,有 3 名评判员,其中 A 为主评判员,B、C 为副评判员,评判结果用指示灯 Y 来表示。评判时,多数评判员赞同(必须包括主评判员)则指示灯亮;反之,则不亮。设裁

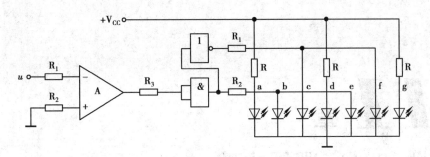

图 10.7　习题 13 的图

判员赞同用 1 表示,不赞同用 0 表示;指示灯亮用 1 表示,不亮用 0 表示,试设计完成此功能的逻辑电路,用与非门实现。

16.用八选一数据选择器 74LS151 实现函数 $Y = \sum m(0,1,4,6)$。

17.用红(R)、黄(Y)、绿(G)3 个指示灯表示 3 台设备(A、B、C)的工作情况:绿灯亮表示全部正常;红灯亮表示有一台不正常;黄灯亮表示两台不正常;红、黄灯全亮表示 3 台都不正常。试设计完成此功能的逻辑电路,用 74LS138 和适当的门电路实现。

18.某工厂有 3 个车间,各需电力 1 000 kW,由 1 000 kW 和 2 000 kW 的发电机供电。为了节约用电,试设计一个自动启动发电机的控制电路。假定车间工作用 1 表示,不工作用 0 表示;发电机启动用 1 表示,停止用 0 表示。试设计完成此功能的逻辑电路,用 74LS151 实现。

第 11 章
触发器和时序逻辑电路

提要： 上一章讨论的组合逻辑电路，其特点是电路任一时刻的输出状态只决定于该时刻的输入状态，与电路原来的状态无关，即组合逻辑电路无记忆功能。本章讨论时序逻辑电路，其特点是电路任一时刻的输出信号不仅取决于该时刻的输入信号，还与电路原来的状态有关，时序逻辑电路能保留原来的输入信号对它产生的影响，即具有记忆功能。时序逻辑电路的基本单元是触发器。本章首先介绍几种常见的触发器，然后介绍由触发器组成的时序逻辑电路的分析和设计方法以及常用中规模时序逻辑器件计数器和寄存器。

11.1 触发器

触发器是一种能存储二进制信号的器件，有两个信号输出端，用 Q 和 $\bar{Q}$ 表示，通常规定 Q 端的状态为触发器的状态。触发器有两个稳定状态：一个是 $Q=0$，$\bar{Q}=1$，称为复位状态或 0 态；另一个是 $Q=1$，$\bar{Q}=0$，称为置位状态或 1 态。在输入信号（触发信号）作用下，触发器可从一种状态转换到另一种状态；当输入信号消失后，电路能将新的状态保存下来，这就是触发器的存储功能，也称记忆功能。一个触发器能存储 1 位二进制信息，要存储 n 位信息就要用 n 个触发器。

触发器输入信号变化（触发）前 Q 端的状态用 Q^n 表示，称为现态；输入信号变化（触发）后的状态用 Q^{n+1} 表示，称为次态。Q^n 和 Q^{n+1} 表示了某时刻前后相邻的两个状态。

触发器的逻辑功能可用逻辑状态表、特性方程、波形图等来表示。触发器有多种分类方式。根据电路结构不同，可分为基本 RS 触发器、同步触发器、边沿触发器等；根据逻辑功能不同，可分为 RS 触发器、JK 触发器、D 触发器、T 触发器和 T′触发器。目前，各种触发器大多通过集成电路来实现。因此，学习时应着重掌握触发器的逻辑功能、外部特性及应用方法。

11.1.1 RS 触发器

（1）基本 RS 触发器

基本 RS 触发器是结构最简单的一种触发器，是其他各种功能触发器的基本组成部分。基本 RS 触发器可由与非门组成，也可由或非门组成。下面以与非门组成的基本 RS 触发器为例进行介绍。

1）电路结构

将两个与非门或者两个或非门的输入输出端交叉连接就构成了基本 RS 触发器。两个与非门组成的基本 RS 触发器的逻辑图和逻辑符号如图 11.1.1 所示。

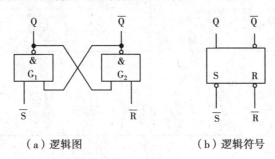

（a）逻辑图　　　　　　（b）逻辑符号

图 11.1.1　基本 RS 触发器

由图 11.1.1 可知,基本 RS 触发器有两个输入端 $\overline{R}$ 和 $\overline{S}$。其中,$\overline{R}$ 称为复位端或直接置 0 端,$\overline{S}$ 称为置位端或直接置 1 端;有两个输出端 Q 和 $\overline{Q}$。

2）工作原理

①当 $\overline{S}=0,\overline{R}=1$ 时:即在 $\overline{S}$ 端加一负脉冲或低电平,$\overline{R}$ 端保持为高电平。无论触发器原来是何种状态,接受输入信号后,G_1 门的输出 $Q=1$,且使 G_2 门的输出 $\overline{Q}=0$,触发器的状态为 1 态,即 $Q^{n+1}=1$。$\overline{S}$ 有效时,触发器输出为 1 态,因此,$\overline{S}$ 具有将触发器置 1 的功能。

②当 $\overline{S}=1,\overline{R}=0$ 时:即在 $\overline{R}$ 端加一负脉冲或低电平,$\overline{S}$ 端保持为高电平。无论触发器原来是何种状态,接受输入信号后,G_2 门的输出 $\overline{Q}=1$,且使 G_1 门的输出 $Q=0$,触发器的状态为 0 态,即 $Q^{n+1}=0$。$\overline{R}$ 有效时,触发器输出为 0 态,因此,$\overline{R}$ 具有将触发器置 0 的功能。

③当 $\overline{S}=1,\overline{R}=1$ 时:若 $Q^n=0$,则接受输入信号后 $Q=0,\overline{Q}=1$,即 $Q^{n+1}=0$;若 $Q^n=1$,则 $Q^{n+1}=1$。可知,无论原来触发器处于何种状态,触发器的输出状态保持不变,即 $Q^{n+1}=Q^n$。由此可以看出触发器具有记忆功能。

④当 $\overline{S}=0,\overline{R}=0$ 时,即此时 $\overline{S}$ 端和 $\overline{R}$ 端同时加一负脉冲或低电平,会使 $Q=1,\overline{Q}=1$,这不符合 Q 与 $\overline{Q}$ 状态相反的逻辑关系,并且若 $\overline{S}$ 和 $\overline{R}$ 同时变回到高电平,触发器状态由偶然因素决定。因此,在使用中禁止出现这种状态,该状态为禁用状态。

3）逻辑状态表

由与非门构成的基本 RS 触发器的真值表见表 11.1.1。通过真值表很容易看出触发器在各种情况下的输出。

可知,基本 RS 触发器有置 0、置 1、保持 3 种逻辑功能,并且有一种禁用状态。触发器的次态 Q^{n+1} 不仅与输入信号有关,也与触发器原来的现态 Q^n 有关。

由于基本 RS 触发器是用负脉冲或低电平作触发信号,即低电平有效,体现在 R、S 上面加上反号“–”,即为 $\overline{R}$、$\overline{S}$;在逻辑符号中用小圆圈表示低电平有效。低电平有效,在实际使用中,可提高触发器的抗干扰能力。

表 11.1.1　基本 RS 触发器真值表

$\bar{R}$	$\bar{S}$	Q^n	Q^{n+1}	功能说明
0	0	0	×	禁用状态
0	0	1	×	
0	1	0	0	置0
0	1	1	0	
1	0	0	1	置1
1	0	1	1	
1	1	0	0	保持
1	1	1	1	

4)特性方程

描述触发器的次态 Q^{n+1} 与输入信号 $\bar{S}$、$\bar{R}$ 及现态 Q^n 之间关系的逻辑表达式,称为特性方程。依据表 11.1.1 可得到卡诺图,如图 11.1.2 所示。

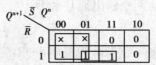

图 11.1.2　基本 RS 触发器 Q^{n+1} 的卡诺图

通过卡诺图化简,可得到由与非门组成的基本 RS 触发器的特性方程为

$$\begin{cases} Q^{n+1} = \overline{\overline{\bar{S}} + \bar{R}Q^n} = S + \bar{R}Q^n \\ \bar{R} + \bar{S} = 1 \quad (约束条件) \end{cases} \tag{11.1.1}$$

5)时序图

触发器的逻辑功能也可用时序图表示。时序图能直观反映出触发器的输出状态随时间和输入信号变化的规律。

【例 11.1.1】　与非门组成的基本 RS 触发器,输入信号如图 11.1.3 所示。若触发器的初态为 0,试画出输出信号的时序图。

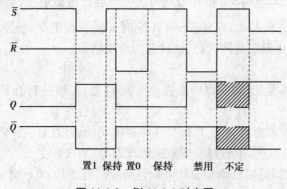

图 11.1.3　例 11.1.1 时序图

解　画时序图时可分段,对每一段输入信号的组合,依据逻辑状态表和输入信号 $\bar{S}$、$\bar{R}$,画

出输出端的时序图如图 11.1.3 所示。

6）锁存器 74LS279

锁存器 74LS279 内部集成了 4 个与非门组成的基本 RS 触发器。其逻辑符号和引脚图如图 11.1.4 所示。由图 11.1.4 可知，1 号和 3 号触发器有两个输入端 $\overline{S}_A$ 和 $\overline{S}_B$。两个输入端的逻辑关系为"逻辑与"。

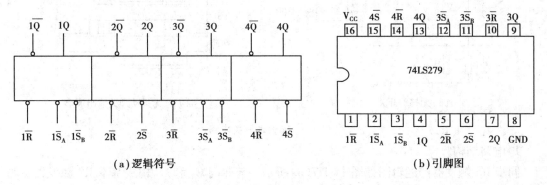

（a）逻辑符号　　　　　　　　　　（b）引脚图

图 11.1.4　锁存器 74LS279

7）基本 RS 触发器的应用

基本 RS 触发器常用于开关电路中，构成消除抖动的开关电路。

在数字电路中，通常需要一个低电平的单脉冲信号。如图 11.1.5（a）所示的机械开关电路，由于按钮触点的金属片有弹性，因此，在按下按钮时触点常常要发生抖动。当按下一次按钮时，输出端 F 的电压从 +5 V 直接下降到 0 V 的瞬间，会发生多次电压抖动，得到不止一个单脉冲，这是因为抖动过后才能稳定地将触点接通，F 点的输出波形如图 11.1.5（b）所示。

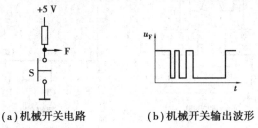

（a）机械开关电路　　　　（b）机械开关输出波形

图 11.1.5　机械开关电路

为了消除机械开关的接触抖动而产生多个脉冲的现象，可在机械开关后面接入一个基本 RS 触发器，如图 11.1.6（a）所示。每当开关 S 由 2 拨向 1 时，$\overline{S}=1$，$\overline{R}=0$，因机械开关 S 的接触抖动，$\overline{R}$ 的状态会在 0 和 1 之间变化多次，但触发器输出端的状态一旦被置 0 以后再不会改变，接触抖动不会影响输出的状态。同理，当开关 S 由 1 拨向 2 时，$\overline{S}=0$，$\overline{R}=1$，因机械开关 S 的接触抖动，$\overline{S}$ 的状态会在 0 和 1 之间变化多次，但触发器输出端的状态一旦被置 1 以后再不会改变。因此，在开关 S 由 2 扳向 1 再扳回 2 的过程中，输出端 F 只产生一个单脉冲信号，如图 11.1.6（b）所示。

（2）同步 RS 触发器

对基本 RS 触发器，当输入信号变化时，输出状态就可能随之发生变化。而在数字电路中，通常要求时序电路按时钟的节拍工作，当电路中有多个触发器需要在时间上同步工作时，就需要给触发器增加一个时钟控制端，用 CP 表示。加在 CP 端的是一个正脉冲序列，称为时钟脉冲。由时钟脉冲控制的触发器,其状态的改变与时钟脉冲同步,故称时钟控制触发器,简称钟控触发器,也称同步触发器。下面以同步 RS 触发器为例介绍同步触发器的基本知识。

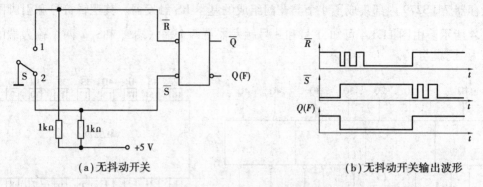

(a)无抖动开关   (b)无抖动开关输出波形

图 11.1.6   无抖动开关电路

1)电路结构

同步 RS 触发器的逻辑图如图 11.1.7(a)所示。与非门 G_1 和 G_2 构成基本 RS 触发器。与非门 G_3、G_4 构成导引电路。G_3 门和 G_4 门的输入端 R 和 S 为置 0 端和置 1 端,高电平有效,其功能与同步时钟脉 CP 有关,称为同步端。CP 端为时钟脉冲端。同步 RS 触发器的逻辑符号如图 11.1.7(b)所示。

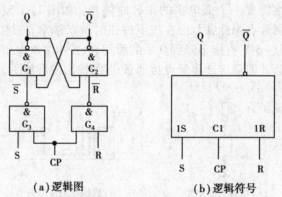

(a)逻辑图   (b)逻辑符号

图 11.1.7   同步 RS 触发器

2)工作原理

当 $CP = 0$ 时,G_3、G_4 门的输出都为 1。这时,无论 R 端和 S 端的信号如何变化,触发器的状态保持不变,即 $Q^{n+1} = Q^n$。

当 $CP = 1$ 时,G_3 门、G_4 门的输出分别为 $\bar{S}$、$\bar{R}$,基本 RS 触发器的状态由 $\bar{S}$、$\bar{R}$ 的情况决定。即 $CP = 1$ 期间,电路被触发,具体情况如下:

①当 $R = 0$,$S = 1$ 时,G_3 门输出为 0,触发器 Q 端为 1 态,为置 1 功能。

②当 $R = 1$,$S = 0$ 时,G_4 门输出为 0,触发器 Q 端为 0 态,为置 0 功能。

③当 $R = 0$,$S = 0$ 时,G_3 和 G_4 门输出均为 1,触发器保持原来的状态不变,即 $Q^{n+1} = Q^n$。

④当 $R = 1$,$S = 1$ 时,G_3、G_4 门输出均为 0,使 $Q = 1$,$\bar{Q} = 1$,为禁用状态。

3)逻辑状态表

依据同步 RS 触发器的工作情况可列出其真值表见表 11.1.2。同步 RS 触发器有置 0、置

1、保持 3 种逻辑功能,并且有一种禁用状态。在 $CP=1$ 期间,触发器的状态根据 R、S 的情况而转换,即 CP 控制状态转换的时刻,R、S 控制转换为何种次态。

表 11.1.2 同步 RS 触发器真值表

CP	R	S	Q^n	Q^{n+1}	功能说明
0	×	×	0	0	保持
0	×	×	1	1	
1	0	0	0	0	保持
1	0	0	1	1	
1	0	1	0	1	置 1
1	0	1	1	1	
1	1	0	0	0	置 0
1	1	0	1	0	
1	1	1	0	×	禁用状态
1	1	1	1	×	

4)特性方程

由同步 RS 触发器的逻辑状态表可得相应的卡诺图,如图 11.1.8 所示。

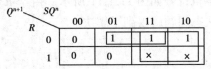

图 11.1.8 同步 RS 触发器 Q^{n+1} 的卡诺图

经卡诺图化简后,可得同步 RS 触发器的特性方程

$$\begin{cases} Q^{n+1}=S+\bar{R}Q^n \\ RS=0 \end{cases} \qquad CP=1 \text{ 期间有效} \qquad (11.1.2)$$

5)时序图

【例 11.1.2】 同步 RS 触发器,输入信号如图 11.1.9 所示。若触发器的初态为 0,试画出输出端信号的波形。

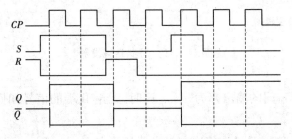

图 11.1.9 例 11.1.2 波形图

解 依据同步 RS 触发器的逻辑状态表,以及输入信号 R、S 画出输出端波形,如图 11.1.9 所示。

6)同步 RS 触发器存在的问题

在实际应用中,同步 RS 触发器存在两个问题:一是存在禁用状态;二是在整个时钟脉冲的 $CP=1$ 期间,触发器都能接收输入信号而改变输出状态,这种触发方式称为电平触发。电平触发会引起在一个时钟脉冲周期内,触发器发生多次翻转的空翻现象,如图 11.1.10 所示。空翻使得时序电路不能按时钟的节拍工作,当干扰信号出现在输入端,触发器也可能做出反应,造成系统的误动作,使系统的可靠性降低,甚至无法判别触发器的状态。

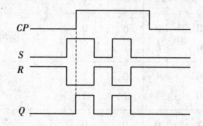

图 11.1.10　同步 RS 触发器的空翻现象

11.1.2　D 触发器

(1)同步 D 触发器

1)电路结构

将同步 RS 触发器的 S 端作为信号输入端,用 D 表示,并通过非门与 R 端相连,就形成了同步 D 触发器,电路结构和逻辑符号如图 11.1.11 所示。由于 $R=\bar{S}$,R 和 S 的状态总是相反,同步 RS 触发器存在的禁用状态问题就得到了解决。

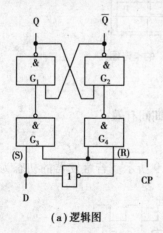

(a)逻辑图

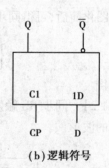

(b)逻辑符号

图 11.1.11　同步 D 触发器

2)工作原理

当 $CP=0$ 时,G_3、G_4 门的输出都为"1"。这时,无论 D 端的信号如何变化,触发器的状态保持不变,即 $Q^{n+1}=Q^n$。

当 $CP=1$ 时,输入信号 D 的取值决定触发器的状态:

①当 $D=1$ 时,G_3 门输出为 0,将触发器 Q 端置为 1 状态。

②当 $D=0$ 时,G_4 门输出为 0,将触发器置为 0 状态。

3) 逻辑状态表

同步 D 触发器逻辑状态表见表 11.1.3。在 $CP=0$ 期间,触发器处于保持状态;$CP=1$ 期间,触发器的状态跟随 D 端变化。由于电路是在同步 RS 基础上改进得来的,所以同步 D 触发器克服了禁用状态问题,但触发方式仍为电平触发。因此,仍然存在空翻现象。

表 11.1.3　同步 D 触发器逻辑状态表

CP	D	Q^n	Q^{n+1}	功能说明
0	×	0	0	保持
0	×	1	1	
1	1	0	1	置 1
1	1	1	1	
1	0	0	0	置 0
1	0	1	0	

4) 特性方程

依据 D 触发器的逻辑状态表,可得出同步 D 触发器的特性方程为

$$Q^{n+1}=D \qquad CP=1 \text{ 期间有效} \tag{11.1.3}$$

(2) 边沿 D 触发器

1) 电路结构

为克服同步 D 触发器的空翻问题,在实际中多采用边沿触发的 D 触发器,逻辑图如图 11.1.12 所示。边沿触发器只在时钟脉冲 CP 的上升沿(由 0 变 1)或下降沿(由 1 变 0)瞬时才能接收输入信号,并按输入信号决定触发器的状态更新,在其他时刻,触发器的状态保持不变,从而增强了触发器的抗干扰能力,提高其工作的稳定性。

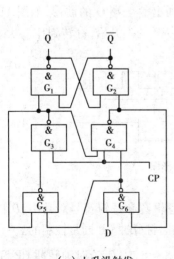
（a）上升沿触发

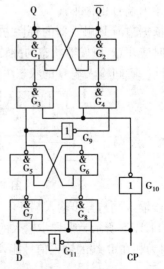
（b）下降沿触发

图 11.1.12　边沿 D 触发器逻辑图

边沿 D 触发器逻辑符号如图 11.1.13 所示。其中,D 为信号输入端,逻辑符号框内"Λ"表示边沿触发方式,在"Λ"下边加小圆圈表示用时钟脉冲 CP 的下降沿触发。

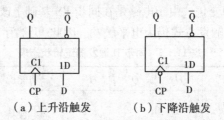

（a）上升沿触发　　　（b）下降沿触发

图 11.1.13　边沿触发的 D 触发器的逻辑符号

2）工作原理

以如图 11.1.12（a）所示的上升沿触发 D 触发器为例。其工作过程如下:

$CP=0$ 时,G_3、G_4 门的输出都为"1"。由于 G_1、G_2 门构成的是基本 RS 触发器,因此,此时触发器的状态不变。同时,G_5、G_6 门打开,可接收输入信号 D,$Q_5=D$,$Q_6=\overline{D}$。

当 CP 由 0 变 1 时,G_3、G_4 门打开,它们输入端的状态由 G_5、G_6 门的输出状态决定。此时,G_3 门的输出 $Q_3=\overline{Q_5}=\overline{D}$,$G_4$ 门的输出 $Q_4=\overline{Q_6}=D$。由基本 RS 触发器的逻辑功能可知,$Q=D$。

在 CP 上升沿过后,G_3、G_4 门的输出反馈至 G_5、G_6 门输入,因 G_3、G_4 门的输出信号时刻相反,输入信号 D 被封锁。

综上所述,在 CP 的上升沿到来的一瞬间,触发器的输出跟随 D 值变化,即

$$Q^{n+1}=D \qquad \text{CP 上升沿时刻有效} \qquad (11.1.4)$$

式（11.1.4）就是边沿 D 触发器的特性方程。边沿 D 触发器的逻辑功能和特性方程与同步 D 触发器相同,不同之处是只在 CP 上升沿（或下降沿）才有效。

3）时序图

【例 11.1.3】　上升沿触发的 D 触发器,输入信号如图 11.1.14 所示。若触发器的初态为 0,试画出输出端 Q 的波形。

解　依据边沿 D 触发器的特性方程和输入信号,画出输出端 Q 的波形,如图 11.1.14 所示。画图时应注意,触发器状态的翻转时刻为时钟脉冲 CP 的上升沿,翻转到什么状态依据上升沿到来前一瞬间输入端 D 的状态决定。

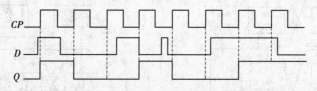

图 11.1.14　例 11.1.3 波形图

4）同步输入端与异步输入端

如图 11.1.15 所示为带异步输入的边沿 D 触发器逻辑图和逻辑符号。其中,D 称为同步输入端,因为加在 D 端的输入信号能否进入触发器是由时钟脉冲 CP 同步控制的。

$\overline{S}_D$ 和 $\overline{R}_D$ 称为异步输入端,低电平有效。当 $\overline{R}_D=0$,$\overline{S}_D=1$ 时,无论时钟脉冲 CP 和 D 输入信号是什么,$Q^{n+1}=0$,故 $\overline{R}_D$ 又称异步置 0 端。当 $\overline{R}_D=1$,$\overline{S}_D=0$ 时,无论时钟脉冲 CP 和 D 输入

信号是什么,$Q^{n+1}=1$,故 $\overline{S}_D$ 又称异步置 1 端。异步输入端用于预置触发器的初始状态,或在工作过程中强行置位和复位触发器状态。需要说明的是,异步端对触发器的控制作用优于 CP 和 D 输入信号,且任何时刻,只能一个异步端信号有效,不能同时有效。

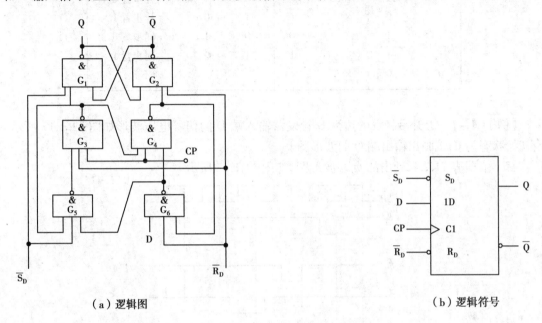

（a）逻辑图　　　　　　　　　　　　　　　　　　　（b）逻辑符号

图 11.1.15　带异步输入的边沿 D 触发器

5）边沿 D 触发器 74LS74

①逻辑符号及引脚排列图

74LS74 为单输入端双 D 触发器,一个芯片里面封装着两个相同的 D 触发器,时钟脉冲 CP 的上升沿触发。每个触发器只有一个信号输入端 D,并且带有异步置 0 端 $\overline{R}_D$ 和异步置 1 端 $\overline{S}_D$,异步端为低电平有效。74LS74 的逻辑符号和引脚图如图 11.1.16 所示。

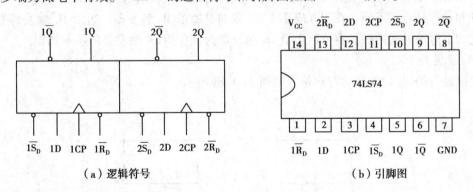

（a）逻辑符号　　　　　　　　　　　　　　　（b）引脚图

图 11.1.16　边沿 D 触发器 74LS74

②逻辑状态表

74LS74 的逻辑状态表见表 11.1.4。

表 11.1.4　74LS74 逻辑状态表

$\overline{R}_D$	$\overline{S}_D$	CP	D	Q^{n+1}	$\overline{Q}^{n+1}$	功能说明
0	1	×	×	0	1	异步置 0
1	0	×	×	1	0	异步置 1
1	1	↑	0	0	1	同步置 0
1	1	↑	1	1	0	同步置 1
0	0	×	×	不用		不允许

【例 11.1.4】　上升沿触发的边沿 D 触发器输入端 D 的信号电压波形如图 11.1.17 所示。设初始状态为 0,试画出输出端 Q 的波形图。

解　依据表 11.1.4,画出的 Q 端波形图,如图 11.1.17 所示。

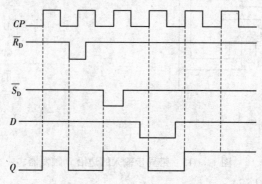

图 11.1.17　例 11.1.4 波形图

11.1.3　JK 触发器

JK 触发器有两个信号输入端 J、K,具有置 0、置 1、保持、翻转 4 种功能,是功能最齐全的触发器。JK 触发器有多种电路结构,其逻辑状态表和特性方程相同。但不同的电路结构,其触发条件和动作特点就不同。在实际应用中,较多的是边沿 JK 触发器。边沿 JK 触发器有上升沿触发和下降沿触发两种。本节以边沿 JK 触发器为例介绍 JK 触发器的基本知识。

(1)逻辑符号

边沿触发的 JK 触发器的逻辑符号如图 11.1.18 所示。

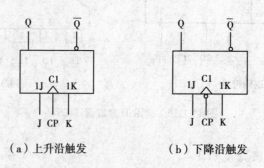

（a）上升沿触发　　　　　（b）下降沿触发

图 11.1.18　边沿 JK 触发器的逻辑符号

（2）逻辑状态表

依据边沿 JK 触发器的工作情况可列出其逻辑状态表见表 11.1.5。应当注意的是只在 CP 上升沿（或）下降沿才有效。

表 11.1.5　边沿 JK 触发器逻辑状态表

J	K	Q^n	Q^{n+1}	功能说明
0	0	0	0	保持
0	0	1	1	
0	1	0	0	置 0
0	1	1	0	
1	0	0	1	置 1
1	0	1	1	
1	1	0	1	翻转（计数）
1	1	1	0	

由逻辑状态表 11.1.5 可知，JK 触发器没有禁用状态。其中，$J=K=1$ 时，每输入一个时钟脉冲后，触发器转换到相反的状态，故将该功能称为翻转功能。根据翻转的次数，可统计时钟脉冲的个数，故翻转功能也称计数功能。

（3）特性方程

由边沿 JK 触发器的逻辑状态表可画出相应的卡诺图，化简后可得边沿 JK 触发器的特性方程为

$$Q^{n+1}=J\,\overline{Q^n}+\overline{K}Q^n \qquad \text{CP 下降沿（或上升沿）时刻有效} \qquad (11.1.5)$$

（4）波形图

【例 11.1.5】　下降沿触发的边沿 JK 触发器输入信号电压波形如图 11.1.19 所示。设初始状态为 0，试画出输出端 Q 的波形图。

解　依据 JK 触发器逻辑状态表，画出 Q 端波形，如图 11.1.19 所示。

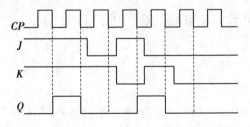

图 11.1.19　例 11.1.5 波形图

画波形图时应注意，触发器状态的转换时刻为时钟脉冲的下降沿；转换到什么状态由下降沿到来前一瞬间输入端 J、K 的状态决定。

（5）集成边沿 JK 触发器 74LS112

1）逻辑符号和引脚排列图

TTL 系列产品集成边沿 JK 触发器 74LS112 内部集成了两个下降沿触发的边沿 JK 触发

235

器。其逻辑符号和引脚排列图如图 11.1.20 所示。

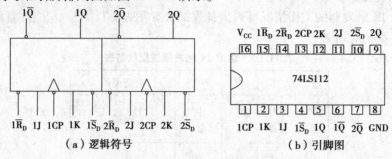

（a）逻辑符号　　　　　　　　（b）引脚图

图 11.1.20　边沿 JK 触发器 74LS112

2）逻辑状态表

74LS112 的逻辑状态表见表 11.1.6。由逻辑状态表可知，它具有以下功能：

表 11.1.6　边沿 JK 触发器 74LS112 逻辑状态表

$\overline{S}_D$	$\overline{R}_D$	CP	J	K	Q^n	Q^{n+1}	$\overline{Q}^{n+1}$	逻辑功能
0	1	×	×	×	×	1	0	异步置 1
1	0	×	×	×	×	0	1	异步置 0
1	1	↓	0	0	0	0	1	保持
					1	1	0	
1	1	↓	0	1	0	0	1	置 0
					1			
1	1	↓	1	0	0	1	0	置 1
					1			
1	1	↓	1	1	0	1	0	翻转
					1	0	1	

①异步置 0

当 $\overline{R}_D = 0, \overline{S}_D = 1$ 时，CP 和 J、K 均无效，$Q^{n+1} = 0$。

②异步置 1

当 $\overline{R}_D = 1, \overline{S}_D = 0$ 时，$Q^{n+1} = 1$。

③置 0

当 $\overline{R}_D = \overline{S}_D = 1$ 时，若 $J = 0, K = 1$，在 CP 脉冲下降沿到来时刻，$Q^{n+1} = 0$。由于此时触发器的置 0 与时钟脉冲同步，故称同步置 0 功能。

④置 1

当 $\overline{R}_D = \overline{S}_D = 1$ 时，若 $J = 1, K = 0$，在 CP 脉冲下降沿到来时刻，$Q^{n+1} = 1$，称为同步置 1 功能。

⑤保持

当 $\overline{R}_D = \overline{S}_D = 1$ 时，若 $J = 0, K = 0$，在 CP 脉冲下降沿到来时刻，$Q^{n+1} = Q^n$，电路的状态保持不变。

⑥翻转

当 $\overline{R}_D = \overline{S}_D = 1$ 时,若 $J = 1$, $K = 1$, 在 CP 脉冲下降沿到来时刻, $Q^{n+1} = \overline{Q}^n$, 触发器的功能为翻转。

【例11.1.6】　下降沿触发的 JK 触发器输入端 J、K 的波形如图11.1.21 所示。设触发器初始状态为0,试画出输出端 Q 的波形图。

解　画波形图时应注意, $\overline{R}_D$ 和 $\overline{S}_D$ 为异步端, 当其有效电平作用时, 只依据异步端的情况画 Q 端的波形图;当 $\overline{R}_D$ 和 $\overline{S}_D$ 都为高电平时, 在时钟脉冲的下降沿到来时依据 J、K 的情况画 Q 端的波形图。

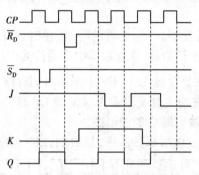

图 11.1.21　例 11.1.6 波形图

11.1.4　T 触发器

T 触发器是只有一个 T 输入端的触发器,具有保持和翻转功能。在集成触发器产品中,并没有 T 触发器。它主要由 JK 触发器或 D 触发器构成。下降沿触发的 T 触发器的逻辑符号如图 11.1.22(a)所示。其逻辑状态表见表 11.1.7。

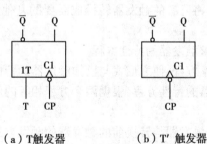

（a）T触发器　　　　（b）T′触发器

图 11.1.22　T 触发器和 T′触发器逻辑符号

表 11.1.7　T 触发器的逻辑状态表

CP	T	Q^n	Q^{n+1}	功能说明
↓	0	0	0	保持
↓	0	1	1	
↓	1	0	1	翻转(计数)
↓	1	1	0	

根据表 11.1.7 可得出 T 触发器的特性方程为

$$Q^{n+1} = T\overline{Q}^n + \overline{T}Q^n \qquad \text{CP 下降沿时刻有效} \tag{11.1.6}$$

当 T 触发器的输入端 T 恒为高电平"1"时,则称为 T′触发器。其逻辑功能为翻转。下降沿触发的 T′触发器的逻辑符号如图 11.1.22(b)所示。逻辑状态表见表 11.1.8。

表 11.1.8　T′触发器的逻辑状态表

CP	Q^n	Q^{n+1}	功能说明
↓	0	1	翻转(计数)
↓	1	0	

很显然,T′触发器是 T 触发器在 $T=1$ 时的特例,在时钟脉冲 CP 作用下只具有翻转(计数)功能,故 T′触发器也称一位计数器,在计数器中应用较为广泛。其特性方程为

$$Q^{n+1} = \overline{Q}^n \qquad \text{CP 下降沿时刻有效} \tag{11.1.7}$$

【例 11.1.7】　下降沿触发的 T 触发器输入端 T 和 CP 脉冲的波形如图 11.1.23 所示。设触发器初始状态为 0,试画出输出端 Q 的波形图。

解　依据表 11.1.7,画出输出端 Q 的波形,如图 11.1.23 所示。

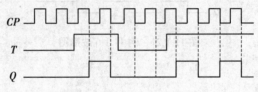

图 11.1.23　例 11.1.7 波形图

11.1.5　触发器逻辑功能的转换

在实际应用中,通常需要将已有的触发器转换成需要的其他功能的触发器。触发器的功能转换常按以下步骤进行:

①写出已知触发器和待求触发器的特性方程。

②变换待求触发器的特性方程,使之形式与已知触发器的特性方程一致。

③比较已知和待求触发器的特性方程,根据两个方程相等的原则求出转换逻辑。

④画出逻辑电路图。

应当说明的是,转换后的触发器与转换前的触发器的触发方式相同。

(1)将 JK 触发器转换为 D、T、T′触发器

1)将 JK 触发器转换为 D 触发器

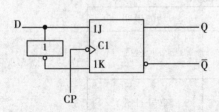

图 11.1.24　将 JK 触发器转换为 D 触发器

已有 JK 触发器的特性方程为 $Q^{n+1} = J\overline{Q}^n + \overline{K}Q^n$,待求 D 触发器的特性方程为 $Q^{n+1} = D$。

将 D 触发器的特性方程进行变换,得

$$Q^{n+1} = D(\overline{Q}^n + Q^n) = D\overline{Q}^n + DQ^n$$

将变换后的 D 触发器的特性方程与 JK 触发器的特性方程对比,令 $J=D, K=\overline{D}$,便可将 JK 触发器转换为 D 触发器。

画出转换电路如图 11.1.24 所示。

2）将 JK 触发器转换为 T 触发器

JK 触发器的特性方程为 $Q^{n+1}=J\,\overline{Q}^n+\overline{K}Q^n$，T 触发器特性方程为 $Q^{n+1}=T\,\overline{Q}^n+\overline{T}Q^n$。令 $J=K=T$，就可将 JK 触发器转换成 T 触发器。其转换电路如图 11.1.25（a）所示。

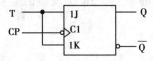　　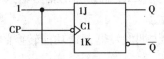

（a）将JK触发器转换为T触发器　　　　　（b）将JK触发器转换为T′触发器

图 11.1.25　将 JK 触发器转换为 T、T′触发器

3）将 JK 触发器转换为 T′触发器

已有 JK 触发器的特性方程为 $Q^{n+1}=J\,\overline{Q}^n+\overline{K}Q^n$，T′触发器的特性方程为 $Q^{n+1}=\overline{Q}^n$，只需将满足 J 和 K 都接高电平，JK 触发器就可转换为 T′触发器。其转换电路如图 11.1.25（b）所示。

（2）将 D 触发器转换为 JK、T、T′触发器

1）将 D 触发器转换为 JK 触发器

D 触发器的特性方程为 $Q^{n+1}=D$，JK 触发器的特性方程为 $Q^{n+1}=J\,\overline{Q}^n+\overline{K}Q^n$。因此，只要满足 $D=J\,\overline{Q}^n+\overline{K}Q^n$，就可将 D 触发器转换为 JK 触发器。其转换电路如图 11.1.26 所示。

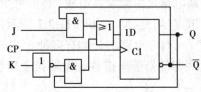

图 11.1.26　将 D 触发器转换为 JK 触发器

2）将 D 触发器转换为 T 触发器

已知 D 触发器的特性方程为 $Q^{n+1}=D$，T 触发器的特性方程为 $Q^{n+1}=T\,\overline{Q}^n+\overline{T}Q^n$。令 $D=T\,\overline{Q}^n+\overline{T}Q^n=T\oplus Q^n$，就可将 D 触发器转换为 T 触发器。其转换电路如图 11.1.27（a）所示。

3）将 D 触发器转换为 T′触发器

D 触发器的特性方程为 $Q^{n+1}=D$，T′触发器的特性方程为 $Q^{n+1}=\overline{Q}^n$。令 $D=\overline{Q}^n$，就可将 D 触发器转换为 T′触发器。其转换电路如图 11.1.27（b）所示。

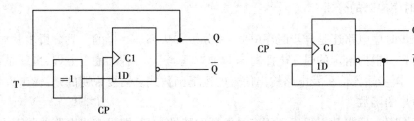

（a）将D触发器转换为T触发器　　　　　（b）将D触发器转换为T′触发器

图 11.1.27　将 D 触发器转换为 T、T′触发器

【思考与练习】

11.1.1　为什么说触发器具有记忆功能？说明触发器 Q^n 和 Q^{n+1} 的含义。

11.1.2　什么是空翻现象？为什么电平触发方式的触发器会有空翻现象？

11.1.3　列出两个或非门组成的基本 RS 触发器的真值表。

11.1.4　同步 RS 触发器的信号输入端 R、S 可否同时悬空？JK 触发器的信号输入端 J、K 可否同时悬空？

11.1.5　说明触发器逻辑功能转换的意义和步骤。

11.2　时序逻辑电路的分析

11.2.1　概述

图 11.2.1　时序电路结构示意图

在数字逻辑电路中,任一时刻产生的稳定输出信号不仅取决于该时刻电路的输入信号,而且还取决于电路原来的状态,这样的数字电路称为时序逻辑电路,简称时序电路。

通常时序电路由存储电路和组合逻辑电路组成。其中,存储电路是由触发器组成(必不可少),组合逻辑电路是由门电路组成(可选择)。如图 11.2.1 所示为时序电路的结构示意图。

时序电路的分类有多种。按逻辑功能不同,可分为寄存器、计数器、顺序脉冲发生器及读/写存储器等。按各触发器接受时钟信号的不同,可分为同步时序电路和异步时序电路。

(1)同步时序电路

在时序电路中,各触发器的时钟输入端连接在一起,使所有触发器的状态变化是在同一时钟脉冲源的特定时刻(如上升沿或下降沿时刻)同步进行的,这样的时序电路称为同步时序电路。

(2)异步时序电路

在时序电路中,各触发器的时钟输入端没有全部连接在一起,各触发器的状态变化不受同一个时钟脉冲的统一控制,而是在不同时刻分别进行,这样的时序电路称为异步时序电路。

11.2.2　时序电路的分析

不论是同步时序电路还是异步时序电路,其分析方法都是一样的。其分析步骤如下:

①写方程式。根据给定的时序电路写出时钟方程、驱动方程和输出方程,也就是各个触发器的时钟信号、同步输入信号及电路输出信号的逻辑函数式。需要说明的是,输出方程通常为现态和输入信号的函数。

②求状态方程。把驱动方程代入相应触发器的特性方程,即可求出电路的状态方程,也就是各个触发器的次态方程。

③列出状态转换表。把电路的输入和现态的各种可能取值组合代入状态方程和输出方程进行计算,求出相应的次态和输出,填入状态转换表。

④画出状态转换图及时序图。

⑤用文字对电路的逻辑功能进行描述。如电路的输入、输出信号有明确的物理含义,需结合这些物理含义说明电路的具体逻辑功能。

⑥判断电路能否自启动。在时序电路中,凡是被利用了的状态都称为有效状态,其余没有被利用的状态称为无效状态。有效状态形成的循环称为有效循环,无效状态形成的循环是无效循环。在时序电路中,凡是出现了无效循环的电路,都不能自启动。

【例 11.2.1】　分析如图 11.2.2 所示时序电路的逻辑功能。

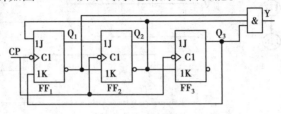

图 11.2.2　例 11.2.1 时序电路

解　(1)写出时钟方程、驱动方程及输出方程。

①时钟方程:$CP = CP_1 = CP_2 = CP_3$,可见该电路为同步时序电路。

②驱动方程为

$$J_1 = \overline{Q}_2^n \qquad K_1 = Q_3^n$$
$$J_2 = Q_1^n \qquad K_2 = \overline{Q}_1^n \tag{11.2.1}$$
$$J_3 = Q_2^n \qquad K_3 = \overline{Q}_2^n$$

③输出方程为

$$Y = \overline{Q}_1^n \, \overline{Q}_2^n Q_3^n \tag{11.2.2}$$

(2)将驱动方程代入 JK 触发器的特性方程,可求出状态方程为

$$Q_1^{n+1} = \overline{Q}_2^n \, \overline{Q}_1^n + \overline{Q}_3^n Q_1^n$$
$$Q_2^{n+1} = Q_1^n \, \overline{Q}_2^n + Q_1^n Q_2^n = Q_1^n \tag{11.2.3}$$
$$Q_3^{n+1} = Q_2^n \, \overline{Q}_3^n + Q_2^n Q_3^n = Q_2^n$$

(3)列状态转换表:根据式(11.2.2)和式(11.2.3),可列出状态表,见表 11.2.1。

表 11.2.1　例 11.2.1 状态表

Q_3^n	Q_2^n	Q_1^n	Q_3^{n+1}	Q_2^{n+1}	Q_1^{n+1}	Y
0	0	0	0	0	1	0
0	0	1	0	1	1	0
0	1	0	1	0	0	0
0	1	1	1	1	1	0
1	0	0	0	0	1	1
1	0	1	0	1	0	0
1	1	0	1	0	0	0
1	1	1	1	1	0	0

（4）画状态转换图和时序图，如图 11.2.3、图 11.2.4 所示。

状态转换图是将状态转换表的内容用几何图形表示出来的。状态转换图中以圆圈表示电路的各状态，以箭头表示状态转换的方向，箭头旁边斜线前标明输入变量的值，斜线后标明输出变量的值。由于例 11.2.1 中电路没有输入逻辑变量，因此图 11.2.3 中斜线前没有值。

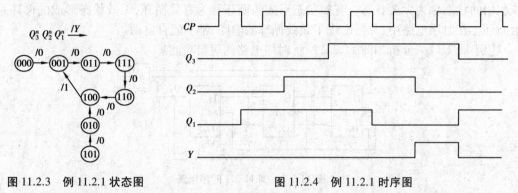

图 11.2.3　例 11.2.1 状态图　　　　　　图 11.2.4　例 11.2.1 时序图

（5）说明时序电路的逻辑功能：如在 $Q_3Q_2Q_1$ 处分别接上 LED 灯，该电路的功能为控制 LED 灯轮流点亮和熄灭。

（6）电路能自启动。本例中 001、0111、111、110、100 这 5 个状态是有效状态。000、010、101 为无效状态，但它们并没有形成循环，无论电路从哪个状态开始，都可进入有效状态的循环，因此该电路是可以自启动的。

【思考与练习】

11.2.1　简述时序逻辑电路的分析步骤。

11.2.2　如何判断电路能否自启动？

11.3　常用中规模时序逻辑器件

11.3.1　计数器

计数器是典型的时序逻辑电路，由触发器和门电路组成，因为能累计输入脉冲的个数而得名。计数器是计算输入脉冲数目的时序逻辑电路，被计数的信号就是电路中的时钟脉冲 CP。

计数器除了用于计数以外，还有广泛的应用，如用来定时、分频、测速、测频及数字运算等。因此，计数器是数字系统中的基本逻辑器件。

计数器的分类方法很多。按时钟脉冲的控制方式，可分为同步计数器和异步计数器；按计数进位制，可分为二进制计数器、十进制计数器和任意进制计数器；按计数过程中数值的增减，可分为加法计数器、减法计数器和可逆计数器。

（1）同步计数器

计数脉冲同时加到所有触发器的时钟信号输入端，使应翻转的触发器同时翻转的计数器，称为同步计数器。

1）集成二进制同步计数器 74LS161

74LS161 是 4 位二进制加法计数器,内部由 JK 触发器和门电路组成,每输入一个脉冲,计数器加一。当输入 $2^4 = 16$ 个脉冲时,计数器回到初态 0000,输出状态循环一次,每个循环有 16 个有效状态。其外引脚排列图和逻辑符号如图 11.3.1 所示。其中,CP 是同步计数脉冲输入端,$\overline{CR}$是异步清零端,$\overline{LD}$ 是预置数控制端,CT_P 和 CT_T 是使能端,$D_3D_2D_1D_0$ 是并行置数输入端,CO 是进位输出端,用于级联和功能扩展,$Q_3Q_2Q_1Q_0$ 是计数器并行输出端。

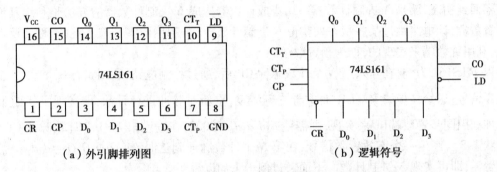

（a）外引脚排列图　　　　　　　　　（b）逻辑符号

图 11.3.1　74LS161 外引脚排列图和逻辑符号

74LS161 的逻辑功能表见表 11.3.1。由表 11.3.1 可知,74LS161 具有异步清零、同步置数、计数及保持 4 种功能。

表 11.3.1　74LS161 逻辑功能表

输　入						输　出
$\overline{CR}$	$\overline{LD}$	CT_P	CT_T	CP	$D_3\,D_2\,D_1\,D_0$	$Q_3\,Q_2\,Q_1\,Q_0$
0	×	×	×	×	××××	0000
1	0	×	×	↑	$d_3d_2d_1d_0$	$d_3d_2d_1d_0$
1	1	0	×	×	××××	保　持
1	1	×	0	×	××××	保　持
1	1	1	1	↑	××××	计　数

①异步清零

当异步清零端$\overline{CR} = 0$ 时,计数器清零,即 $Q_3Q_2Q_1Q_0 = 0000$,由于$\overline{CR}$端的清零功能与 CP 无关,故为异步清零。

②同步置数

当预置数端$\overline{LD} = 0$,且$\overline{CR} = 1$ 时,在置数输入端 $D_3D_2D_1D_0$ 预置某个外加数据 $d_3d_2d_1d_0$,当 CP 上升沿到达时,使 $Q_3Q_2Q_1Q_0 = d_3d_2d_1d_0$,完成置数功能。因置数是在同步时钟脉冲 CP 上升沿到达时完成的,故为同步置数。

③计数

当$\overline{CR} = \overline{LD} = CT_P = CT_T = 1$ 时,输入计数脉冲 CP,电路状态按二进制自然顺序依次加 1,直到 $Q_3Q_2Q_1Q_0 = 1111$ 时,进位输出端 CO 输出高电平进位信号,即 $CO = 1$。

④保持

当$\overline{CR}=\overline{LD}=1$,使能端$CT_P \cdot CT_T=0$时,无论是否有计数脉冲 CP 输入,计数器状态都不会发生变化,保持原来的状态不变。

⑤功能扩展

除了上述基本应用外,74LS161 配合适当的门电路可构成 16 以内的任意 N 进制加法计数器。

若计数器一个循环的有效状态用 $S_0,S_1,\cdots,S_{N-1}$ 表示,可认为,计数器每输入 N 个脉冲后,计数器回到初态,就是 N 进制计数器。用集成计数器构成 N 进制计数器的方法是利用其清零端或置数端,让电路跳过某些状态来获得 N 进制计数器,若利用清零端来实现的,称为反馈归零法,利用置数端来实现的,称为预置数法。

以 74LS161 为例,在输入第 N 个计数脉冲 CP 后,通过控制电路,利用状态 S_N 产生一个有效清零信号,送给异步清零端$\overline{CR}$,计数器立刻清零,重新对脉冲进行计数,即实现了 N 进制计数。如利用同步置数端$\overline{LD}$来实现,则需使 $d_3d_2d_1d_0=0000$,在输入第 $N-1$ 个计数脉冲 CP 后,利用状态 S_{N-1} 产生一个有效置数信号,在第 N 个计数脉冲到达时,使 $Q_3Q_2Q_1Q_0=d_3d_2d_1d_0$,将输出置零,即可实现 N 进制计数。下面通过例子来加以说明。

【例 11.3.1】 试用 74LS161 的同步置数功能构成十二进制计数器(即预置数法)。

解 设计数器的初态 $Q_3Q_2Q_1Q_0=0000$。

(1)写出状态 S_{N-1} 的二进制代码:$S_{N-1}=S_{11}=1011$。

(2)写出反馈函数:$\overline{LD}=\overline{Q_3Q_1Q_0}$。

(3)将 Q_3、Q_1 和 Q_0 端经与非门后与$\overline{LD}$相连,画出连线图,如图 11.3.2 所示。

计数器从 0000 开始对 CP 脉冲进行计数,当从 CP 端输入第 11 个计数脉冲后,计数器的状态 $Q_3Q_2Q_1Q_0=1011$,此时通过与非门产生一个负脉冲使$\overline{LD}=0$,电路处于允许预置数状态,当第 12 个计数脉冲上升沿到达时,$Q_3Q_2Q_1Q_0=0000$,计数器的输出被置零,开始新的循环,因此实现了十二进制加法计数器功能。

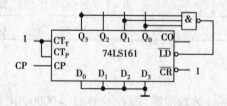

图 11.3.2 74LS161 同步置数构成十二进制计数器

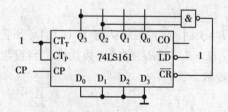

图 11.3.3 74LS161 异步清零构成十二进制计数器

【例 11.3.2】 试用 74LS161 的异步清零功能构成十二进制计数器(即反馈归零法)。

解　设计数器的初态 $Q_3Q_2Q_1Q_0 = 0000$。

(1)写出 S_N 的二进制代码：$S_N = S_{12} = 1100$。

(2)写出反馈函数：$\overline{CR} = \overline{Q_3Q_2}$。

(3)画出连线图如图 11.3.3 所示。计数器从 0000 开始对 CP 脉冲进行计数，当输入第 12 个计数脉冲 CP 后，计数器的状态 $Q_3Q_2Q_1Q_0 = 1100$，此状态通过与非门使输入端 $\overline{CR} = 0$，立即将计数器异步清零，回到初态 0000 状态。

用异步归零构成十二进制计数器，存在一个极短暂的过渡状态 1100。十二进制计数器从初态 0000 开始计数，计到状态 1011 时，再来一个 CP 计数脉冲，电路应该立即归零。然而用异步归零法所得到的十二进制计数器，不是立即归零，而是先转换到状态 1100，借助 1100 的译码使电路归零，随后变为初始状态 0000。由于清零时间极短，1100 仅是一个转瞬即逝的过渡状态，从显示结果看是在出现 1011 状态后再输入一个计数脉冲，计数器立即回到初态 0000。

由上述两个例子的比较可知，采用同步端设计 N 进制计数器，反馈函数的状态为 S_{N-1}；采用异步端时反馈函数的状态为 S_N。因此，在设计 N 进制计数器时，需注意所用器件的清零端或置数端是同步还是异步。

【例 11.3.3】　试用两片 74LS161 构成六十进制计数器。

解　大容量的 N 进制计数器的设计方法，通常是先把集成计数器级联起来扩大容量后，再用反馈归零法或预置数法获得。

(1)利用 74LS161 的进位输出端 CO 将两片 74LS161 级联构成 256 进制计数器。将计数脉冲连接到个位片和十位片的 CP，然后将个位片的进位输出端 CO 与十位片的 CT_T 和 CT_P 相连接，输出端为 $Q_7Q_6Q_5Q_4Q_3Q_2Q_1Q_0$。个位片每 16 个计数脉冲输出一个进位信号，选通十位片计一次数，这样就组成了 256 进制计数器。

(2)如采用同步置数功能，$S_{N-1} = S_{59} = 111011$，$\overline{LD} = \overline{Q_5Q_4Q_3Q_1Q_0}$。

如采用异步清零端，则 $S_N = S_{60} = 111100$，$\overline{CR} = \overline{Q_5Q_4Q_3Q_2}$。

(3)采用异步清零端画出连线图如图 11.3.4 所示。

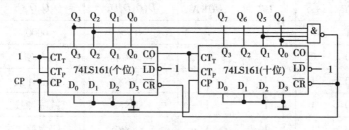

图 11.3.4　两片 74LS161 构成六十进制计数器

集成计数器 74LS161 的波形图如图 11.3.5 所示。由波形图还可知，从 Q_0 到 Q_3 输出信号的频率分别是计数脉冲 CP 频率的 1/2、1/4、1/8 和 1/16。这种计数输出脉冲频率低于输入脉冲频率的情况称为分频，输出脉冲频率是输入脉冲频率的几分之一，就称为几分频。因此，计数器也可用作分频器。用 74LS161 可构成一个二分频器、四分频器、八分频器及十六分频器。

2)集成十进制同步计数器 74LS192

74LS192 是集成十进制同步加/减计数器(也称可逆计数器)，其引脚排列图和逻辑符号如图 11.3.6 所示。电路采用双时钟信号输入，计数脉冲信号 CP 上升沿有效，加法计数时钟脉冲 CP 作用于输入端 UP，减法计数时钟脉冲作用于输入端 DOWN；$\overline{CO}$ 为加法计数时进位输出端，进位信号为低电平,宽度为半个时钟周期;$\overline{BO}$为减法计数时借位输出端,借位信号为低电平,宽度为半个时钟周期;$\overline{LD}$为预置数控制端,低电平有效;$D_3D_2D_1D_0$为并行数据输入端;$Q_3Q_2Q_1Q_0$是计数器并行输出端;CR 是异步清零端,高电平有效。

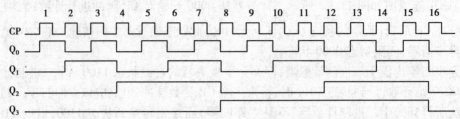

图 11.3.5　74LS161 工作波形图

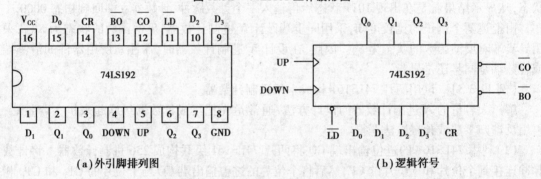

(a)外引脚排列图　　　　　　　　　　　　　(b)逻辑符号

图 11.3.6　74LS192 的外脚排列图和逻辑符号

74LS192 的逻辑功能表见表 11.3.2。可知,74LS192 具有异步清零、异步置数、计数及保持 4 种功能。

表 11.3.2　74LS192 逻辑功能表

输　入					输　出
CR	$\overline{LD}$	UP	$DOWN$	$D_3D_2D_1D_0$	$Q_3Q_2Q_1Q_0$
1	×	×	×	××××	0000
0	0	×	×	$d_3d_2d_1d_0$	$d_3d_2d_1d_0$
0	1	↑	1	××××	加法计数
0	1	1	↑	××××	减法计数
0	1	1	1	××××	保持

①异步清零

当异步清零端 $CR=1$ 时,计数器清零,即 $Q_3Q_2Q_1Q_0=0000$。

②异步置数

当预置端 $\overline{LD}=0$,且 $CR=0$ 时,在置数输入端 $D_3D_2D_1D_0$ 预置某个外加数据 $d_3d_2d_1d_0$,使 $Q_3Q_2Q_1Q_0=d_3d_2d_1d_0$,完成置数功能。

③计数

当 $CR=0$ 且 $\overline{LD}=1$ 时,进入计数状态。若计数脉冲 CP 输入至 UP 端,实现加法计数;若计数脉冲 CP 输入至 DOWN 端,实现减法计数。

④保持

当 $CR=0,\overline{LD}=1$ 且 $UP=DOWN=1$ 时,计数器保持原来的状态不变。

⑤功能扩展

除上述基本应用外,74LS192 配合适当的门电路可构成 10 以内的任意 N 进制计数器。

【例 11.3.4】 试用 74LS192 的异步置数功能构成六进制计数器。

解　设计数器的初态 $Q_3Q_2Q_1Q_0=0000$。

(1)写出 S_N 的二进制代码:$S_N=S_6=0110$。

(2)写出反馈函数:$\overline{LD}=\overline{Q_2Q_1}$。

(3)画出连线图,如图 11.3.7 所示。

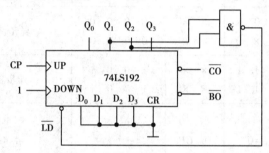

图 11.3.7　用 74LS192 的异步置数功能构成六进制计数器

(2)异步计数器

若计数脉冲只加到部分触发器的时钟脉冲输入端上,而其他触发器的触发信号则由电路内部提供,各级触发器的状态转换不是同时进行的,称为异步计数器。

异步计数器结构简单,但由于它的进位(借位)信号是逐级传递的,计数器的工作速度较慢,而同步计数器的计数脉冲同时触发所有触发器,各个触发器的翻转与时钟脉冲同步。因此,工作速度比异步计数器快。

集成计数器 74LS290 为二-五-十进制异步加法计数器。其外引脚排列图和逻辑符号如图 11.3.8 所示。

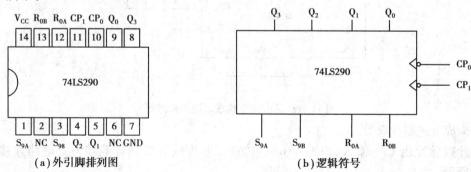

(a)外引脚排列图　　　　　　(b)逻辑符号

图 11.3.8　74LS290 外引脚排列图及逻辑符号

74LS290 的逻辑功能见表 11.3.3。由功能表可知,它具有异步清零、异步置 9 和计数 3 种功能。

1)异步清零

当 $R_{0A}=R_{0B}=1$，S_{9A} 和 S_{9B} 中至少有一个为 0 时，计数器清零。

2)异步置9

当 $S_{9A}=S_{9B}=1$，R_{0A} 和 R_{0B} 中至少有一个为 0 时，计数器输出 1001，实现置 9 功能。

3)计数

当 R_{0A} 和 R_{0B} 至少有一个为 0，且 S_{9A} 和 S_{9B} 中也至少有一个为 0 时，在输入时钟脉冲 CP 的下降沿作用下执行计数功能。

表 11.3.3   74LS290 的功能表

输　入			输　出				说　明
$R_{0A}\ R_{0B}$	$S_{9A}\ S_{9B}$	$CP_0\ CP_1$	Q_3	Q_2	Q_1	Q_0	
1　1	0　×	×　×	0	0	0	0	异步清零
1　1	×　0	×　×	0	0	0	0	
0　×	1　1	×　×	1	0	0	1	异步置9
×　0	1　1	×　×	1	0	0	1	
$R_{0A} \cdot R_{0B}=0$ $S_{9A} \cdot S_{9B}=0$		CP　0	计　数				二进制
		0　CP	计　数				五进制
		CP　Q_0	计　数				8421BCD 码十进制
		Q_3　CP	计　数				5421BCD 码十进制

①构成二进制计数器

将计数脉冲由 CP_0 输入，由 Q_0 输出，即构成二进制计数器。其电路连接如图 11.3.9 所示。

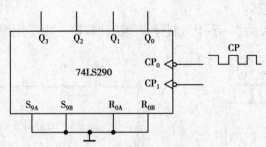

图 11.3.9   74LS290 构成二进制计数器

②构成五进制计数器

将计数脉冲由 CP_1 输入，由 Q_3、Q_2、Q_1 输出，即构成五进制计数器。其电路连接如图 11.3.10所示。

③构成十进制计数器

将 Q_0 与 CP_1 相连，计数脉冲由 CP_0 输入，由 Q_3、Q_2、Q_1、Q_0 输出，即构成 8421BCD 码十进制计数器。其电路连接如图 11.3.11 所示。如图 11.3.12 所示将 Q_3 与 CP_0 相连，计数脉冲由 CP_1 输入，由 Q_0、Q_3、Q_2、Q_1 输出，则构成 5421BCD 码十进制计数器。

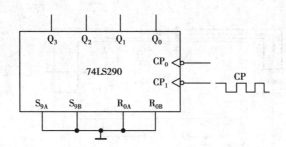

图 11.3.10　74LS290 构成五进制计数器

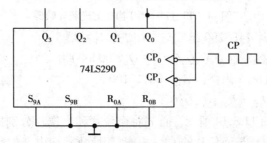

图 11.3.11　74LS290 构成 8421BCD 码十进制计数器

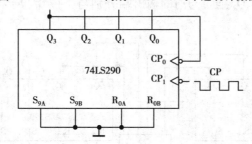

图 11.3.12　74LS290 构成 5421BCD 码十进制计数器

④功能扩展

除了以上基本应用外,用一片或数片 74LS290 加少量门电路,可构成 N 进制的加法计数器。这里需要注意的是,用十进制计数器构成 N 进制计数器时,计数器的输出状态 S_N 需用 8421BCD 码表示。

【例 11.3.5】　试用 74LS290 构成七进制计数器。

解　假定计数器从初态开始计数,设其初态 $Q_3Q_2Q_1Q_0 = 0000$。

（1）写出 S_N 的 8421BCD 码:$S_N = S_7 = 0111$。

（2）写出反馈函数:$R_{0A} = R_{0B} = Q_2Q_1Q_0$。

（3）画出连线图。首先将 74LS290 连接成十进制计数器;然后将 Q_2、Q_1 和 Q_0 端经与门后再与 R_{0A} 和 R_{0B} 相连,如图 11.3.13 所示。

当计数器从 0000 开始计数到第六个计数脉冲到来后,计数器状态为 0110,再输入第七个计数脉冲后,计数器状态出现 0111,此状态通过与门回送到置 0 端 R_{0A} 和 R_{0B} 上,立即将计数器清零,回到 0000 状态。可知,计数器每输入 7 个脉冲,回到初态 0000,输出状态便循环一次,实现了七进制计数器功能。

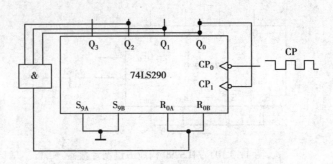

图 11.3.13　74LS290 构成七进制计数器

【例 11.3.6】　用两片 74LS290 组成三十四进制计数器。

解　设计数器的初态为 $Q_7Q_6Q_5Q_4Q_3Q_2Q_1Q_0 = 00000000$。

（1）写出 S_N 的 8421BCD 码：$S_N = S_{34} = 00110100$。

（2）写出反馈函数：$R_{0A} = R_{0B} = Q_5Q_4Q_2$。

（3）画出连线图如图 11.3.14 所示。首先将个位片和十位片分别接成十进制计数器，然后将个位片的最高位输出 Q_3 与十位片的 CP_0 相连接，计数脉冲由个位片的 CP_0 输入，就组成了百进制计数器。再将 $Q_5Q_4Q_2$ 通过与门的输出端分别与个位片和十位片的 R_{0A} 和 R_{0B} 相连，就构成了三十四进制计数器。

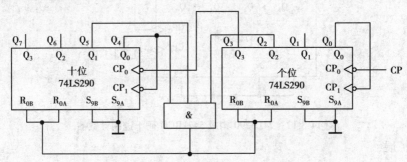

图 11.3.14　用两片 74LS290 构成三十四进制计数器

11.3.2　寄存器

（1）数码寄存器

数码寄存器也称锁存器，是具有接收二进制数码、存储二进制数码功能的时序逻辑部件。由于触发器具有记忆功能，因此，它是数码寄存器电路的基本单元电路。

如图 11.3.15 所示的电路是用上升沿触发的 D 触发器组成的四位数码寄存器。它是一个同步时序电路。在时钟脉冲 CP 的作用下，它可暂时存放 4 位二进制数码 $D_3D_2D_1D_0$。电路的状态方程为

$$\left.\begin{array}{l} Q_3^{n+1} = D_3 \\ Q_2^{n+1} = D_2 \\ Q_1^{n+1} = D_1 \\ Q_0^{n+1} = D_0 \end{array}\right\} \tag{11.3.1}$$

设输入端 D_3—D_0 待寄存的数码为 1011，在寄存指令脉冲 CP 作用下，不论触发器的初态

如何,输入端的并行四位数码 1011 将同时存到 4 个 D 触发器中,并由各触发器的 Q 端输出,即 $Q_3Q_2Q_1Q_0 = 1011$。很显然,在同步接收脉冲 CP 控制下,将输入数码 $D_3D_2D_1D_0$ 存放到相应的输出端。因电路接收数码时各位数码是同时输入的,各位输出数码也是同时取出的,故称并行输入、并行输出寄存器。

74LS175 是一个集成 4 位二进制寄存器。其引脚图逻辑符号如图 11.3.16 所示。

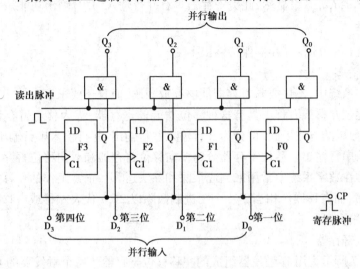

图 11.3.15　数码寄存器逻辑图

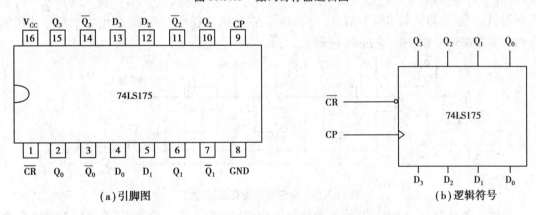

（a）引脚图　　　　　　　　　　　　　　　　　（b）逻辑符号

图 11.3.16　集成数码寄存器 74LS175 的引脚图和逻辑符号

表 11.3.4　74LS175 逻辑功能表

输　入						输　出			
$\overline{CR}$	CP	D_3	D_2	D_1	D_0	Q_3	Q_2	Q_1	Q_0
0	×	×	×	×	×	0	0	0	0
1	↑	d_3	d_2	d_1	d_0	d_3	d_2	d_1	d_0
1	0	×	×	×	×	保　持			

74LS175 的功能表见表 11.3.4。它具有异步清零、并行置数和保持的功能。

1）异步清零

当 $\overline{CR}=0$ 时，实现清零功能，即 $Q_3Q_2Q_1Q_0=0000$。

2）并行置数

当 $\overline{CR}=1$ 且 CP 上升沿到来时，将数码输入端 $D_3D_2D_1D_0$ 的数据 $d_3d_2d_1d_0$ 并行输入，使输出 $Q_3Q_2Q_1Q_0=d_3d_2d_1d_0$。很显然，此类寄存器具有并行输入、并行输出功能。

3）保持功能

当 $\overline{CR}=1$ 且 $CP=0$ 时，寄存器保持输出不变。

（2）移位寄存器

在一些数字系统中，不仅要求寄存器能够存放数码，而且还要求寄存器中的数码能在移位脉冲的作用下逐位左移或右移。具有这种移位功能的寄存器，称为移位寄存器。移位寄存器按其输入、输出数码的方式不同，可分为并行输入并行输出、并行输入串行输出、串行输入并行输出及串行输入串行输出。移位寄存器分为单向移位寄存器和双向移位寄存器。

移位寄存器在数字系统中常用来完成乘法和除法运算。正常工作的左移操作相当于一个二进制数乘以 2^n，而右移操作相当于一个二进制数除以 2^n，n 代表左移或右移操作的次数。

1）单向移位寄存器

①左移移位寄存器

如图 11.3.17 所示为用 D 触发器组成的左移移位寄存器。每个触发器的 Q 端输出接到相邻高位（左边一位）触发器的输入端 D，即 $D_i=Q_{i-1}$。只有触发器 F_0 的数据输入端接收串行输入数据 D_{SL}。触发器的异步清零端 R_D 全部连接在一起，在接收数码前，先用一个负脉冲把所有的触发器都置为 0 状态，完成清零操作。

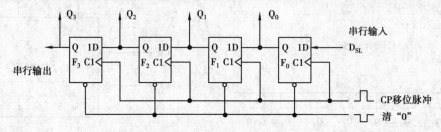

图 11.3.17　单向移位寄存器（左移）

设输入数码为 $D_{SL}=1011$，当第一个移位脉冲 CP 到来时，第一位数码（最高位 1）进入触发器 F_0，即 $Q_0=1$；当第二个移位脉冲 CP 到来时，第二位数码 0 进入 F_0，同时 F_0 中的数码 1 移入 F_1 中。在移位脉冲作用下，数码由高位到低位依次移入寄存器中，因此，是串行输入方式。当第四个移位脉冲到来时，1011 四位数码恰好全部移入寄存器中，如果再经过 4 个移位脉冲，则所存的 1011 逐位从 Q_3 端串行输出。其移位情况见表 11.3.5。

表 11.3.5　左移移位寄存器状态表

CP 脉冲	输入数据	触发器状态			
		Q_3	Q_2	Q_1	Q_0
0		0	0	0	0
1	1	0	0	0	1

续表

CP 脉冲	输入数据	触发器状态			
		Q_3	Q_2	Q_1	Q_0
2	0	0	0	1	0
3	1	0	1	0	1
4	1	1	0	1	1
5	0	0	1	1	0
6	0	1	1	0	0
7	0	1	0	0	0
8	0	0	0	0	0

②右移移位寄存器

如图 11.3.18 所示的右移移位寄存器只有触发器 F_3 的数据输入端接收串行输入数据 D_{SR}。各触发器之间的连接方式为 $D_i = Q_{i+1}$，数码是由高位到低位依次送入寄存器。设输入数码仍为 1011，当加入 4 个移位脉冲后，1011 这 4 位数码恰好全部移入寄存器中，如果再经过 4 个移位脉冲，则所存的 1011 逐位从 Q_0 端串行输出。其移位状态变化见表 11.3.6。

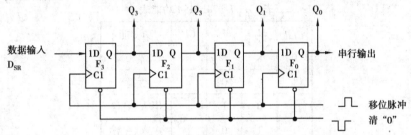

图 11.3.18　单向移位寄存器(右移)

表 11.3.6　右移移位寄存器状态表

CP 脉冲	输入数据	触发器状态			
		Q_3	Q_2	Q_1	Q_0
0		0	0	0	0
1	1	1	0	0	0
2	0	0	1	0	0
3	1	1	0	1	0
4	1	1	1	0	1
5	0	0	1	1	0
6	0	0	0	1	1
7	0	0	0	0	1
8	0	0	0	0	0

该电路和左移移位寄存器的区别在于输入数据位置的不同(即左端输入还是右端输入)。因此,就存在输入数码的顺序是由低位到高位还是由高位到低位的区别。为了应用方便,设计出了既可左移又可右移的双向移位寄存器。

2)双向移位寄存器

由前面对单向移位寄存器的工作原理分析可知:左移移位寄存器和右移移位寄存器的结构和工作原理是基本相同的,故适当增加一些辅助电路,就能构成双向移位寄存器。

目前,常用的中规模集成移位寄存器有74LS95、74LS194、74LS195、74LS198 等芯片。下面以集成四位双向移位寄存器芯片 74LS194 为例介绍其逻辑功能。

如图 11.3.19 所示为 74LS194 的外引脚排列图和逻辑符号。

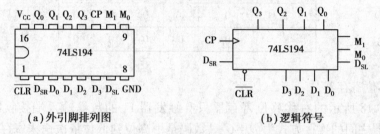

(a)外引脚排列图 　　　　　　(b)逻辑符号

图 11.3.19　74LS194 外引脚排列图及逻辑符号

74LS194 的功能表见表 11.3.7。

表 11.3.7　74LS194 功能表

$\overline{CLR}$	M_1	M_0	CP	功　能
0	×	×	×	清 0
1	0	0	×	保持
1	0	1	↑	串入、右移
1	1	0	↑	串入、左移
1	1	1	↑	并行输入

由表 11.3.7 可知,74LS194 具有清零、串行输入、并行输入、串行输出及并行输出功能。CP时钟脉冲为移位操作信号,数据右移、数据左移及保持等上升沿触发,$\overline{CLR}$ 是清零端,在输入数据之前 $\overline{CLR}=0$ 将各触发器清零,其他情况下 $\overline{CLR}=1$。

M_1M_0 为工作方式控制端,对 4 种输入方式进行选择。$M_1M_0=11$ 时,数据由 $D_3D_2D_1D_0$ 数据输入端并行输入寄存器;$M_1M_0=10$ 时,数据由 D_{SL} 端串行输入,电路执行左移操作;$M_1M_0=01$ 时,数据由 D_{SR} 端串行输入,执行右移操作;$M_1M_0=00$ 时,保持原来状态不变。

【思考与练习】

11.3.1　为什么说计数器也是分频器?

11.3.2　利用 74LS161 集成计数器芯片的异步清零和同步置数功能设计 16 以内任意进制的计数器。

11.3.3　将如图 11.3.17 所示单向移位寄存器适当改变,使已存入的 4 位二进制数 1011 用串行输出的方式从 Q_3 输出,并列出串行输出的状态表。

11.4　综合应用举例

在 11.2 节和 11.3 节中主要介绍了时序逻辑电路的分析、设计方法以及常用的中规模时序逻辑器件。在实际应用中,要实现某种逻辑功能,通常需要包含时序逻辑电路和组合逻辑电路来构成一个复杂的电路系统。这类电路包含多个输入、输出变量和电路状态,用单一的组合逻辑电路或时序逻辑电路分析方法很难描述整个电路的逻辑功能,需要采用模块化设计方法来进行设计。下面举例进行说明。

设计一个三位抢答电路。有一位主持人控制按钮,按下按钮,抢答开始。进入抢答时段后,有 3 位选手进行抢答,最先按下按钮者抢答成功,点亮相应的指示灯并显示座位号,同时闭锁其他选手的输入信号使其再按按钮时失去作用。抢答结束后,主持人按下复位按钮,清除电路状态,准备下一次抢答。

(1)原理方框图

原理方框图如图 11.4.1 所示。

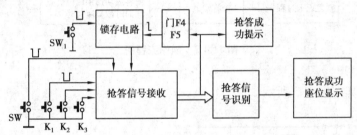

图 11.4.1　三位抢答器原理方框图

(2)电路组成及工作原理

1)抢答输入级

开关 K_1—K_3 与 3 路 JK 触发器组成输入级,按动开关产生下降沿瞬间,JK 触发器翻转输出,Q_3—Q_1 送给识别、译码电路。

2)识别、译码

由 F_1、F_2、F_3、F_6、F_7 与非门组成,对抢答输出信号进行识别,译码产生信号"BA",该信号为抢答成功的选手的座位号。

3)译码、显示电路

由显示译码器 74LS48 与共阴显示器组成。输入量"BA"只出现 4 种状态:00、01、10、11。

4)主持人控制按钮

①SW

复位按钮,按下此按钮,低电平信号同时作用于 JK 触发器 1、2、3 的清零输入端$\overline{\text{CLR}}$,抢答级输出端 Q_1、Q_2、Q_3 输出信号为 000,经识别、译码显示十进制数 0。此时,表示上一轮抢答结束,进入下一轮抢答准备期。

②SW1

主持人控制,允许抢答开始按钮。按下按钮,低电平信号作用于 JK 触发器 4 的置位端

$\overline{PRE}$,触发器4输出1状态。该高电平信号作用于触发器1、2、3的J、K输入端,触发器工作在翻转状态,等待抢答。此时按下开关 $K_1—K_3$ 产生下降沿,$Q^{n+1}=\overline{Q^n}$。

如果触发器4输出0状态,该低电平信号作用于触发器1、2、3的J、K输入端时,触发器工作在保持状态。若此时按下开关 $K_1—K_3$ 产生下降沿,$Q^{n+1}=Q^n$,禁止抢答信号输出。

5)最先抢入信号检测与锁存

当主持人按动开关 SW_1,进入抢答时段。$K_1—K_3$ 中最早抢入的输入信号使该路触发器最先发生翻转,输出的抢答信号一路经与非门 F_4、F_5 以下降沿作用于JK触发器4,使其输出0状态。如上所述,JK触发器1、2、3的工作状态由翻转变为保持,后续的抢答信号不能使其产生翻转,这样就封锁了后到的信号。输出的抢答信号同时以低电平驱动座位提示灯。

(3)操作流程图

操作流程图如图11.4.2所示。

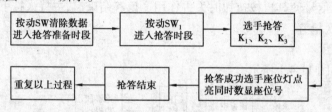

图 11.4.2　操作流程图

(4)电路原理图

电路原理图如图11.4.3所示。

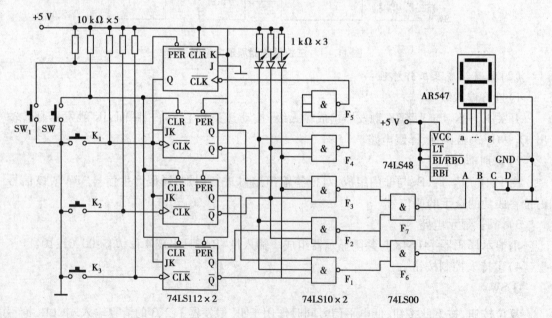

图 11.4.3　三位抢答器电路原理图

本章小结

1.触发器两个信号输出端用 Q 和 $\bar{Q}$ 表示,Q 端的状态为触发器的状态。触发器有两个稳定状态:0 态和 1 态。在一定条件下,触发器可维持在两种稳定状态(0 或 1)之一;在一定的外加信号作用下,触发器可从一个稳定状态转变到另一个稳定状态。

2.触发器的逻辑功能可用逻辑状态表、特性方程和波形图等来表示。根据电路功能的不同,触发器分为 RS 触发器、JK 触发器、D 触发器、T 触发器及 T′触发器。根据触发器的特性方程,可实现触发器逻辑功能的互相转换。

3.同一逻辑功能的触发器可用不同的电路结构来实现;不同结构的触发器具有不同的触发条件和动作特点。电平触发的条件是 CP 为高电平;上升沿触发的条件为 CP 的上升沿;下降沿触发的条件为 CP 的下降沿。

4.时序电路由存储电路和组合电路构成。其中,存储电路是由触发器组成,是必不可少的,组合电路是由门电路组成,是可选择的。时序电路的分类有多种,按逻辑功能不同,可分为寄存器、计数器、顺序脉冲发生器及存储器等。按各触发器接受时钟信号的不同,可分为同步时序电路和异步时序电路。

5.计数器用于累计输入脉冲的个数。计数器除了用于计数以外,还用来定时、分频、测速、测频及数字运算等。集成计数器功能完善,使用方便,除了基本功能以外,还可用反馈归零法、预置数法将集成计数器构成任意进制的计数器。

6.寄存器是用来寄存二进制信息的时序电路。寄存器由触发器和门电路构成,一个触发器能寄存 1 位二进制信息,要寄存 n 位二进制信息时,需要 n 个触发器。

习 题

1.如图 11.1 所示为与非门组成的基本 RS 触发器的输入信号波形。试依据输入信号的波形画出其输出端 Q 和 $\bar{Q}$ 的波形。设触发器的初态为 0。

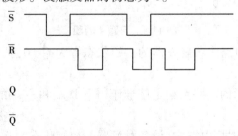

图 11.1 习题 1 的图

2.同步 RS 触发器的 CP、S、R 输入信号波形如图 11.2 所示。试画出其 Q 和 $\bar{Q}$ 端的波形。设触发器的初态为 0。

3.已知下降沿触发的 JK 触发器的 CP 脉冲及输入端的波形如图 11.3 所示。试画出该触发器输出端 Q 的波形。设触发器的初始状态为 0 态。

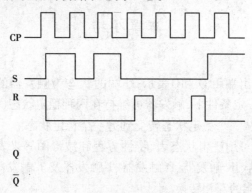

图 11.2　习题 2 的图

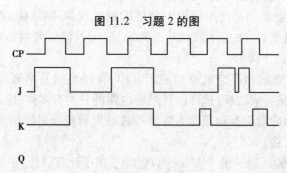

图 11.3　习题 3 的图

4.下降沿触发的 JK 触发器各输入信号波形如图 11.4 所示。设触发器初态为 0,试对应输入信号波形画出 Q 端的波形。

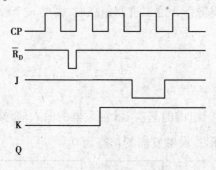

图 11.4　习题 4 的图

5.设如图 11.5 所示的电路中各触发器的初始状态皆为 $Q=0$,画出在 CP 脉冲作用下各个触发器输出端 Q 的波形图。

6.试画出如图 11.6 所示的电路在给定信号作用下 D 端和 Q 端的波形图。假定 D 触发器的初始状态为 $Q=0$。

7.在如图 11.17 所示的时序电路中,设各触发器的初始状态为 0,画出 Q_1、Q_2 的波形。

8.时序逻辑电路如图 11.8 所示。若电路的初态为 $Q_2Q_1Q_0=001$,试写出驱动方程、状态方程、列出状态转换表、画出状态转换图并说明该电路的逻辑功能。

9.分析如图 11.9 所示的时序电路的逻辑功能。

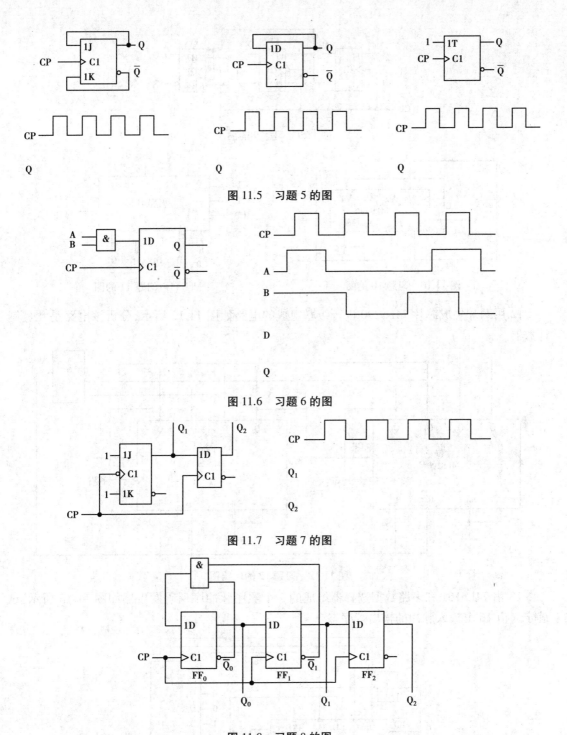

图 11.5 习题 5 的图

图 11.6 习题 6 的图

图 11.7 习题 7 的图

图 11.8 习题 8 的图

10.电路如图 11.10 所示。试写出反馈函数,列出状态表,并分析电路为几进制计数器。

11.依据如图 11.11 所示的 74LS161 集成计数器,试用预置数法法和反馈归零法设计一个 14 进制计数器。

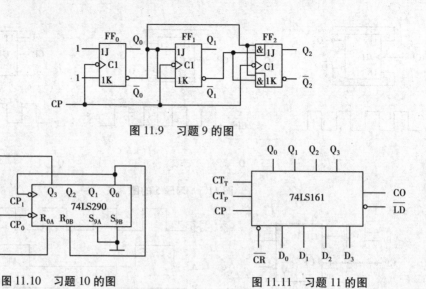

图 11.9　习题 9 的图

图 11.10　习题 10 的图

图 11.11　习题 11 的图

12.用两片集成芯片 74LS290 进行级联组成的电路如图 11.12 所示,分析该电路是几进制计数器。

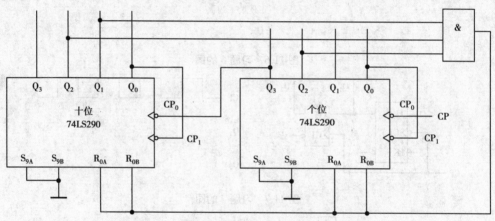

图 11.12　习题 12 的电路图

13.由 74LS161 和多路数据选择器组成的一个顺序脉冲序列码发生器如图 11.13 所示,试确定对应 16 个输入脉冲的输出端序态。

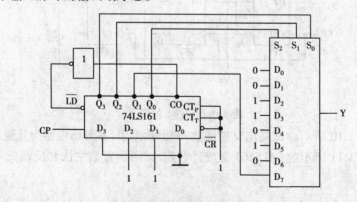

图 11.13　习题 13 的电路图

第 **12** 章

脉冲信号的产生及整形

提要:数字系统中常用多谐振荡器产生脉冲信号,用单稳态触发器和施密特触发器对脉冲信号进行整形。本章首先介绍 555 定时器的结构和功能,然后重点介绍由 555 定时器构成的多谐振荡器、单稳态触发器和施密特触发器的工作原理及应用。

12.1　555 集成定时器

555 定时器是一种模拟电路和数字电路相结合的集成电路。通过外接少量的器件,可构成多种功能电路,广泛应用于脉冲信号的产生及整形、测量与控制等领域。

12.1.1　555 集成定时器的结构

555 定时器电路和引脚图如图 12.1.1 所示。它主要由以下 4 个部分组成:

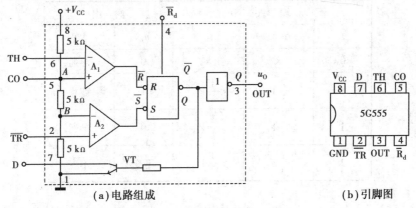

图 12.1.1　555 定时器及引脚图

(1)电阻分压器

3 个 5 kΩ 电阻组成了电阻分压器,使 A 点电压 $U_A = 2V_{CC}/3$,B 点电压 $U_B = V_{CC}/3$。

(2)电压比较器

集成运放 A_1 和 A_2 工作在开环状态,构成电压比较器。其中,A_1 的同相端接比较参考电

压 $2V_{CC}/3$，A_2 的反相端接比较参考电压 $V_{CC}/3$，两个电压比较器输出端接基本 RS 触发器。

（3）基本 RS 触发器

两个与非门组成的基本 RS 触发器输入端低电平有效。基本 RS 触发器另设了一个异步复位端 $\overline{R}_d$，方便外部进行复位操作。当 $\overline{R}_d=0$ 时，触发器输出 $Q=0$，$\overline{Q}=1$。

（4）放电开关及缓冲输出

由三极管构成放电开关电路。基本 RS 触发器 $\overline{Q}$ 经非门缓冲输出。$\overline{Q}$ 为 1 时，三极管 VT 饱和导通，通过引脚 7 至引脚 1 为外电路提供放电的通路；在触发器输出 $\overline{Q}$ 为 0 时，VT 截止，放电通路断开。

12.1.2　555 集成定时器的逻辑功能

若 555 定时器 $\overline{TR}$、TH 两端的电压分别为 u_{TR} 和 u_{TH}，输出端 OUT 的电压为 u_0，则 555 定时器的逻辑功能如下：

（1）$u_{TR}<V_{CC}/3$，$u_{TH}<2V_{CC}/3$

电压比较器 A_1 输出为 1，A_2 输出为 0。基本 RS 触发器被置 1（$Q=1$，$\overline{Q}=0$），$u_0=1$，同时三极管截止。

（2）$u_{TR}>V_{CC}/3$，$u_{TH}>2V_{CC}/3$

A_1 输出为 0，A_2 输出为 1。基本 RS 触发器被置 0（$Q=0$，$\overline{Q}=1$），$u_0=0$，三极管饱和导通。

（3）$u_{TR}>V_{CC}/3$，$u_{TH}<2V_{CC}/3$

A_1 输出为 1，A_2 输出为 1，基本 RS 触发器保持原状态不变，u_0 和三极管的工作状态也不会发生变化。

将 555 定时器的基本功能总结列入表 12.1.1 中。

表 12.1.1　555 定时器的功能表

输　入			输　出	
$\overline{R}_d$	u_{TH}	u_{TR}	u_0	VT
0	×	×	0	导通
1	$<\dfrac{2}{3}V_{CC}$	$<\dfrac{1}{3}V_{CC}$	1	截止
1	$>\dfrac{2}{3}V_{CC}$	$>\dfrac{1}{3}V_{CC}$	0	导通
1	$<\dfrac{2}{3}V_{CC}$	$>\dfrac{1}{3}V_{CC}$	不变	不变

【练习与思考】

12.1.1　555 定时器由哪几部分组成？

12.1.2　如图 12.1.1 所示的 555 定时器，若 CO 端（5 脚）外接电压为 10 V，则使输出电压 u_0 为高电平、低电平及不变 3 种状态时的输入条件分别是什么？

12.2　多谐振荡器

多谐振荡器没有稳定状态,只有两个暂稳态。接通电源后,不需要外加触发信号,电路的输出就在两个暂稳态之间转换,输出连续的矩形波脉冲信号。因此,多谐振荡器又称无稳态触发器,常用来产生数字系统中需要的时钟脉冲信号。

12.2.1　用 555 定时器组成多谐振荡器

（1）电路结构

555 定时器外接元件 R_1、R_2、C 就构成了多谐振荡器,如图 12.2.1(a)所示。电路中将 TH (6 脚)和 $\overline{TR}$(2 脚)接在一起,无外部输入信号。

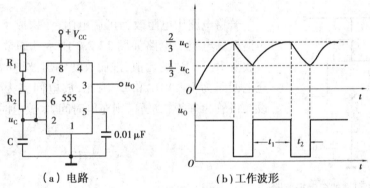

图 12.2.1　555 定时器组成的多谐振荡器

（2）工作原理

①接通电源时,电容电压 $u_C = 0$,即 $u_{TH} < 2V_{CC}/3$,$u_{TR} < V_{CC}/3$。由表 12.1.1 可知,此时 $u_0 = 1$,同时三极管 VT 截止,电路进入第一个暂稳态。

此后,电源电压经过 R_1、R_2 对电容 C 充电,TH 和 $\overline{TR}$ 端电压不断上升,当上升到 $u_{TR} > V_{CC}/3$,$u_{TH} < 2V_{CC}/3$ 时,$u_0 = 1$,同时三极管 VT 截止。电路输出状态及三极管 VT 的状态仍保持不变,电路仍然处于第一个暂稳态。

②随着充电过程的不断进行,当 TH 和 $\overline{TR}$ 端电压上升到高于 $2V_{CC}/3$ 时,电路输出翻转为 0,即 $u_0 = 0$,三极管 VT 导通。电路进入第二个暂稳态。

由于 VT 导通,电容 C 可经 R_2 沿着三极管的集电极-发射极进行放电,TH 和 $\overline{TR}$ 端电压会随之下降。当电压下降到小于 $2V_{CC}/3$ 而高于 $V_{CC}/3$ 时,三极管 VT 的状态不变,$u_0 = 0$,电路输出仍然为第二个暂稳态。

③随着放电过程的不断进行,当 $u_{TH} < V_{CC}/3$,$u_{TR} < V_{CC}/3$ 时,$u_0 = 1$,三极管 VT 进入截止状态,电容 C 又开始充电。电路又进入第一个暂稳态。如此周而复始,产生出一系列矩形脉冲。

555 定时器组成的多谐振荡器的工作波形如图 12.2.1(b)所示。可知,输出 $u_0 = 1$ 的时间是电容电压从 $V_{CC}/3$ 充电到 $2V_{CC}/3$ 所需要的时间 t_1,而 $u_0 = 0$ 的时间是电容电压从 $2V_{CC}/3$ 放电到 $V_{CC}/3$ 所需要的时间 t_2。由于电容按指数规律充放电,因此 t_1 和 t_2 分别为

$$t_1 = (R_1 + R_2)C \ln 2 \approx 0.7(R_1 + R_2)C \qquad (12.2.1)$$

$$t_2 = R_2C \ln 2 \approx 0.7R_2C \qquad (12.2.2)$$

振荡周期为

$$T = t_1 + t_2 \approx 0.7(R_1 + 2R_2)C \qquad (12.2.3)$$

振荡频率为

$$f = \frac{1}{T} \approx \frac{1.43}{(R_1 + 2R_2)C} \qquad (12.2.4)$$

将矩形脉冲信号中高电平持续的时间与周期之比,称为占空比 q,则

$$q = \frac{t_1}{T} = \frac{0.7(R_1 + R_2)C}{0.7(R_1 + 2R_2)C} = \frac{R_1 + R_2}{R_1 + 2R_2} \qquad (12.2.5)$$

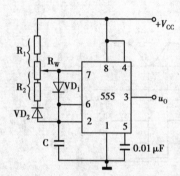

图 12.2.2 占空比可调的多谐振荡器

若将电路中电阻改为可调电阻,便构成了占空比可调的多谐振荡电路。电路如图 12.2.2 所示。调节电位器 R_W,就可改变 R_1 和 R_2 的比值,进而改变输出波形的占空比。由于充电回路为 R_1、VD_1 和 C,因此,放电回路为 C、VD_2 和 R_2。设二极管为理想二极管,则充电时间 t_1、放电时间 t_2 分别为

$$t_1 = 0.7R_1C \qquad (12.2.6)$$

$$t_2 = 0.7R_2C \qquad (12.2.7)$$

振荡周期为

$$T = t_1 + t_2 = 0.7(R_1 + R_2)C \qquad (12.2.8)$$

占空比为

$$q = \frac{t_1}{T} = \frac{0.7R_1C}{0.7(R_1 + R_2)C} = \frac{R_1}{R_1 + R_2} \qquad (12.2.9)$$

若使 $R_1 = R_2$,则 $q = 0.5$,电路输出方波。

(3)应用举例

将两片 555 定时器组成的多谐振荡器通过一定的方式连接在一起,就构成了模拟声响电路,如图 12.2.3 所示。由于振荡器(1)(振荡频率为 1 Hz)的输出端接到振荡器(2)(振荡频率为 1 kHz)的复位端 $\overline{R}_d$,因此,在 u_{01} 输出高电平时,允许振荡器(2)振荡,扬声器发出频率为 1 kHz 的声响;u_{01} 输出低电平时,振荡器(2)复位,扬声器不发出声响。这样,扬声器发出的就是振荡频率为 1 kHz 间隙声响。

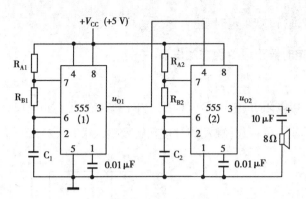

图 12.2.3 由 555 定时器组成的模拟声响电路

12.2.2 石英晶体多谐振荡器

在许多数字系统中,如数字时钟和计时电路等,对时钟脉冲的频率稳定性要求非常高。而前面介绍的多谐振荡器里,其工作频率是由电容 C 的充、放电时间决定的,稳定性不高。因此,在对时钟脉冲频率稳定性要求很高的电路中,通常会采用石英晶体多谐振荡器。如图 12.2.4 所示为石英晶体的符号和电抗频率特性。将石英晶体串联在两级放大电路中间,就构成了石英晶体多谐振荡器,如图 12.2.5 所示。

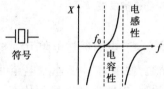

图 12.2.4 石英晶体的符号和电抗频率特性

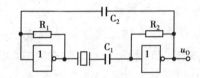

图 12.2.5 石英晶体多谐振荡器

由石英晶体的电抗频率特性图可知,当外加电压频率为 f_0 时,它的阻抗为零。因此,把它接入两级放大电路中以后,频率为 f_0 的电压信号最容易通过,并在电路中形成正反馈,一旦电源接通后,电路就会在频率 f_0 形成自激振荡。由于石英晶体的谐振频率 f_0 是由它的材料和外形尺寸所决定的,与外接电阻、电容无关,且石英晶体的频选特性非常好,因此,这种电路的频率稳定性极高。在电子时钟和计时器等数电系统中,具有各种频率的石英晶体均被用于制作标准化的产品。

【练习与思考】

12.2.1 由 555 定时器组成的多谐振荡器中充电回路和放电回路分别是怎样的?

12.2.2 为什么石英晶体多谐振荡器的频率稳定性极高?

12.3 单稳态触发器

单稳态触发器有一个稳态,一个暂稳态。没有触发信号作用时,电路始终处于稳态;在触发脉冲的作用下,电路会从稳态翻转到暂稳态,经过一段时间后又自动回到稳态。单稳态触发器常用来对脉冲信号进行整形、定时等。

12.3.1 用 555 定时器组成单稳态触发器

（1）电路组成

由 555 定时器外接电阻 R、电容 C 就构成了单稳态触发器，如图 12.3.1 所示。其中，TH 端（6 脚）和放电端（7 脚）接在一起，触发信号接在触发输入端 $\overline{\text{TR}}$（2）脚上。

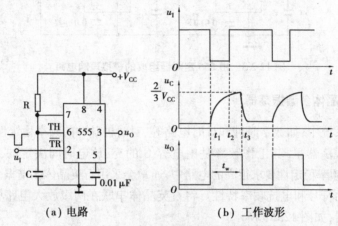

（a）电路   （b）工作波形

图 12.3.1 由 555 定时器组成的单稳态触发器

（2）工作原理

①在输入触发信号 u_1 为高电平（没有触发）时，$u_{\text{TR}} > V_{\text{CC}}/3$，电源通过电阻 R 对电容充电至 $u_{\text{TH}} > 2V_{\text{CC}}/3$ 时，$u_{\text{O}} = 0$，为稳定状态。这时，三极管 VT 导通，使电容 C 迅速放电至两端的电压为 0 时，即 $u_{\text{TR}} > V_{\text{CC}}/3$，$u_{\text{TH}} < 2V_{\text{CC}}/3$，555 保持在 $u_{\text{O}} = 0$ 的状态，电路保持在稳定状态。

②在 t_1 时刻，输入触发信号（低电平），$u_{\text{TR}} < V_{\text{CC}}/3$，$u_{\text{TH}} < 2V_{\text{CC}}/3$，$u_{\text{O}} = 1$，三极管截止，电路进入暂稳态。

进入暂稳态后，电源又经 R 对电容 C 充电，电容两端的电压随着时间按指数规律上升至 t_2 时刻触发信号撤销，u_1 由 0 变为 1。此时，$u_{\text{TR}} > V_{\text{CC}}/3$，$u_{\text{TH}} < 2V_{\text{CC}}/3$，输出保持 $u_{\text{O}} = 0$ 不变，三极管保持截止不变。

③电源对 C 继续充电至 t_3 时刻，u_{C} 上升到 $> 2V_{\text{CC}}/3$ 时，即 $u_{\text{TR}} > V_{\text{CC}}/3$，$u_{\text{TH}} > 2V_{\text{CC}}/3$，输出 $u_{\text{O}} = 0$，电路回到了稳定状态。若有新的触发信号到来，又重复上述过程。否则电路会一直保持这样的稳态。

由 555 定时器组成的单稳态触发器的工作波形如图 12.3.1（b）所示。可知，暂稳态时间 t_{W} 的计算公式为

$$t_{\text{W}} = RC \ln \frac{V_{\text{CC}} - 0}{V_{\text{CC}} - 2V_{\text{CC}}/3} \approx 1.1RC \tag{12.3.1}$$

应当说明的是，这种单稳态电路要求输入触发脉冲宽度要小于暂稳态时间。

12.3.2 单稳态触发器应用举例

（1）整形

数字系统需要的矩形脉冲信号可利用多谐振荡器直接产生，也可利用单稳态触发器将不规则的波形进行整形获得，如图12.3.2所示。

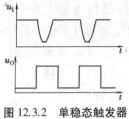

图 12.3.2 单稳态触发器的整形作用

（2）定时

在如图 12.3.3（a）所示的电路中，u_A 为触发信号，u_B 为单稳态触发器的输出信号，定时时间为脉宽 t_W。u_C 将周期性变化的连续正脉冲信号加入与门的输入端。这样，在 t_W 时间内才会产生脉冲输出，用输出的脉冲个数乘以脉冲周期，即可近似确定定时时间。

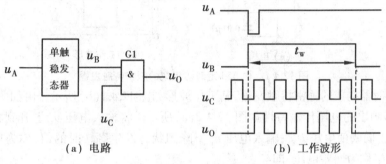

（a）电路　　　　　　　　（b）工作波形

图 12.3.3 单稳态触发器的定时作用

【思考与练习】

12.3.1 若单稳态触发器输入触发脉冲宽度大于暂稳态时间，输出结果会怎样？

12.3.2 简述单稳态触发器、多谐振荡器的区别。

12.4 施密特触发器

施密特触发器可将变化缓慢的波形整形变换为陡峭的矩形脉冲信号。常用于数字系统中对脉冲波形进行整形。

12.4.1 用 555 定时器组成施密特触发器

（1）电路结构

电路如图 12.4.1（a）所示，将 555 定时器低电平信号输入端 $\overline{TR}$ 和高电平信号输入端 TH 接在一起作为信号 u_I 的输入端，就构成了施密特电路。

（2）工作原理

① 当 $u_I = 0$ 时，$u_{\overline{TR}} < \dfrac{1}{3} V_{CC}$，$u_{TH} < \dfrac{2}{3} V_{CC}$，电路输出 $u_O = 1$。当 u_I 从 0 开始不断上升时，TH 和 $\overline{TR}$ 端电压不断上升。当它上升到高于 $V_{CC}/3$ 时，即 $u_{\overline{TR}} > V_{CC}/3$，$u_{TH} < 2V_{CC}/3$，电路输出 u_O 保持不变。

267

②但当 u_I 上升到高于 $2V_{CC}/3$ 时,即 $u_{TR}>V_{CC}/3$,$u_{TH}>2V_{CC}/3$,电路输出 u_O 变为 0。之后,随着 u_I 不断上升,u_O 的状态不变。

③当 u_I 从最高点开始下降至 $V_{CC}/3$ 之前,u_O 一直为 0 态。

④当 u_I 下降到 $V_{CC}/3$ 后,即 $u_{TR}<V_{CC}/3$,$u_{TH}<2V_{CC}/3$,u_O 状态又变为 1 态。

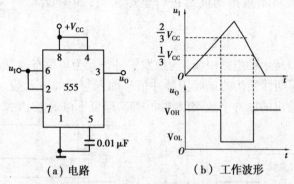

图 12.4.1　由 555 定时器组成的施密特触发器

由 555 定时器构成的施密特触发器,其工作波形如图 12.4.1(b)所示。由如图 12.4.1(b)所示的工作波形画出的电压传输特性如图 12.4.2(a)所示。将输入电压 u_I 上升到状态发生翻转时的值,称为正向阈值电压 U_{T+};输入电压 u_I 下降到状态发生翻转时的值,称为反向阈值电压 U_{T-}。差值 ΔU_T 称为回差电压,即

$$\Delta U_T = U_{T+} - U_{T-}$$

由 555 定时器构成的施密特触发器,其正向阈值电压 U_{T+} 为 $2V_{CC}/3$,反向阈值电压 U_{T-} 为 $V_{CC}/3$,回差电压 ΔU_T 为 $V_{CC}/3$。显然,只有那些幅度大于 U_{T+} 的脉冲会产生输出信号,而对那些幅度小于 U_{T+} 的脉冲,电路则无脉冲输出。因此,施密特触发器能将幅度大于 U_{T+} 的脉冲选出。实现时,需要将施密特触发器的正向阈值电压调整到要求的幅度。

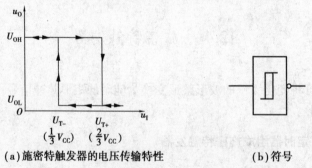

图 12.4.2　施密特触发器的电压传输特性及符号

12.4.2　施密特触发器应用

(1)脉冲整形

获得脉冲信号主要有两种方法:一是利用多谐振荡器直接产生符合要求的矩形脉冲;二是通过整形电路对已有的波形进行整形、变换,使之符合系统的要求。数字电路中,矩形脉冲信号经过传输后往往会发生波形的畸变。这时,利用施密特触发器可实现脉冲的整形,使之获得

理想的矩形波,如图 12.4.3 所示。

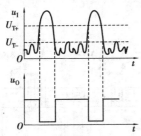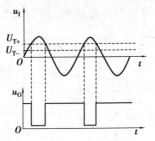

图 12.4.3　施密特触发器应用于整形　　　图 12.4.4　施密特触发器应用于波形变换

(2)波形变换

利用施密特触发器的滞回特性,可将正弦波变换为矩形脉冲,如图 12.4.4 所示。

【思考与练习】

12.4.1　单稳态触发器和施密特触发器进行脉冲信号的整形原理有何不同?

12.4.2　为什么施密特触发器能将幅度大于 U_{T+} 的脉冲选出? 实现时应注意什么?

12.5　综合应用举例

第 10—12 章主要介绍了组合逻辑电路、时序逻辑电路和脉冲信号的产生与整形。在实际应用中,一个复杂的电路系统通常需要从脉冲信号的产生开始设计,采用中规模组合逻辑器件和时序逻辑器件来实现电路的各部分功能。下面通过一个通用计时器的设计来进行说明。

(1)原理方框图

通用计时器主要由时基单元、计数译码显示单元和控制单元 3 个部分构成。其原理方框图如图 12.5.1 所示。时基单元主要的功能是利用石英晶体振荡器产生 2 MHz 脉冲信号,经分频电路分频后为计数译码单元提供时钟信号。计数译码显示单元主要是对时钟信号进行计数,后译码、显示。控制单元包含有基本 RS 触发器和单稳态触发器,主要完成的功能是自检电路是否正常工作和计时。

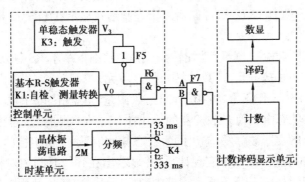

图 12.5.1　通用计时器原理方框图

（2）电路的工作原理

通用计时器电路原理图如图 12.5.2 所示。

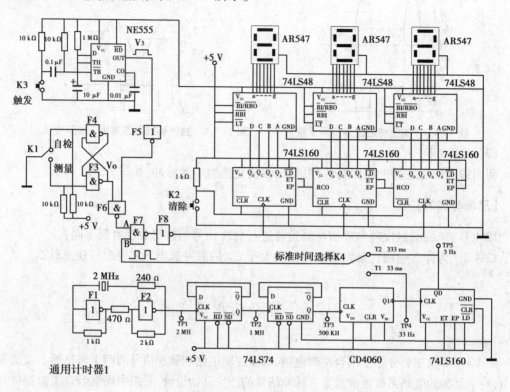

图 12.5.2　通用计时器原理图

1）时基单元

石英晶体多谐振荡电路产生频率为 2 MHz 的脉冲信号。双 D 触发器 74LS74 对脉冲信号进行两次二分频得到 500 kHz 信号，将此信号送入 CD4060 进行十四次二分频得到第一标准时间 $t_1 \approx 33$ ms，再经 74LS160 十分频得到第二标准时间 $t_2 \approx 333$ ms。

2）计数译码显示单元

74LS160 组成三位同步十进制计数器，对时钟信号进行计数。计数器输出的数据送入译码器 74LS48 数据输入端 D、C、B、A，译码后以十进制形式显示在七段 LED 数码管中。

3）控制单元

K_1 开关位置决定"自检""测量"功能转换。自检状态下基本 RS 触发器输出端 V_0 为低电平，主控门 F_7 打开。如时基单元，计数、译码、数显单元，控制单元工作正常，显示器将显示自然数累计，说明电路整体工作正常，可用于计时。"测量"状态下 RS 触发器输出端 V_0 为高电平，此时主控门 F_7 的状态由单稳态触发器的输出决定。在"测量"状态下按动一次 K_3 开关，由 555 构成的单稳态触发器被触发，输出的暂稳态脉冲信号 V_3 将主控门 F_7 打开，电路在被测时间信号（暂稳态脉冲宽度）控制下实现计数，并显示出在开门时间内对标准时间的脉冲计数的个数。时间测量波形如图 12.5.3 所示。其中，T 表示被测时间（暂稳态脉冲宽度），N 为标准时间完整周期数，N 和标准时间 t_1 或 t_2 相乘，即可求得被测时间 T。

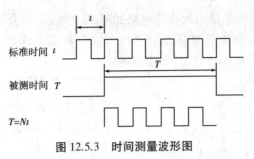

图 12.5.3　时间测量波形图

本章小结

1. 555 定时器有两个信号输入端,低电平输入信号$\overline{\text{TR}}$(2 脚)与 $V_{\text{CC}}/3$ 比较;高电平输入信号 TH(6 脚)与 $2V_{\text{CC}}/3$ 比较,不同的输入情况会得到不同的输出结果。

2. 常用两种方法产生数字系统中的矩形脉冲信号:一种方法是利用 555 定时器构成的多谐振荡器产生,另一种方法是通过石英晶体振荡器产生。

由 555 定时器组成的多谐振荡器$\overline{\text{TR}}$与 TH 应接在一起,接上电源后,随着电容的充、放电输出矩形波脉冲。脉冲的高、低电平时间由电容的充电路径和放电路径的元件参数决定。

3. 常用的脉冲信号的整形、变换的电路有单稳态触发器和施密特触发器。单稳态触发器主要用来将脉冲宽度不符合要求的脉冲变换成符合要求的矩形脉冲;施密特触发器主要用来将变化缓慢的非矩形脉冲变换成上升沿和下降沿都很陡峭的标准矩形脉冲。

单稳态触发器在没有外部触发脉冲作用时($\overline{\text{TR}}$为高电平),电路始终处于稳态。只有在外部触发脉冲的作用下($\overline{\text{TR}}$为低电平),电路才从稳态变为暂稳态,经过一段时间($t_{\text{W}} \approx 1.1\text{RC}$)后又自动返回稳态。施密特触发器的最大特点是具有两个不同的阈值电平,从而具有滞回特性,故具有较强的抗干扰能力。

习　题

1. 如图 12.1 所示的多谐振荡器。已知 $R_1 = 15\ \text{k}\Omega$, $R_2 = 20\ \text{k}\Omega$, $V_{\text{CC}} = 10\ \text{V}$, $C = 0.1\ \mu\text{F}$。试画出 u_O 和 u_C 的波形,并计算振荡周期及占空比。

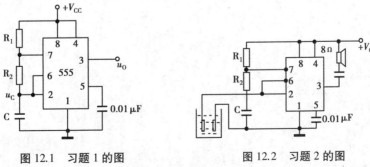

图 12.1　习题 1 的图　　　　　　图 12.2　习题 2 的图

2.由 555 定时器组成的水位监控报警电路如图 12.2 所示，试分析其工作原理。

3.由 555 所构成的控制电路如图 12.3 所示，试分析其工作原理。若已知 $R_1=510\ \text{k}\Omega$，$R_2=10\ \text{k}\Omega$，$V_{CC}=10\ \text{V}$，$C=0.1\ \mu\text{F}$，试计算定时时间。

图 12.3　习题 3 的图

(a)电路　(b)u_I的波形

图 12.4　习题 4 的图

4.由 555 定时器构成的电路如图 12.4(a)所示，试说明该电路为多谐振荡器、单稳态触发器、施密特触发器中的哪一种？若输入信号 u_I 的波形如图 12.4(b)所示，并且低电平持续时间为 0.5 ms，$R=10\ \text{k}\Omega$，$C=0.1\ \mu\text{F}$。试画出 u_C 的波形和 u_O 的波形。

5.由 555 定时器构成的电路及输入信号 u_I 的波形如图 12.5 所示，试说明该电路为多谐振荡器、单稳态触发器、施密特触发器中的哪一种？并画出输出电压 u_O 的波形。

(a) 电路　(b) u_I的波形

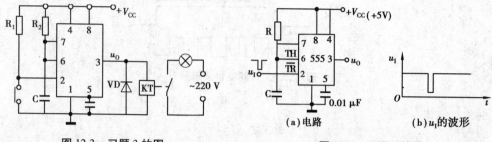

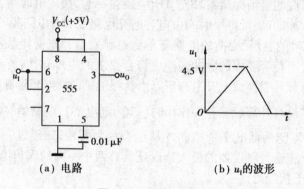

图 12.5　习题 5 的图

第 **13** 章
数模转换与模数转换

提要:数模转换电路和模数转换电路是模数混合系统中非常重要的接口电路。本章介绍了数模转换的基本原理、倒 T 形电阻网络转换器及主要技术指标;介绍了模数转换的基本原理、逐次逼近型模数转换器及主要技术指标。

13.1 D/A 转换

数字系统只能对数字信号进行处理,处理的结果还是数字量。在工业生产中,需要控制的变量往往是连续变化的物理量(如温度、湿度、压力及流量等),需要通过不同类型的传感器获得被控模拟量的电压或电流信号,然后转换成数字量,才能送往计算机进行处理。这种将模拟量转换成数字量的过程,称为模数转换;完成模数转换的电路,称为 A/D 转换器(Analog to Digital Converter,ADC)。在数字计算机处理后,有时还需要将处理的结果转换成模拟信号执行物理量的控制。这种将数字量转换成模拟量的过程,称为数模转换;完成数模转换的电路,称为 D/A 转换器(Digital to Analog Converter,DAC)。

13.1.1 D/A 转换的基本原理

D/A 转换器的功能是将 n 位二进制的数字信号转换为与之相对应的模拟信号(电压或电流)。如图 13.1.1 所示为 D/A 转换器输入、输出示意图。电路中 d_0—d_n 是输入的 n 位二进制数;U_{REF} 是参考电压,也称基准电压;u_0 或 i_0 是将输入信号按比例转换成的输出电压或电流。如图 13.1.2 所示为 D/A 转换示意图。以输入 3 位二进制数为例,对应的模拟量输出为0~1 V电压,将二进制数 000~111,线性转换为输出电压 0~7/8 V。

273

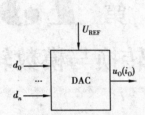

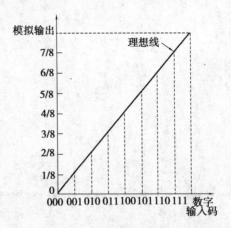

图 13.1.1　D/A 转换器输入、输出示意图　　　图 13.1.2　3 位二进制数的 D/A 转换示意图

13.1.2　D/A 转换器的电路组成

常用的 D/A 转换电器有倒 T 形电阻网络数模转换器和权电流型数模转换器等。如图 13.1.3 所示为 D/A 转换器电路组成。该电路的电阻译码网络采用的是倒 T 形电阻网络，只有 R 和 2R 两种阻值。电路中，d_0—d_3 为数字信号输入端，S_0—S_3 为数字转换开关，U_{REF} 为基准电压，A 为运算放大器，u_0 为输出模拟电压。d_0—d_3 为 0 时，开关 S_0—S_3 接地；d_0—d_3 为 1 时，开关接运放的反向输入端。

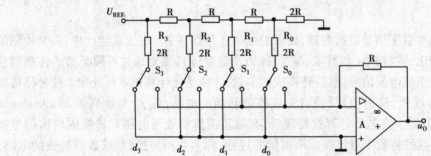

图 13.1.3　D/A 转换器电路图

电路的工作过程如下：

①$d_3d_2d_1d_0 = 0001$ 时，开关 S_3、S_2、S_1 接地，S_0 接运放的反向输入端，等效电路如图 13.1.4 所示。由于运放的反向输入端为虚地，因此，从基准电压输入端向右看过去，倒 T 形电阻网络的等效电阻为 R。电流 $I = U_{REF}/R$，而流入每个支路的电流分别为 $I/2$、$I/4$、$I/8$ 和 $I/16$。此时，流入运放反相输入端的电流为 $I/16$，运放的输出电压为

$$u_0 = -\frac{I}{16} \cdot R = -\frac{1}{16} \cdot \frac{U_{REF}}{R} \cdot R = -\frac{U_{REF}}{2^4} \times 1 \times 2^0$$

②$d_3d_2d_1d_0 = 0011$ 时，开关 S_3、S_2 接地，S_0、S_1 接运放的反向输入端，等效电路如图 13.1.5 所示。此时，流入运放反相输入端的电流为 $I/8 + I/16$，运放的输出电压

$$u_0 = -\left(\frac{I}{8} + \frac{I}{16}\right) \cdot R = -\left(\frac{1}{8} \cdot \frac{U_{REF}}{R} + \frac{1}{16} \cdot \frac{U_{REF}}{R}\right) \cdot R = -\frac{U_{REF}}{2^4} \times (1 \times 2^1 + 1 \times 2^0)$$

274

按照相同的方法可知,当 $d_3d_2d_1d_0 = 0111$ 时,输出电压为

$$u_0 = -\left(\frac{I}{4} + \frac{I}{8} + \frac{I}{16}\right) \cdot R = -\left(\frac{1}{4} \cdot \frac{U_{REF}}{R} + \frac{1}{8} \cdot \frac{U_{REF}}{R} + \frac{1}{16} \cdot \frac{U_{REF}}{R}\right) \cdot R$$

$$= -\frac{U_{REF}}{2^4} \times (1 \times 2^2 + 1 \times 2^1 + 1 \times 2^0)$$

③按照上面分析的结果,可推论得到,当 D/A 转换器电路输入 n 位数字量 $d_{n-1}d_{n-2}\cdots d_0$ 时,输出电压 u_0 的表达式为

$$u_0 = -\frac{U_{REF}}{2^n} \times (d_{n-1} \times 2^{n-1} + d_{n-2} \times 2^{n-2} + \cdots + d_0 \times 2^0)$$

由上式可知输出的模拟电压与输入的数字量成比例关系。

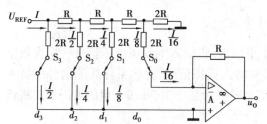

图 13.1.4 $d_3d_2d_1d_0 = 0001$ 时的等效电路

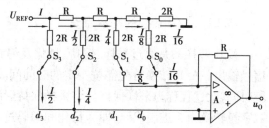

图 13.1.5 $d_3d_2d_1d_0 = 0011$ 时的等效电路

13.1.3　D/A 转换器的主要技术指标

(1) 分辨率

分辨率是指输入 D/A 转换器的单位数字量的变化,所引起的模拟量输出的变化,通常定义为输出满刻度值与 2^n 之比(n 为 D/A 转换器的二进制位数),或用输入数字量的位数表示。显然,二进制位数越多,分辨率越高,D/A 转换器输出对输入数字量变化的敏感程度越高。

例如,8 位的 D/A 转换器,若满量程输出为 10 V,根据分辨率定义,则分辨率为 10 V/2^n,分辨率为 10 V/256≈39.1 mV,即输入的二进制数最低位数字量的变化可引起输出的模拟电压变化 39.1 mV,该值占满量程的 0.391%,常用符号 1LSB 表示。

使用时,应根据对 D/A 转换器分辨率的需要来选定 D/A 转换器的位数。

(2) 建立时间

建立时间是描述 D/A 转换器转换速度的参数,用于表明转换时间长短。其值为从输入数字量到输出达到终值误差±(1/2)LSB 时所需的时间。

D/A 转换器有电压输出和电流输出两种形式。电流输出的 D/A 转换器在输出端加一个运算放大器构成的 I-V 转换电路,即可转换为电压输出。电流输出的转换时间较短,而电压输出的转换器,由于要加上完成 I-V 转换的时间,因此建立时间要长一些。快速 D/A 转换器的建立时间可控制在 1 μs 以下。

(3) 转换精度

理想情况下,转换精度与分辨率基本一致,位数越多精度越高。但因电源电压、基准电压、电阻及制造工艺等因素存在误差,严格地讲,转换精度与分辨率并不完全一致。两个相同位数的不同 DAC,其分辨率则相同,但转换精度会有所不同。例如,因制作工艺上的差异,某种型

号的 8 位 DAC 精度为±0.19%,而另一种型号的 8 位 DAC 精度为±0.05%。

【练习与思考】

13.1.1 在图 13.1.3 所示的 D/A 转换器中,$U_{REF}=-10$ V,计算输入二进制是 $d_3d_2d_1d_0=1100$ 时,输出电压 u_o 的值。

13.1.2 10 位的 D/A 转换器,若满量程输出为 10 V,其分辨率为多少?

13.2 A/D 转 换

13.2.1 A/D 转换的基本原理

A/D 转换器是通过采样、保持、量化及编码 4 个过程,将输入的模拟电压信号转换为数字信号输出。A/D 转换首先需按一定的时间间隔采样输入模拟信号,并将采样后的信号保持一段时间,此过程称为采样保持。将采样保持后的信号转换为数字量,并按一定的编码形式将该数字量转换为二进制代码,即为量化和编码过程。

(1)采样保持过程和采样定理

通过采样开关和电容电路实现采样、保持功能的电路如图 13.2.1 所示。

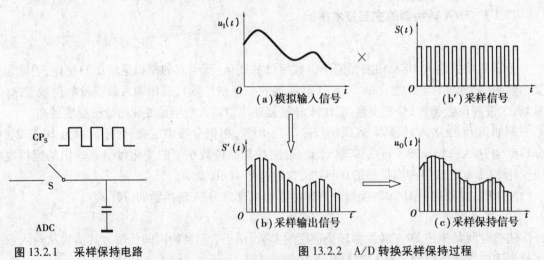

图 13.2.1　采样保持电路　　图 13.2.2　A/D 转换采样保持过程

A/D 转换采样保持过程如图 13.2.2 所示。对输入的模拟信号进行采样的过程中,为了保证能从采样后的信号中将原信号恢复,必须满足条件

$$f_s \geqslant 2f_{i(\max)}$$

式中,f_s 为采样频率,$f_{i(\max)}$ 为输入模拟信号 u_1 的最高频率,这一条件称为采样定理。满足采样定理条件的信号,在恢复过程中可用一个低通滤波器将原函数频谱滤出,将原信号恢复。

(2)量化编码

将采样保持后的电信号转化为某个最小数量单位的整数倍的过程,称为量化。该最小数量单位,称为量化单位,用 Δ 表示。将量化的整数倍数值用二进制表示的过程,称为编码。此二进制数就是 A/D 转换的输出信号,量化与编码一般是同一电路。模拟电压是连续的,不一定能被 Δ 整除。由此引入的误差,称为量化误差。A/D 转换器输出的二进制位数越多,所对应的 Δ 值越小,量化误差也会越小。在把模拟信号划分为不同的量化等级时,用不同划分方法可得到不同量化误差。量化一般有两种方法,如图 13.2.3 所示。

1)只舍不入

取最小量化单位 $\Delta = U_m/2^n$,U_m 是输入模拟电压的最大值,n 是输出数字二进制代码的位数,能表示的二进制数总共有 2^n 个。当输入模拟电压 u_1 在 $0 \sim \Delta$,则归入 $0 \cdot \Delta$,当 u_1 在 $\Delta \sim 2\Delta$ 之间,则归入 1Δ。这样的量化方法产生的最大量化误差为 Δ,且量化误差总是正值。

2)有舍有入

如果量化单位 $\Delta = 2U_m/(2^{n+1}-1)$,当输入电压 u_1 在 $0 \sim \Delta/2$,归入 $0 \cdot \Delta$,当 u_1 在 $\Delta/2 \sim 3/2\Delta$ 归入 1Δ。这种量化方法产生的最大量化误差为 $\Delta/2$,且量化误差有正、负。

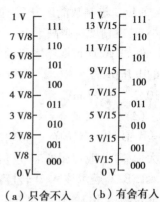

图 13.2.3　模拟信号两种量化方法

13.2.2　逐次逼近型 A/D 转换器

目前,主流的 A/D 转换器有逐次逼近型、过采样型、双积分型、并行比较型及流水线型等。逐次逼近型 A/D 转换器在转换过程中通过对输入量由高到低的不断的逐次比较、判别,直到最末一位数字量为止。逐次逼近型 A/D 转换器一般由顺序脉冲发生器、逐次逼近寄存器、D/A 转换器及电压比较器组成。逐次逼近型 A/D 转换器的原理框图如图 13.2.4 所示。

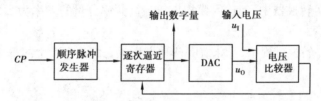

图 13.2.4　逐次逼近型 A/D 转换器的原理框图

8 位输出逐次逼近型 A/D 转换器,其顺序脉冲发生器首先输出数字量 10000000,8 位寄存器最高位置 1,10000000 经 DAC 转换成相应的模拟电压 u_0,再送到电压比较器与采样保持后的输入电压 u_1 相比较。如果 $u_1 < u_0$,则 $d_7 = 0$;反之,则 $d_7 = 1$。然后顺序脉冲发生器依次右移一位输出 01000000,将寄存器次高位 d_6 置 1。寄存器的输出 $d_7$1000000 经 DAC 转换为新的比较电压 u_0 并与输入电压信号比较。根据比较结果,决定次高位 d_6 的 1 清除或保留。然后顺序脉冲发生器再右移一位,寄存器以 $d_7 d_6$100000 经 DAC 转换为新的比较电压 u_0 再与输入电压信号比较,这样逐位比较下去,一直比较到最低有效位 d_0 为止。显然,寄存器的最后数字 d_7 d_6 d_5 d_4 d_3 d_2 d_1 d_0 就是转换后的数字量结果。

逐次逼近型模数转换器中各模块的执行是串行工作关系,在一个时钟脉冲周期内只能完成 1 位转换,一个 n 位的逐次逼近型模数转换器完成一次转换需要 n 个周期,其转换器取样速度较慢,输入带宽也较低,但它的工作电路简单便于实现,不存在延迟问题,适合于中速率而分辨率要求较高的场合。常用的逐次逼近型集成模数转换器电路是 ADC0809。

13.2.3　A/D 转换器的主要技术指标

（1）分辨率

A/D 转换器以输出二进制的位数表示其分辨率,反映了 ADC 对输入的模拟信号的分辨能力。n 位二进制数能区分 2^n 个不同大小的模拟电压值,输出位数越多分辨率越高,量化误差越小,转换精度也越高。

例如,A/D 转换器输出的数字量是 8 位二进制数,最大输入模拟量电压是 10 V,则其能分辨的电压差异为 $10/2^8 \approx 39.06$ mV。若使用 10 位 A/D 转换器,则其能分辨的电压差异为 $10/2^{10} \approx 9.77$ mV。

（2）转换误差

A/D 转换器转换误差是指 A/D 转换器实际输出转换数字量相对理想输出数字量之间的最大偏差,一般以最低有效位的倍数表示。例如,已知 8 位输出 A/D 转换器转换相对误差 $\leq$ LSB/2,表示该 A/D 转换器实际输出数字量相对于理想特征量之间的误差不大于二进制最低位数（LSB）所代表的电压（Δ）的 1/2。

（3）转换速度

A/D 转换器的转换速度是指完成一次 A/D 转换所需要的时间,是从接到转换控制信号开始到输出数字转换结果所需要的时间。低速的 A/D 转换器转换时间为 1~30 ms,中速的 A/D 转换器转换时间为 10~50 μs,高速的 A/D 转换器转换时间在 50 μs 以内。

【练习与思考】

13.2.1　在 A/D 转换器中,如输入模拟电压最高频率分量的频率为 5 kHz,所需采样信号的频率最低值为多少?

13.2.2　在 A/D 转换过程中,量化有哪两种方法? 它们各自产生的量化误差是多少?

本章小结

1.D/A 转换器的功能是将输入的 n 位二进制数转换成与之成正比的模拟电量（电压或电流）。D/A 转换器的主要技术指标有分辨率、建立时间和转换精度。分辨率和转换精度与 D/A 转换器的位数有关,位数越多,分辨率和精度越高。建立时间是描述 D/A 转换器转换速度的参数。

2.A/D 转换器的功能是将输入的模拟电压转换成对应的二进制数。A/D 转换过程为采样、保持、量化和编码。A/D 转换器的主要技术指标有分辨率、转换误差和转换速度。A/D 转换器以输出二进制的位数表示其分辨率,输出位数越多分辨率越高,量化误差越小,转换精度也越高。转换速度是指完成一次 A/D 转换所需要的时间。

习　题

1.D/A 转换器电路如图 13.1.3 所示,求:

(1)当 $d_3d_2d_1d_0$ = 1111 时,试推导输出电压 u_0 与输入数字量的关系式;

(2)如 U_{REF} = -10 V 时,输入数码为 08H,试求输出电压 u_0 的值。

2.已知倒 T 形电阻网络 D/A 转换器 U_{REF} = -5 V,试分别求出 4 位 D/A 转换器和 8 位 D/A 转换器的最大输出电压是多少? 并说明这种 D/A 转换器最大输出电压与位数的关系。

3.对一个 10 位 D/A 转换器,求:

(1)采用倒 T 形电阻网络结构,U_{REF} = -10 V,输出模拟电压的范围是多少?

(2)当输入代码为 1001001101 时,输出电压 u_0 的值。

4.如需将一个最大幅度为 10 V 的模拟信号转换为数字信号,要求模拟信号每变化 20 mV 能使数字信号最低位发生变化,则需要多少位的 A/D 转换器?

5.若 8 位 A/D 转换器 ADC0809 的基准电压为 5 V,输入的模拟信号为 2.5 V 时,A/D 转换后的数字量是多少?

参考文献

［1］巨辉,周荣.电路分析基础[M].2 版.北京:高等教育出版社,2018.

［2］秦曾煌.电工学[M].7 版.北京:高等教育出版社,2015.

［3］李若英.电工电子技术基础[M].4 版.重庆:重庆大学出版社,2014.

［4］杨素行.模拟电子基础简明教程[M].3 版.北京:高等教育出版社,2006.

［5］周雪.模拟电子技术[M].4 版.西安:西安电子科技大学出版社,2012.

［6］杨明欣.模拟电子技术基础[M].北京:高等教育出版社,2012.

［7］唐介.电工学:少学时[M].2 版.北京:高等教育出版社,2005.

［8］周良权,傅恩锡,李世馨.模拟电子技术基础[M].4 版.北京:高等教育出版社,2009.

［9］阎石.数字电子技术基础[M].5 版.北京:高等教育出版社,2006.

［10］余孟尝,丁文霞,齐明.数字电子技术基础简明教程[M].4 版.北京:高等教育出版社,2018.

［11］杨志忠.数字电子技术[M].4 版.北京:高等教育出版社,2015.